高等学校电子信息类"十三五"规划教材
中国电子教育学会高教分会推荐教材
西安电子科技大学立项教材

# LTE 移动通信系统

李晓辉　付卫红　黑永强　编著

西安电子科技大学出版社

## 内 容 简 介

本书以 LTE 技术为主线,对 LTE 的关键技术和规范展开了深入的探讨。书中首先介绍 LTE 所涉及的 OFDM、MIMO 和链路自适应等关键技术;在此基础上重点阐述 LTE 技术规范及工作过程,包括小区搜索过程、上/下行物理层传输过程以及随机接入过程等;最后介绍 LTE - Advanced 及第五代(5G)移动通信系统的基本思想和关键技术。

本书各章均配有小结与思考题,方便学生课后复习与总结;书中还穿插多个知识拓展,以补充学生相关通信知识。

本书可作为通信相关专业研究生及高年级本科生的教材,还可作为通信网络和无线通信等相关领域工程技术人员的参考书。

**图书在版编目(CIP)数据**

LTE 移动通信系统/李晓辉,付卫红,黑永强编著.
—西安:西安电子科技大学出版社,2016.8(2020.1重印)
高等学校电子信息类"十三五"规划教材
ISBN 978 - 7 - 5606 - 4191 - 1

Ⅰ.① L… Ⅱ.① 李… ② 付… ③ 黑… Ⅲ.① 无线电
通信-移动网-高等学校-教材 Ⅳ.① TN929.5

**中国版本图书馆 CIP 数据核字(2016)第 174013 号**

策 划 李惠萍
责任编辑 曹 锦 马武装
出版发行 西安电子科技大学出版社(西安市太白南路 2 号)
电 话 (029)88242885 88201467 邮 编 710071
网 址 www.xduph.com 电子邮箱 xdupfxb001@163.com
经 销 新华书店
印刷单位 陕西天意印务有限责任公司
版 次 2016 年 8 月第 1 版 2020 年 1 月第 3 次印刷
开 本 787 毫米×1092 毫米 1/16 印张 16
字 数 377 千字
印 数 5001~7000 册
定 价 36.00 元

ISBN 978 - 7 - 5606 - 4191 - 1/TN

**XDUP 4483001 - 3**

* * * 如有印装问题可调换 * * *

# 前　言

随着现代通信技术的飞速发展，全球移动用户数量有了大幅增加。虽然第三代(3G)移动通信系统在无线通信的性能上得到了很大提高，但其在应对市场挑战和满足用户需求等领域还有很多局限。用户和市场都在呼吁传输速率更快、时延更短、频带更宽以及运营成本更低的网络诞生。

LTE(Long Term Evolution，长期演进)是由 3GPP(The 3rd Generation Partnership Project，第三代合作伙伴计划)组织制定的 UMTS(Universal Mobile Telecommunications System，通用移动通信系统)长期演进标准，于 2004 年 12 月在 3GPP 多伦多会议上正式立项并启动。LTE 具有传输速度快、延迟率低、移动性好的特点，可以带给用户全新的体验。

LTE 系统的主要目标是设计一种高性能无线接口标准，在 20 MHz 频谱带宽提供下行 100 Mb/s、上行 50 Mb/s 的峰值速率，改善小区边缘用户的使用性能，提高小区容量，降低系统时延，支持 100 km 半径的小区覆盖，能够为 350 km/h 高速移动用户提供大于 100 kb/s的接入服务，支持成对或非成对频谱，并可灵活配置 1.4～20 MHz 多种带宽等。

为了实现上述目标性能，LTE 系统引入了 OFDM(Orthogonal Frequency Division Multiplexing，正交频分复用)和 MIMO(Multi - Input Multi - Output，多输入多输出)等关键技术，显著提高了频谱效率和数据传输速率。LTE 系统网络架构更加扁平化、简单化，降低了网络节点和系统复杂度，从而减小了系统时延，也降低了网络部署和维护成本。

本书共 11 章。为了便于对 LTE 技术规范的学习，在介绍 LTE 技术规范之前，本书在第一章至第四章对 LTE 相关技术进行了剖析，目的是使读者对相关技术有充分的理解和认识。第一章叙述了 LTE 的发展；第二章描述了 OFDM 技术，包括单载波调制与多载波调制、OFDM 的基本原理、OFDM 系统的抗多径原理等；第三章对 MIMO 多天线技术做了介绍，包括空间分集技术、MIMO 空时编码技术与空间复用技术等；第四章阐述了链路自适应及无线资源调度，包括自适应编码调制、HARQ、OFDM 和 MIMO 链路自适应技术以及多用户资源调度等。上述内容为介绍后续内容提供了必要的基础。

第五章至第九章主要介绍了 LTE 技术规范，是本书的核心部分，包括 LTE 物理层概述、LTE 小区搜索和随机接入过程、物理层上行传输过程和下行传输过程等。第五章对 LTE 物理层的工作频带与带宽、物理/逻辑与传输信道、帧结构及双工方式等进行了描述；第六章介绍了 LTE 小区搜索，主要包括小区搜索流程、同步信号时频结构、同步序列设计、SCH/BCH 发送分集等内容；第七章讲述物理层上行传输过程，描述了不同信道的传输过程，并详细阐述了上行信道编码、PUSCH 与 PUCCH 传输过程等；第八章介绍了物理层下行传输过程；第九章讲述 LTE 随机接入过程，包括随机接入概况、基于竞争的随机接入流程、随机接入时频结构、随机接入基带信号生成等。

本书在最后两章还对移动通信新技术展开研究，其中，第十章对 LTE - Advanced 技术增强做了详细介绍，包括载波聚合技术、中继技术、多点协作技术等；第十一章介绍了第五代(5G)移动通信新技术，包括网络体系架构、空间接口技术、大规模 MIMO 技术、毫米波无线通信技术、同时同频全双工技术等。

本书是在多年来对 LTE/LTE - Advanced 以及 5G 移动通信技术研究的基础上，结合当前移动通信领域国内外最新技术编写而成的。全书内容丰富，叙述深入浅出。通过本书的学习，读者不仅可以了解 LTE 基础原理和技术规范，而且可以通过学习移动通信的新技术，为日后从事下一代移动通信系统的研发奠定理论与技术基础。

本书由李晓辉、付卫红和黑永强编著。感谢参与本书材料整理和校对工作的杨冬华、袁靖雅、蒙丹凤、黄丝等研究生，感谢西安电子科技大学通信工程学院各位领导和老师给予的帮助和支持。本书的出版得到了西安电子科技大学研究生院精品教材建设项目的资助和支持，在此表示感谢！

由于作者水平有限，加上时间仓促，书中不足之处在所难免，恳请广大读者批评指正。

编 者

2016 年 4 月

# 目　　录

# 第一章　LTE 的发展

本章给出了 UMTS(Universal Mobile Telecommunications System)长期演进(LTE, Long Term Evolution)的过程,从第一代移动通信系统开始,介绍了移动通信及 LTE 的由来;然后描述了 LTE 的技术指标、体系架构和关键技术,说明了 LTE 的目标及特点。此外,还对 LTE - Advanced(简称 LTE - A)和第五代移动通信系统进行了简要介绍。章末给出了本章小结。

## 1.1　移动通信发展历程

移动通信系统出现于 20 世纪 80 年代中期,最初是第一代(1G, The First - Generation)模拟移动通信系统,例如美国的高级移动电话系统(AMPS, Advanced Mobile Phone System)和北欧移动电话系统(NMT, Nordic Mobile Telephone)。

第二代(2G, The Second - Generation)移动通信系统是无线数字系统,它具有比第一代模拟系统更强的鲁棒性和更高的频谱效率。主要的 2G 技术包括全球移动通信系统(GSM, Global System for Mobile communications)、CDMAOne(Code Division Multiple Access One,第一代码分多址)、时分多址接入系统(TDMA, Time Division Multiple Access)和个人数字蜂窝网(PDC, Personal Digital Cellular)。其中,GSM 在欧洲和全球范围的其他多数国家开发和使用;CDMAOne 也称 IS - 95,主要用于亚太地区、北美和拉丁美洲;TDMA 系统采用 IS - 136 北美标准,由于 TDMA 是 1G 标准 AMPS 的演进,因此该系统也称为数字高级移动电话系统(D - AMPS, Digital Advanced Mobile Phone System);PDC 是日本专用的 2G 标准。

表 1.1 描述了上述四种主流 2G 系统参数的对照,给出了各自的无线基本参数(例如无线调制、载波间隔和无线信道结构)以及服务级别的参数(例如初始数据速率和语音编码方案等)。

表 1.1　主要 2G 系统参数对照表

| 指标 | GSM | CDMAOne | TDMA | PDC |
|------|------|---------|------|-----|
| 工作频段 | 900 MHz | 800 MHz | 800 MHz | 900 MHz |
| 调制方式 | GMSK | QPSK/BPSK | QPSK | QPSK |
| 载波间隔 | 200 kHz | 1.25 MHz | 30 kHz | 25 kHz |
| 载波调制速率 | 270 kb/s | 1.2288 Mc/s | 48.6 kb/s | 42 kb/s |

续表

| 指标 | GSM | CDMAOne | TDMA | PDC |
|------|-----|---------|------|-----|
| 每载波业务信道 | 8 | 61 | 3 | 3 |
| 主要接入方式 | TDMA | CDMA | TDMA | TDMA |
| 初始数据速率 | 9.6 kb/s | 14.4 kb/s | 28.8 kb/s | 4.8 kb/s |
| 语音编码方案 | RPE-LTP | CELP | VSELP | VSELP |
| 语音速率 | 13 kb/s | 13.3 kb/s | 7.95 kb/s | 6.7 kb/s |

2G 系统的演进也称 2.5G，即在语音基础上又引入了分组交换业务。GSM 对应的 2.5G 是通用分组无线业务(GPRS，General Packet Radio Service)系统。CDMAOne 可以进一步分为 IS-95A 和 IS-95B，IS-95A 是 2G 标准，而 IS-95B 是 IS-95A 的 2.5G 演进标准。

EDGE 是 Enhanced Data rate for GSM Evolution 的缩写，也是一种从 GSM 到 3G 的过渡技术。EDGE 主要是在 GSM 系统中采用了多时隙操作和 8PSK 调制技术，使每个符号所包含的信息是原来的 3 倍，其性能优于 GPRS 技术。

随着 2G 技术的不断发展，用户迫切地需要全球统一的无线技术。定义第三代(3G，The Third-Generation)全球移动通信系统标准的根本目的就是为无线用户提供一种简单的全球移动解决方案，避免在公共蜂窝通信中使用大量的多模终端，降低由此带来的严重的无线资源和能量浪费，从更广泛的业务层面改善用户体验。3G 移动通信系统在不同环境下期望的数据速率如下：在乡村室外无线环境为 144 kb/s，在城市或郊区室外无线环境为 384 kb/s，在室内或小范围室外无线环境为 2048 kb/s。

主要的 3G 标准包括 WCDMA(Wideband Code Division Multiple Access，宽带码分多址系统)、CDMA 2000 和时分同步码分多址(TD-SCDMA，Time Division-Synchronous Code Division Multiple Access)。

WCDMA 是第三代合作伙伴计划(3GPP，3rd Generation Partnership Project)提出的 3G 系统标准，也称通用移动通信系统(UMTS，Universal Mobile Telecommunications System)。WCDMA 是基于码分多址(CDMA，Code Division Multiple Access)的方案，使用高速编码的直接序列扩频。每个用户在单信道的速率可达 384 kb/s，在专用信道上的理论最大速率为 2 Mb/s，同时支持基于分组和电路的应用并且改进了漫游能力。WCDMA 于 2001 年在日本开始商用，其名称为自由移动多媒体接入(FOMA，Freedom Of Mobile multimedia Access)，并于 2003 年在其他国家商用。WCDMA 的无线接口与 GSM/EDGE 完全不同，但其结构和处理过程是从 GSM 继承而来的，与 GSM 后向兼容，终端能够在 GSM 和 WCDMA 网络间无缝移动。

3GPP 还接纳了我国的时分同步码分多址技术，有的文献也将其称为 TDD 模式的 UMTS 标准。

北美 CDMA 2000 是由 IS-95 发展而来的。CDMA 2000 的一个主要分支称为演进数据和语音(1xEV-DV，Evolution Data and Voice)，迄今为止没有大规模商用。另外一个分支是演进数据优化(1xEV-DO，Evolution Data Optimized)，支持高速分组数据业务传送，在 CDMA 2000 的发展中占据重要的地位。

高速分组接入（HSPA，High Speed Packet Access）是对 WCDMA 进一步的增强，包括高速下行链路分组接入（HSDPA，High Speed Downlink Packet Access）和高速上行链路分组接入（HSUPA，High Speed Uplink Packet Access）。HSDPA 于 2005 年底开始商用化。HSDPA 中引入了新的调制方式——正交幅度调制（QAM，Quadrature Amplitude Modulation），理论上支持 14.4 Mb/s 的峰值速率（使用最低信道保护算法），而用户实际体验到的数据速率可以达到 1.8 Mb/s 甚至 3.6 Mb/s。HSDPA 采用共享无线方案和实时（每 2 ms）信道估计技术来分配无线资源，能够实现对用户的数据突发进行快速反应。此外，HSDPA 实现了混合自动重传（HARQ，Hybrid Automatic Repeat reQuest），这是一种在靠近无线接口处实现的快速重传方案，能够快速适应无线传输信道特征的变化。HSUPA 是一种与 HSDPA 相对应的上行链路（从终端到网络）分组发送方案。HSUPA 不是基于完全共享信道发送的，每一个 HSUPA 信道实际上具有自己专有物理资源的专用信道。HSUPA 的共享资源由基站来分配，主要是根据终端的资源请求来分配上行 HSUPA 的发射功率。HSUPA 理论上可以提供高达 5.7 Mb/s 的速率，当移动用户进行高优先级业务传输时，还可以使用比通常情况下分配给单个终端更多的资源。

此外，3GPP 还提出了 HSPA＋，也称 HSPA 演进。HSPA＋是 HSDPA 和 HSUPA 技术的增强，目标是在 UMTS 长期演进（LTE，Long Term Evolution）成熟之前，提供一种 3G 后向兼容演进技术。由于采用了大量新技术，例如，多输入多输出（MIMO，Multiple Input Multiple Output）技术和高阶调制（例如下行采用 64QAM、上行采用 16QAM），HSPA＋有望在 WCDMA 系统的 5 MHz 带宽上达到与 LTE 相同的效率。同时，HSPA＋结构上也做了改进，降低了数据发送时延。HSPA＋被认为是当前 HSPA 和 LTE 间的过渡技术，与 3G 网络后向兼容，便于运营商平滑升级网络，在 LTE 网络进入实际商用前提高网络性能。

1xEV－DO 将逐步发展到 Revision C，它是 CDMA 2000 的演进版本。北美 CDMA 技术不是本书介绍的重点，感兴趣的读者可以参考 3GPP2 组织发布的 C. S0084－000"UMB 空中接口规范"来了解关于 Revision C 的细节。

表 1.2 给出了主要 3G 系统参数对照表。

**表 1.2　主要 3G 系统参数对照表**

| | WCDMA/HSPA | CDMA2000 | TD－SCDMA |
|---|---|---|---|
| 多址方式 | FDMA＋CDMA | FDMA＋CDMA | FDMA＋TDMA＋CDMA |
| 双工方式 | FDD | FDD | TDD |
| 工作频段 | 上行：1920～1980 MHz | 上行：1920～1980 MHz | 上行：1880～1920 MHz |
| | 下行：2110～2170 MHz | 下行：2110～2170 MHz | 下行：2010～2025 MHz |
| 载波带宽 | 5 MHz | 1.25 MHz | 1.6 MHz |
| 码片速率 | 3.84 Mc/s | 1.2288 Mc/s | 1.28 Mc/s |
| 峰值速率 | 下行：14.4 Mb/s | 下行：3.1 Mb/s | 下行：2.8 Mb/s |
| | 上行：5.76 Mb/s | 上行：1.8 Mb/s | 上行：384 kb/s |
| 接收检测 | 相干检测 | 相干检测 | 联合检测 |
| 越区切换 | 软、硬切换 | 软、硬切换 | 接力切换 |

HSPA 的引入使得移动网络由语音业务占统治地位的网络转换为数据业务占统治地位的网络。数据使用占统治地位是由占用大量带宽的便携式应用推动的，这些应用包括互联网和内联网的接入、文件共享、用于分发视频内容的流媒体业务、移动电视以及交互式游戏。此外，视频、数据和语音业务的集成正在进入移动市场。目前，家庭和办公室的移动业务正在逐步取代传统的固定网络语音和宽带数据业务，这对网络数据的容量和效率提出了更高的要求。因此，3GPP 提出了比 HSPA 具有更高性能的 LTE 及其高级标准 LTE‑Advanced（简称 LTE‑A），以改善用户的使用性能。本书后续章节将围绕 LTE 技术及规范展开细致、深入的研究。

综上所述，移动通信的发展历程如图 1.1 所示。

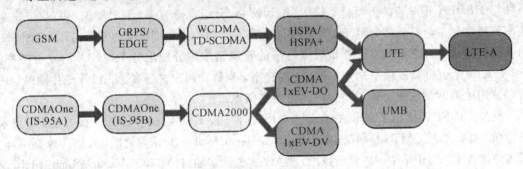

图 1.1 移动通信发展历程

# 1.2 LTE 概述

LTE 是由 3GPP 组织制定的通用移动通信系统（UMTS, Universal Mobile Telecommunications System）的长期演进标准，于 2004 年 12 月在 3GPP 多伦多会议上正式立项并启动。

LTE 的主要目标是设计一种高性能无线接口，也称之为演进的陆地无线接入网（E‑UTRAN, Evolved UMTS Terrestrial Radio Access Network）。通过引入正交频分复用（OFDM, Orthogonal Frequency Division Multiplexing）和多输入多输出（MIMO, Multiple Input Multiple Output）等关键技术，显著提高了频谱效率和数据传输速率。在 20 MHz 带宽、2×2 天线配置、64QAM 情况下，LTE 的理论下行最大传输速率为 201 Mb/s，除去信令开销后，最大传输速率大概为 150 Mb/s。但根据实际组网以及终端能力限制，一般认为 LTE 下行峰值速率为 100 Mb/s，上行峰值速率为 50 Mb/s。

LTE 支持多种带宽分配，包括 1.4 MHz、3 MHz、5 MHz、10 MHz、15 MHz 和 20 MHz 等，且支持全球主流 2G/3G 系统频段和一些新增频段，因此其频谱分配更加灵活，系统容量和覆盖也显著提升。LTE 系统网络架构更加扁平化、简单化，降低了网络节点和系统复杂度，从而减小了系统时延，也降低了网络部署和维护成本。此外，LTE 系统支持与其他 3GPP 系统互操作。

根据双工方式不同，LTE 系统分为 FDD（Frequency Division Duplexing）‑LTE 和 TDD（Time Division Duplexing）‑LTE，两者的主要区别在于空中接口的物理层。FDD 系统空中接口上行与下行采用成对的频段接收和发送数据；而 TDD 系统上行和下行则使用相同的频段在不同的时隙上传输数据。与 FDD 双工方式相比较，TDD 有着较高的频谱利用率。

综上所述，LTE 系统的性能指标可以用表 1.3 来表示。

**表 1.3 LTE 系统的性能指标**

| 频谱指标 | 传输指标 | 传输时延 | 移动性 | 其他指标 |
|---|---|---|---|---|
| 支持 1.4/3/5/10/15/20 MHz 带宽；<br>灵活使用现有或新增频谱；<br>支持对称和非对称频谱；<br>频谱效率下行达到 HSDPA 的 2~4 倍，上行达到 HSUPA 的 2~3 倍 | 20 MHz 带宽的情况下支持上行 50 Mb/s，下行 100 Mb/s | 在非过载的条件下，LTE 规范的用户数据时延小于 5 ms，端到端时延小于 150 ms | 在 120 km/h 下性能良好；<br>在高速（350~500 km/h）情况下，用户能够保持连接性 | 支持现有 3GPP 和非 3GPP 系统的互操作；<br>支持增强型广播业务和多播业务；<br>支持增强的 IMS 和核心网，取消电路域，所有业务均在分组域实现 |

# 1.3 3GPP 演进系统架构

在无线接入技术不断演进的同时，3GPP 还开展了系统架构演进（SAE，System Architecture Evolution）的研究。LTE 的分组核心网称为 EPC（Evolved Packet Core），采用全 IP 结构，旨在帮助运营商通过采用无线接入技术来提供先进的移动宽带服务。EPC 和 LTE 合称演进分组系统（EPS，Evolved Packet System）。

本节从分组核心网、全共享的无线接口、基站的组成和对其他接入类型的支持等方面对网络结构进行阐述。

## 1.3.1 分组核心网

为了理解 3GPP 系统架构演进的主要发展趋势，我们先从 2G 网络开始回顾一下无线网络演进的主要过程。

2G GSM 蜂窝网络最初是为语音和电路交换（CS，Circuit Switching）业务而设计的，这样的网络结构相对简单，主要由接入网络（AN，Access Network）和电路交换核心网络域（CS 域）两部分组成。接入网络部分包括无线接口以及支持无线相关功能的网络节点和其他接口。在早期 2G GSM 系统中，无线接口是专门为语音或低比特速率电路交换数据设计的。电路交换核心网络域支持基于电路交换的业务（包括呼叫建立、认证和计费）以及与传统公共交换电话网（PSTN，Public Switched Telephone Network）的互通。

随着 IP 和 Web 业务的出现，2G GSM 网络逐步演进到能够支持分组数据传输方式的阶段，例如 GPRS 和 EDGE。这一阶段里，系统在接入网中引入了支持分组发送和共享资源分配的方案。此外，它还增加了与 CS 域并行的分组交换核心网络域（PS 域）。PS 域与 CS 域具有类似的作用，支持分组发送（包括认证和计费）以及与公共或私有 Internet（或 IP）网络的互通。

早期 3G UMTS 网络结构与 2G 网络或多或少有相同的地方，它们都包括电路和分组核心网络。随着网络结构的发展，UMTS 逐步在 PS 域上增加了一个新的域：IP 多媒体子系统（IMS，IP Multimedia Subsystem）。IMS 的主要目标是制订一个新的标准，在 3GPP 的各种无线网络间采用统一的方法来实现 IP 业务(例如"一键通"、"呈现业务"或"即时消息")的互操作。由于 IMS 是在 Internet 工程任务委员会(IETF,Internet Engineering Task Force)提出的一种灵活的协议——会话发起协议(SIP,Session Initiation Protocol)的基础上开发的,IETF 是一个专门制订 Internet 标准的国际组织,因此 IMS 业务具有较好的互操作性。此外,IMS 标准通过信令和媒体网关支持 VoIP(Voice over IP),并且能够与传统 PSTN 进行互通。

在图 1.2 中,除了 PS 和 IMS 外,CS 域仍然是 3G 核心网络结构中的一部分。3G 网络结构中保留 CS 域的主要原因是仍然需要支持电路交换语音业务和基于 H324M 的视频电话。

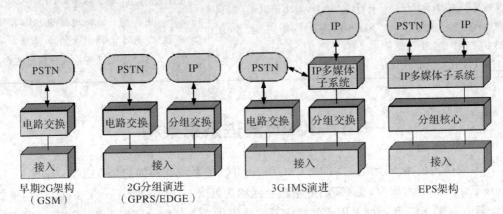

图 1.2 系统结构演进

虽然 IMS 在综合业务方面具有很强的吸引力,但是由于现有 IMS 机制不支持与 CS 网络间语音业务的无缝移动,因此传统网络运营商没有把 IMS 作为一个面向所有业务的公共平台(包括语音、实时和非实时业务)。

EPS 具有一个明确的目标,就是在简单的公共平台上综合所有业务。EPS 的主要组成包括分组优化接入网络和简单的核心网络。

分组优化接入网络可以有效支持基于 IP 的非实时业务以及类似电路交换的需要恒定时延和恒定比特速率传输的业务;简单的核心网络仅由一个分组域组成,支持所有的 PS 业务(可以基于 IMS),能够与传统的 PSTN 互通。

由于在 PS 域上支持所有应用(包括大多数实时受限应用),因此 EPS 结构不再包括 CS 域。显然,EPS 结构中需要引入一个网关节点,该节点可以作为 IMS 结构的一部分,使得 IP 业务能够转换到基于电路交换的 PSTN 进行传输。

简化系统结构的目的是在 LTE 标准化过程中维持新、旧系统间呼叫的连续性。

## 1.3.2 共享无线接口

随着核心网络结构不断向分组或"全 IP"结构发展,如何为分组数据提供有效的无线传输方案已成为接入网络中至关重要的问题。在早期 3G 版本中,用户使用的是专用资源,系统需要为用户分配固定的资源。LTE 全部采用共享无线资源分配方案,在一组共享高速比特速率无线管道上合并所有无线承载,从而最大化资源利用率。于是,LTE 可以在共享的无线资源上支持所有业务,例如网页浏览等交互式业务以及语音等时延受限业务。

图 1.3 所示为专用和共享资源分配。

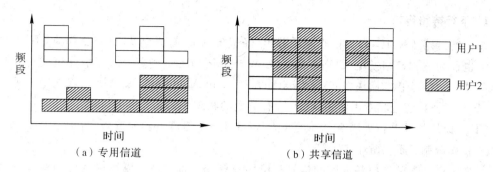

图 1.3　专用和共享资源分配

　　LTE 与 UMTS 陆地无线接入网(UTRAN)无线接口不同,UTRAN 接口可以在同一小区内分配专用资源(通常是 CS 域的比特速率有保证的业务)和 HSDPA 高速共享信道。

　　LTE 的全共享无线接入演进采用和 WiFi(IEEE 802.11)或 WiMAX(IEEE 802.16)等无线网络标准相似的机制,是一种更为简单的方法。但是,这种无线接入方案需要专用的无线资源管理方案,以确保可以满足所有实时业务的比特速率和传输时延的需求。

## 1.3.3　基站的组成

　　LTE 涉及的主要设备包括基站(eNodeB, evolved Node Base station)和用户设备(UE, User Equipment)。为了理解 LTE 的数据传输过程,图 1.4 给出 LTE 基站的结构示意图。

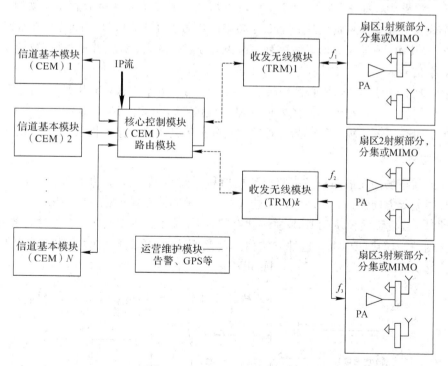

图 1.4　LTE 基站结构示意图

　　基站通过光纤、高数据速率的同步传输模块(STM1, Synchronous Transfer Module - 1),甚至是传统的 E1/T1 等 2 Mb/s 物理接口连接到骨干网。基站通过支持 IP 分组传输协议从服务网关接收用户数据信息。

**1. 下行链路传输**

在下行链路传输中，来自核心网的分组(经服务网关)首先到达 IP 路由模块，IP 路由模块通常也称为核心控制模块(CCM，Core Control Module)。接着，每一个分组被转发到调制解调器——信道基本模块(CEM，Channel Element Module)，该模块能够支持各种物理信道(导频、公共信道和专用信道等)上所有类型的物理编码。

CEM 模块能够并行处理 $N$ 个信道(流)，在每一个信道上实现编码，形成无线信号，包括：OFDM 调制、插入循环前缀等。

每个信道基本模块把各扇区的信号交给路由模块，通过路由模块再连接到相关扇区的收发无线模块(TRM，Transceiver Radio Module)。根据不同的结构，收发无线模块可以管理一个给定频率的扇区(如图 1.4 中的扇区 1)，或者管理多个不同频率的扇区(如图 1.4 中的扇区 2 和扇区 3)。

收发无线模块有时也被称为"信道收发器(Channelizer)"，其主要目标是对信号进行过采样，并使用脉冲滤波器成形，把整个信号限幅并调制到频率为 $f_i$(参见图 1.4，$i=1$，2，3)的载波上。无线操作模块能够处理多个所需的频带。

有时，几个扇区共享一个功率放大器(PA，Power Amplifier)，这就可以把 PA 的输出依次通过微波设备分配到每一个扇区。

**2. 上行链路传输**

在上行链路中，每一个收发无线模块可以从一个或多个扇区接收信号。例如，我们可以令一个收发无线模块负责处理一个给定频率的信号。每一扇区接收的信号常常来自几个分集天线。MIMO 或波束成形天线阵列。这些信号经过放大、滤波并通过模/数转换器将其转换成数字信号。

接着，数字信号发送到核心控制模块，并路由到信道基本模块(CEM)，信道基本模块中包括了对每个信号进行解调的各处理过程(如删除循环前缀、FFT 等)。

信号通过信道基本模块解调后，通过支持分组传输协议的路由模块发送到 IP 网络。

**3. 分布式基站**

移动通信市场的发展趋势是朝着产品更加易于安装(重量轻、功率消耗小等)、具有更少的工程限制等方向演进，于是设备制造商提出了分布式基站的概念，参见图 1.5。采用分布式基站时，收发无线模块(TRM)模块和射频(RF)部分安装在室外，它们通过光纤或 RF 链路连接到核心模块(CCM)，这种方式称为射频拉远；具有远端放大等功能的室外设备称为射频拉远头(RRH，Remote Radio Head)。

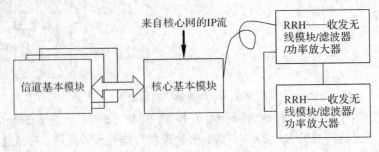

图 1.5 分布式基站方案

### 1.3.4　其他接入技术

自从 21 世纪以来，IEEE 提出了许多基于无线局域网（WLAN）或无线城域网（WMAN）的高速、高性能无线接口，包括众所周知的 WiFi 系列（例如 IEEE 802.11b、IEEE 802.11 和 IEEE 802.11n）以及 WiMAX 系列（IEEE 802.16）等。

WiFi 和 WiMAX 可以提供接近甚至高于 UTRAN 和 LTE 的目标数据速率，如表 1.4 所示，但是这些技术与全网系统方案还有很大差距。IEEE 规范主要研究无线接口的数据链路层，没有给出更高层的规范，例如网络结构和接口、用户管理、业务以及网络服务质量策略等。

**表 1.4　IEEE 无线接入技术**

| 无线技术 | 空中接口峰值速率/(Mb/s) |
| --- | --- |
| IEEE 802.11b | 11 |
| IEEE 802.11g | 54 |
| IEEE 802.11n | 300 |
| IEEE 802.16 | 70 |

由于 WiFi 等无线技术越来越流行，3GPP 体系不得不把它们列入候选的接入技术，并把它们作为 3GPP 分组网络框架的一部分，同时充分利用已经广泛使用的高速无线芯片和设备。

自从 3G 出现至今，如何实现与 WiFi 接入技术的互通就已经成为一个令人感兴趣的话题。无疑，支持不同接入网络间的无缝移动性也是 LTE 的一个发展方向。

## 1.4　LTE 关键技术

LTE 采用了多项新技术，这些技术包括 OFDM 技术、MIMO 技术、链路自适应技术（如自适应编码调制（AMC，Adaptive Modulation and Coding））、混合自动重传请求（HARQ，Hybrid Automatic Repeat reQuest）以及小区干扰协调技术（ICIC，Inter Cell Interference Coordination）等。

1) OFDM 技术

OFDM 把系统带宽划分成多个相互正交的子载波，在多个子载波上并行传输数据；各个子载波的正交性是由基带快速傅里叶反变换（IFFT，Inverse Fast Fourier Transform）实现的。由于子载波带宽较小（15 kHz），多径时延将导致载波间干扰，破坏子载波之间的正交性。为此，可在 OFDM 符号间插入保护间隔，通常采用循环前缀来实现。LTE 下行采用正交频分多址接入技术（OFDMA），上行采用单载波频分多址接入技术（SC-FDMA，Single Carrier FDMA）。

2) MIMO 技术

LTE 下行支持 MIMO 技术进行空间维度的复用。空间复用包括单用户 MIMO（SU-MIMO）模式和多用户 MIMO（MU-MIMO）模式，两者都支持通过预编码的方法来降低或者控制空间复用数据流之间的干扰，从而改善 MIMO 技术的性能。在单用户 MIMO 中，空间复用的数据流调度给一个单独的用户，提升该用户的传输速率和频谱效率。在多用户 MIMO 中，空间复用的数据流调度给多个用户，多个用户通过空分方式共享同一时频资源，系统可以通过空间维度的多用户调度获得额外的多用户分集增益。

受限于终端的成本和功耗，实现单个终端上行多路射频发射和功放的难度较大。LTE 在上行采用多个单天线用户联合进行 MIMO 传输的方法，称为虚拟 MIMO。调度器将相同的时频资源调度给若干个不同的用户，每个用户都采用单天线方式发送数据，系统采用一定的 MIMO 解调方法进行数据分离。采用虚拟 MIMO 方式能同时获得 MIMO 增益以及功率增益(相同的时频资源允许以更高的功率发送数据)，而且调度器可以控制多用户数据之间的干扰。同时，通过用户选择可以获得多用户分集增益。

3）调度和链路自适应技术

LTE 支持时间和频率两个维度的链路自适应，根据时频域信道质量信息对不同的时频资源选择不同的调制编码方式。功率控制在 CDMA 系统中是一项重要的链路自适应技术，可以避免远近效应带来的多址干扰。在 LTE 系统中，上行和下行均采用 OFDM 技术对多用户进行复用。因此，功率控制主要用来降低对邻小区上行的干扰，补偿链路损耗，这也是一种慢速的链路自适应机制。

4）小区干扰控制

在 LTE 系统中，各小区采用相同的频率进行数据的发送和接收。与 CDMA 系统不同的是，LTE 系统并不能通过合并不同小区的信号来降低邻小区信号的影响，因此必将在小区间产生干扰，而且小区边缘干扰尤为严重。

为了改善小区边缘的传输性能，系统上行和下行都需要采用一定的方法进行小区干扰控制。常用的小区干扰控制方法包括干扰随机化、干扰对消、干扰抑制和干扰协调等。

干扰随机化是一种被动的干扰控制方法，目的是使系统在时频域受到的干扰尽可能平均，可通过加扰、交织、跳频等方法实现。在干扰对消方法中，终端解调邻小区信息，对消邻小区信息后再解调本小区信息；或利用交织多址(IDMA)进行多小区信息联合解调。干扰抑制通过终端多个天线对空间的有色干扰特性进行估计和抑制。它可以分空间维度和频率维度两个方向进行干扰抑制。这种方法实现复杂度较大，可通过上行和下行的干扰抑制合并实现。干扰协调是主动的干扰控制技术，对小区边缘可用的时频资源做一定的限制，这是一种常用的小区干扰控制方法。

# 1.5　移动通信技术的发展

## 1.5.1　LTE‑Advanced

LTE‑Advanced(简称 LTE‑A)是 LTE 的演进，于 2008 年 3 月提出，2008 年 5 月确定需求。LTE 规范的制订是不断完善和演进的，通常用 Rel(Release)来表示不同版本。当一个版本对所涉及的关键技术的研究达到一定程度时，它就会冻结，然后继续在某项或者某几项技术上加以演进或者提出新的关键技术，形成新的版本。例如，2009 年 3 月冻结的 Rel‑8 被认为是 LTE 的基础版本，而在 2011 年冻结的 Rel‑10 被视为 LTE‑Advanced 的基础版本。这些标准的版本一般是向下兼容的。表 1.5 给出了 LTE Rel - 8 及以后各版本的比较。

表 1.5　LTE Rel - 8 及以后各版本的比较

| 版本 | Rel - 8 | Rel - 9 | Rel - 10 | Rel - 11 及以后 |
|---|---|---|---|---|
| 描述 | LTE 基础版本 | LTE 增强版本 | LTE - A 基础版本 | LTE - A 增强版本 |
| 关键技术 | OFDM<br>MIMO<br>自适应编码调制<br>混合 ARQ<br>小区间干扰抑制 | 双流波束成形<br>终端定位<br>多播广播 | 载波聚合<br>增强 MIMO<br>中继技术<br>异构网络干扰管理<br>最小化路测 | 多点协作传输<br>载波聚合增强<br>增强下行控制信道<br>异构网络干扰管理增强<br>… |

LTE - Advanced 采用了载波聚合 (Carrier Aggregation)、上/下行多天线增强 (Enhanced UL/DL MIMO)、多点协作传输 (Coordinated Multi - point Transmission)、中继 (Relay)、异构网干扰协调增强 (Enhanced Inter - cell Interference Coordination for Heterogeneous Network) 等关键技术，大大提高了无线通信系统的峰值数据速率、峰值谱效率、小区平均谱效率以及小区边界用户性能，同时也能提高整个网络的组网效率。其关键技术指标如表 1.6 所示。

表 1.6　LTE - Advanced 关键技术指标

| 参　　数 | 下　行 | 上　行 |
|---|---|---|
| 最大带宽/MHz | 100 | |
| 峰值数据速率/(Mb/s) | 1000 | 500 |
| 峰值频谱效率/(b/s/Hz) | 30 | 15 |
| 平均频谱效率/(b/s/Hz，小区) | 2.6 | 2 |
| 小区边缘用户频谱效率/(b/s/Hz) | 0.09 | 0.07 |

LTE Rel - 8 的技术指标与 4G(the Fourth Generation) 的要求非常接近，俗称 3.9G，但其并不是真正意义上的 4G。表 1.6 中 LTE - Advanced 的关键指标已经满足并超过国际电信联盟 (ITU, International Telecommunication Union) 制定的全球高级移动通信标准 IMT - Advanced(International Mobile Telecommunications - Advanced) 的要求，可以称得上是真正的 4G 技术。同时，LTE - Advanced 还保持对 LTE 较好的后向兼容性。

下面简单描述 LTE - Advanced 的关键技术。

**1. 载波聚合**

为了满足峰值速率要求，LTE - Advanced 当前支持 100 MHz 带宽，然而在现有的可用频谱资源中很难找到如此大的带宽，而且大带宽对于基站和终端的硬件设计带来很大困难。此外，对于分散在多个频段上的频谱资源，急需一种技术把它们充分利用起来。基于上述考虑，LTE - Advanced 引入载波聚合这一关键技术。

载波聚合通过对多个连续或者非连续的成员载波的聚合，获取更大的带宽，从而提高峰值数据速率和系统吞吐量，同时也解决了运营商频谱不连续的问题。此外，考虑到未来通信中上/下行业务的非对称性，LTE-Advanced 支持非对称载波聚合，典型场景为下行带宽大于上行带宽。

为了保持与 LTE 良好的兼容性，Rel-10 版本规定进行聚合的每个成员载波采用 LTE 现有带宽，并能够兼容 LTE，后续可以考虑引入其他类型的非兼容载波。在实际的载波聚合场景中，根据不同的数据传输需求和能力，用户可以同时调度一个或者多个成员载波。

**2. 多天线增强**

在 LTE Rel-8 中，上行仅支持单天线的发送；在 LTE-Advanced 中，上行增强最大支持 4 天线发送。物理上行共享信道(PUSCH, Physical Uplink Shared Channel)引入单用户 MIMO，可以支持最大两个码字和 4 层传输；而物理层上行控制信道(PUCCH, Physical Uplink Control Channel)也可以通过发送分集的方式提高上行控制信息的传输质量，提高覆盖率。

LTE-Advanced 多天线增强在空间维度进一步扩展，下行传输由 LTE Rel-8 的 4 天线扩展到 8 天线，最大支持 8 层和两个码字的传输，从而进一步提高了下行传输的吞吐量和频谱效率。此外，LTE-Advanced 下行支持单用户 MIMO 和多用户 MIMO 的动态切换，并通过增强型信道状态信息反馈和新的码本设计进一步增强了下行多用户 MIMO 的性能。

**3. 中继技术**

中继传输技术是在原有站点的基础上，引入中继节点(或称中继站)。中继节点和基站通过无线连接，下行数据先由基站发送到中继节点，再由中继节点传输至终端用户；上行则反之。通过中继技术能够增强覆盖率，支持临时性网络部署和群移动，同时也能降低网络部署成本。

根据功能和特点的不同，中继可分为两类：第一类中继和第二类中继。第一类中继具有独立的小区标识以及资源调度和混合自动重传请求功能，对于 LTE 终端，它类似于基站；而对于 LTE-Advanced 终端，它可以具有比基站更强的功能。第二类中继不具有独立的小区标识，对 LTE 终端透明，它只能发送业务信息而不能发送控制信息。当前，Rel-10 版本主要考虑第一类中继。

**4. 多点协作传输技术**

多点协作传输(CoMP, Coordinated Multi-Point Transmission)技术利用多个小区间的协作传输，可有效解决小区边缘干扰问题，从而提高小区边缘和系统吞吐量，扩大高速传输覆盖率。

多点协作传输技术包括下行多点协作发射和上行多点协作接收。上行多点协作接收通过多个小区对用户数据的联合接收来提高小区边缘用户吞吐量，其对协议影响比较小。下行多点协作发射根据业务数据能否在多个协调点上获取可分为联合处理(JP, Joint Processing)和协作调度/波束成形(CS/CB, Coordinated Scheduling/Beamforming)。前者主要利用联合处理的方式获取传输增益，而后者通过协作降低小区间干扰。

为了支持不同的 CoMP 传输方式，用户终端需要反馈各种不同形式的信道状态信息。CoMP 定义了 3 种类型的反馈：显式反馈、隐式反馈和基于探测参考符号(SRS, Sounding Reference Symbol)的反馈。显式反馈是指终端不对信道状态信息进行预处理，反馈诸如信道系数和信道秩等信息；隐式反馈是指终端在一定假设的前提下对信道状态信息进行一定的预处理后反馈给基站，如编码矩阵指示信息和信道质量指示信息等；基于 SRS 的反馈是指利用信道的互易性，基站根据终端发送的 SRS 获取等效的下行信道状态信息，这种方法在 TDD 系统中尤为适用。

根据上面几种技术的简要介绍可知，在 LTE - Advanced 中，载波聚合通过已有带宽的汇聚扩展了传输带宽；MIMO 增强通过空域上的进一步扩展来提高小区吞吐量；中继通过无线的接力来提高覆盖率；CoMP 通过小区间协作来提高小区边缘吞吐量。通过上述关键技术的引入，LTE - Advanced 能够充分满足或者超越 IMT - Advanced 的需求，成为无线通信系统的领跑者。

## 1.5.2　下一代移动通信技术

移动通信已经深刻地改变了人们的生活，但人们对更高性能移动通信的追求从未停止。为了应对未来爆炸性的移动数据流量增长、海量的设备连接、不断涌现的各类新业务和应用场景，第五代(5G, the Fifth Generation)移动通信系统将应运而生。5G 已经成为国内外移动通信领域的研究热点，世界各国就 5G 的发展愿景、应用需求、候选频段、关键技术指标等进行了广泛的研究。

作为通信领域最具权威的国际标准化组织之一，国际电信联盟(ITU)从 2012 年开始组织业界开展 5G 标准化前期研究，持续推动全球 5G 共识的形成。2015 年 6 月，ITU 将第五代移动通信系统命名为 IMT - 2020 并上报至 2015 无线通信大会(RA - 15)讨论通过，顺利完了 IMT - 2020 愿景阶段的研究工作。根据 ITU 提出的 IMT - 2020 工作计划，2016 年初启动 5G 技术性能需求和评估方法研究，2017 年底启动 5G 候选提案征集，2018 年底启动 5G 技术评估和标准化，并于 2020 年底完成标准制定。在 ITU 的 IMT - 2020 愿景研究中，全面研讨了下一代 IMT 系统的业务趋势、关键能力和系统特征，推动了业界逐渐对 IMT - 2020 系统的框架和核心能力达成共识。

除了 ITU 开展的 5G 标准化研究以外，2013 年初欧盟在第 7 框架计划启动了面向 5G 研发的 METIS(Mobile and wireless communications Enablers for the Twenty - twenty Information Society)项目，由包括我国华为公司等在内的 29 个参加方共同承担。我国还成立了 5G 技术论坛和 IMT - 2020(5G)推进组，对 5G 展开了全面深入的探讨。

5G 系统将渗透到未来社会的各个领域，以用户为中心构建全方位的信息生态系统。5G 系统将使信息突破时空限制，提供极佳的交互体验，为用户带来身临其境的信息盛宴；5G 系统将拉近万物的距离，通过无缝融合的方式，便捷地实现人与万物之间的智能互联。5G 系统将为用户提供光纤般的接入速率，"零"时延的使用体验，千亿设备的连接能力，超高流量密度、超高连接数密度和超高移动性等多场景的一致服务、业务及用户感知的智能优化，同时将为网络带来超百倍的能效提升和超百倍的比特成本降低，最终实现"信息随心至，万物触手及"的总体愿景，如图 1.6 所示。

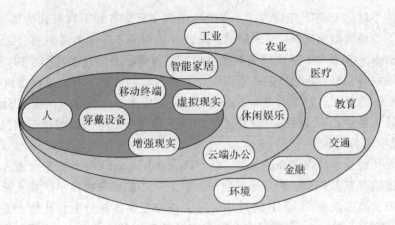

图 1.6　5G 愿景

根据图 1.6 所示，5G 的主要业务包括移动互联网及物联网业务应用，在大幅提升"以人为中心"的移动互联网业务体验的同时，全面支持"以物为中心"的物联网业务，实现人与人、人与物和物与物之间的智能互联。

在应用场景方面，5G 将支持增强移动宽带、海量机器类通信和低时延、高可靠通信三大类应用场景，在 5G 系统设计时需要充分考虑不同场景和业务的差异化需求。在流量趋势方面，视频流量增长、用户设备增长和新型应用普及将成为未来移动通信流量增长的主要驱动力，2020—2030 年全球移动通信流量将增长几十及至上百倍，并体现两大趋势：一是大城市及热点区域流量快速增长，二是上行和下行业务不对称性进一步深化，尤其体现在不同区域和每日各时间段。

业界普遍认为 5G 需满足的关键技术指标如表 1.7 所示。

表 1.7　5G 需满足的关键技术指标

| 参　　数 | 与 4G 的比较 |
| --- | --- |
| 传输速率 | 提高 10~100 倍，用户体验速率 0.1~1 Gb/s，用户峰值速率可达 10 Gb/s |
| 时延 | 降低 5~10 倍，达到毫秒量级 |
| 连接设备密度 | 提升 10~100 倍，达到每平方千米数百万个 |
| 流量密度 | 100~1000 倍提升，达到每平方千米每秒数十太比特 |
| 移动性 | 达到 500 km/h 以上，实现高铁环境下的良好用户体验 |

此外，能耗效率、频谱效率及峰值速率等指标也是重要的 5G 技术指标，需要在 5G 系统设计时综合考虑。

面对未来巨大的移动数据业务需求，业界考虑从技术演进、频率分配、网络建设和异构网络分流等方面解决网络压力，其中，分配新的频率资源是最直接、最有效的手段之一。目前，国际电信联盟(ITU)已经着手研究新的频率资源。我国 IMT－2020(5G)推进组结合移动通信网络实际运营情况，提出了适合我国国情的 IMT（International Mobile Telecommunications）频谱需求测算方法。一方面，充分挖掘符合条件的低频段可用频谱资源，包括 450~470 MHz、698~806 MHz、3400~3600 MHz 等已经标识为 IMT 的频段，以及 3300～3400 MHz、4400～4500 MHz 和 4800～4990 MHz 等 WRC‐15(2015 年世界无线电通信大会)频段；另一方面，在毫米波无线通信设备发展日渐成熟的趋势下，寻求潜在的高频段可用频谱资源，WRC‐19 涉及了多个 IMT 候选频段，如 24.25～27.5 GHz、31.8～33.4 GHz、37～40.5 GHz、40.5～42.5 GHz、42.5～43.5 GHz、45.5～47.2 GHz、47.2～50.2 GHz、50.4～52.6 GHz、66～67 GHz 和 81～86 GHz。

为提升业务支撑能力，5G 在无线传输技术和网络技术方面将有新的突破。在无线传输技术方面，将引入能进一步挖掘频谱效率提升潜力的技术，如先进的多址接入技术、多天线技术、编码调制技术、新的波形设计技术等；在无线网络方面，将采用更灵活、更智能的网络架构和组网技术，如采用控制与转发分离的软件定义无线网络的架构、统一的自组织网络(SON，Self‐Organized Network)、异构超密集部署等。

总之，5G 移动通信标志性的关键技术主要体现在超高效能的无线传输技术和高密度无线网络技术。其中，基于大规模 MIMO 的无线传输技术将有可能使频谱效率和功率效率在 4G 的基础上再提升一个数量级，该项技术走向实用化面临的主要瓶颈问题是高维度信道建模与估计以及复杂度控制。全双工技术将开辟新一代移动通信频谱利用的新格局。超密集网络(UDN，Ultra Dense Network)已引起业界的广泛关注，网络协同与干扰管理将是提升高密度无线网络容量的核心问题。

## 本 章 小 结

本章首先介绍了移动通信系统的发展历程，重点阐述了 LTE 的技术指标、体系架构及关键技术，此外还对 LTE‐Advanced 和 5G 移动通信技术进行了简要介绍。本章的目的是使得读者对 LTE 的由来及发展前景有所了解，并对本书所涉及的内容有一个整体的认识。

## 思考题 1

1-1　第三代移动通信有哪些主要标准？

1-2　LTE 是由哪个标准化组织提出的？它的含义是什么？

1-3　LTE 有哪些主要的技术指标？有哪些关键技术？

1-4　LTE‐Advanced 有哪些主要的技术指标？有哪些关键技术？

1-5　第五代移动通信系统有哪些主要的技术指标？有哪些关键技术？

# 第二章　OFDM 技术

　　本章在介绍单载波、多载波调制的基本概念和系统组成的基础上，分析了 OFDM 系统的优缺点，详细阐述了 OFDM 系统的基本原理、IFFT 实现方法以及 OFDM 系统的抗多径原理；之后重点研究了 OFDM 系统中的两个关键技术——信道估计技术与同步技术；最后对近几年兴起的扩展 OFDM 技术——OFDM-CDMA 技术进行了简单的分析。

## 2.1　单载波调制与多载波调制

　　随着移动互联网业务和宽带业务的兴起与发展，用户对移动通信网络的接入速率和质量要求越来越高，原有基于码分多址的第三代移动通信及其增强技术将无法满足未来业务发展的需要。基于通信产业对"移动通信宽带化"的认识和应对"宽带接入移动化"挑战的需要，3GPP 在其 Rel-8 规范中开展了两项非常重要的演进标准化项目，即通用移动通信系统(UMTS)技术的长期演进(LTE)和系统架构演进(SAE)。为了获取更高的系统性能，后向兼容性被放在了次要的位置，LTE 不再采用基于 CDMA 的无线传输技术，转而采用能够支持更高数据速率和频谱效率的 OFDM/OFDMA(正交频分复用/多址)。

　　通常采用的通信系统是单载波方案，如图 2.1 所示，其中 $g(t)$ 是匹配滤波器。这种系统在数据传输速率不太高的情况下，多径效应对信号符号之间造成的干扰不是特别严重，可以通过使用合适的均衡算法使得系统能够正常工作。但是对于宽带业务来说，由于数据传输速率较高，时延扩展造成数据符号之间的相互交叠，从而产生了符号之间的串扰(ISI，Inter Symbol Interference)，这对均衡提出了更高的要求，需要引入复杂的均衡算法，同时还要考虑到算法的可实现性和收敛速度。从另一个角度去看，当信号的带宽超过或接近信道的相干带宽时，信道的时间弥散将会造成频率选择性衰落，使得同一个信号中不同的频率成分体现出不同的衰落特性，这是我们不希望看到的。

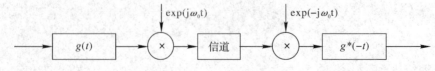

图 2.1　单载波传输系统

　　多载波传输通过把数据流分解为若干个子比特流，这样每个子数据流将具有低得多的比特速率，用这样的低比特率形成的低速率多状态符号再去调制相应的子载波，可构成多个低速率符号并行发送的传输系统。在单载波系统中，一次衰落或者干扰就可以导致整个链路失效；但是在多载波系统中，某一时刻只会有少部分的子信道会受到深衰落的影响。图 2.2 所示为多载波通信系统的基本结构。

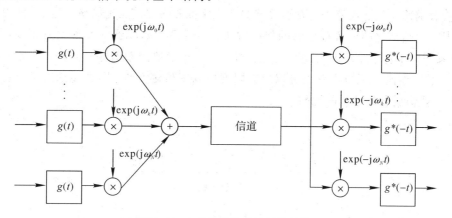

图 2.2　多载波通信系统基本结构

多载波传输技术有多种提法，最常见的有正交频分复用（OFDM）、离散多音调制（DMT）和多载波调制（MCM）。这三种提法在一定程度上是等同的，但是 OFDM 中各个子载波保持相互正交，在 MCM 中这一条件并不总是成立的。

子载波间存在三种不同的设置方案，如图 2.3(a)(b)(c)所示。图 2.3(a)所示为传统的频分复用，将整个频带划分成 $N$ 个不重叠的子带，在接收端用滤波器组进行分离。这种方法的优点是简单、直接，缺点是频谱的利用率低，子信道之间要留有保护频带，而且多个滤波器的实现也有不少困难。图 2.3(b)所示为采用偏置 QAM(SQAM)技术，在 3 dB 处载波频谱重叠，其复合谱是平坦的，子带的正交性通过交错同相或正交子带的数据得到（即将数据偏移半个周期）。图 2.3(c)所示为 OFDM，各子载波有 1/2 的重叠，但保证相互正交，在接收端通过相关解调技术分离出来，避免使用滤波器组，同时使频谱效率提高近一倍。

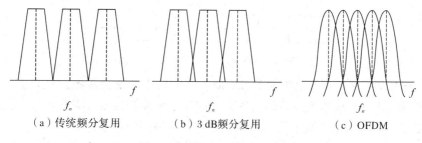

（a）传统频分复用　　　　（b）3 dB频分复用　　　　（c）OFDM

图 2.3　子载波频率设置方案

## 2.2　OFDM 的优缺点

近年来，OFDM 系统得到人们越来越多的关注，其主要原因是 OFDM 系统存在如下优点：

（1）将高速数据流进行串/并转换，使得每个子载波上的数据符号持续长度相对增加，从而可以有效地减小无线信道的时间弥散所带来的符号间串扰（ISI），这样就减小了接收机内均衡的复杂度,有时甚至可以不采用均衡器,仅通过采用插入循环前缀的方法消除 ISI 的不利影响。

(2) 在传统的频分复用方法中,将频带分为若干个不相交的子频带来传输并行的数据流,在接收端用一组滤波器来分离各个子信道。这种方法的优点是简单、直接;缺点是频谱利用率低,子信道之间要留有足够的保护频带,而且多个滤波器的实现也有不少困难。而 OFDM 系统由于各个子载波之间存在正交性,允许子信道的频谱相互重叠,因此与传统的频分复用系统相比,OFDM 系统可以最大限度地利用频谱资源。图 2.4 给出了传统频分复用和 OFDM 信道分配情况的比较。

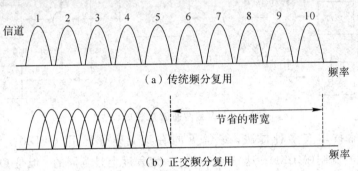

图 2.4　传统频分复用与 OFDM 的信道分配

(3) 各个子载波上信号的正交调制和解调在形式上等同于 IDFT 和 DFT,因此,在实际应用中,可以采用 IFFT 和 FFT 来快速实现,如图 2.5 所示。图中,S/P 为串/并变换,P/S 为并/串变换。随着大规模集成电路和数字信号处理技术的发展,FFT 运算变得更加容易,当子载波数很大时,这一优势将十分明显。

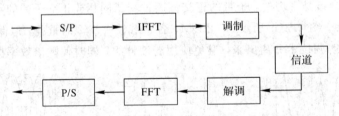

图 2.5　利用 IFFT 和 FFT 实现 OFDM 调制解调

(4) 无线数据业务一般存在非对称性,即下行链路中的数据传输量要大于上行链路中的数据传输量,这就要求物理层能够支持非对称高速率数据传输。OFDM 系统就可以通过使用不同数量的子载波来实现上行和下行链路中不同的传输速率。

(5) OFDM 易于和其他多种接入方法结合使用,构成正交频分多址接入(OFDMA)系统,其中包括多载波码分多址接入(MC - CDMA,Multi - Carrier Code Division Multiple Access)、跳频 OFDM 以及 OFDM 时分多址接入(OFDM - TDMA,OFDM Time Division Multiple Access)等,使得多个用户可以同时利用 OFDM 技术进行不同的信息传输。

(6) OFDM 易于和现有的空时编码等技术相结合,实现高性能的多输入多输出通信系统。

正是由于 OFDM 具有的上述特性,使得 OFDM 技术成为当前常见的宽带无线和移动通信系统的关键技术之一。

然而，OFDM 技术在实际应用中也存在缺陷，主要体现在如下两个方面：

（1）OFDM 易受频率偏差的影响。OFDM 技术所面临的主要问题就是对子载波间正交性的严格要求。由于 OFDM 系统中的各个子载波的频谱相互覆盖，要保证它们之间不产生相互干扰的唯一方法就是保持相互间的正交性。OFDM 系统对这种正交性相当敏感，一旦发生偏移，便会破坏正交性，造成载波间干扰（ICI），这将导致系统性能的恶化。而且，随着子载波个数的增多，每个 OFDM 符号的周期将被拉长，频域的子载波频率间隔将会减小，这就使得 OFDM 系统对正交性更敏感。然而，在 OFDM 系统的实际应用中，不可能所有条件均达到理想情况，无论是无线移动信道传输环境，还是传输系统本身的复杂性都注定了 OFDM 系统的正交性将受到多种因素的影响。

（2）OFDM 存在较高的峰值平均功率比（PAPR，Peak-to-Average Power Ratio，也称峰均功率比）。与单载波系统相比，由于多载波调制系统的输出是多个子信道信号的叠加，因此当多个信号的相位一致时，所得到的叠加信号的瞬时功率就会远远大于信号的平均功率，导致出现较大的峰值平均功率比。这样就对发送机内放大器的线性度提出了很高的要求，如果放大器的动态范围不能满足信号的变化，则会给信号带来畸变，使叠加信号的频谱发生变化，从而导致各个子信道信号之间的正交性遭到破坏，产生相互干扰，使系统性能恶化。

## 2.3　OFDM 基本原理

正交频分复用（OFDM）是一种多载波调制方式，其基本思想是把高速率的信源信息流通过串/并变换，变换成低速率的 $N$ 路并行数据流；然后用 $N$ 个相互正交的载波进行调制，将 $N$ 路调制后的信号相加即得发送信号。OFDM 调制原理框图如图 2.6 所示。

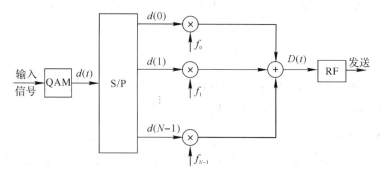

图 2.6　OFDM 调制原理框图

设基带调制信号的带宽为 $B$，码元调制速率为 $R$，码元周期为 $t_s$，且信道的最大时延扩展 $\Delta_m > t_s$。OFDM 的基本原理是将源信号分割为 $N$ 个子信号，分割后码元速率为 $R/N$，周期为 $T_s = Nt_s$，然后用 $N$ 个子信号分别调制 $N$ 个相互正交的子载波。由于子载波的频谱相互重叠，因而可以得到较高的频谱效率。当调制信号通过陆地无线信道到达接收端时，由于信道多径效应带来的码间串扰作用，子载波之间不能保持良好的正交状态，因而，发送前就在码元间插入保护间隔。如果保护间隔 $\delta$ 大于最大时延扩展 $\Delta_m$，则所有时延小于 $\delta$ 的多径信号将不会延伸到下一个码元期间，因而有效地消除了码间串扰。

在发送端，数据经过调制（例如 QAM 调制）形成基带信号；然后经过串/并变换成为 $N$ 个子信号，再去调制相互正交的 $N$ 个子载波；最后相加形成 OFDM 发送信号。

OFDM 解调原理框图如图 2.7 所示。在接收端，输入信号分为 $N$ 个支路，分别与 $N$ 个子载波混频和积分，恢复出子信号；再经过并/串变换和 QAM 解调就可以恢复出源信号。由于子载波的正交性，使得混频和积分电路可以有效地分离各个子信道。

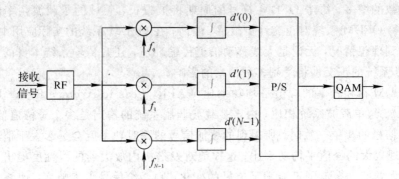

图 2.7  OFDM 解调原理框图

在图 2.7 中，$f_0$ 为最低子载波频率，$f_n = f_0 + n\Delta f$，$\Delta f$ 为载波间隔。

## 2.4  OFDM 的 IFFT 实现

OFDM 调制信号的数学表达形式为

$$D(t) = \sum_{n=0}^{M-1} d(n)\exp(\mathrm{j}2\pi f_n t),\, t \in [0,\, T] \tag{2.1}$$

其中，$d(n)$ 是第 $n$ 个调制码元；$T$ 是码元周期 $T_s$ 加保护间隔 $\delta$（即 $T = \delta + T_s$）。各子载波的频率为

$$f_n = f_0 + \frac{n}{T_s} \tag{2.2}$$

其中，$f_0$ 为最低子载波频率。由于一个 OFDM 符号是将 $M$ 个符号经串/并变换之后并行传输的，因此 OFDM 码元周期是原始数据周期的 $M$ 倍，即 $T_s = Mt_s$。当不考虑保护间隔时，则由式(2.1)、式(2.2)可得

$$D(t) = \left[\sum_{n=0}^{M-1} d(n)\exp\left(\mathrm{j}\frac{2\pi}{Mt_s}nt\right)\right]\exp(\mathrm{j}2\pi f_0 t) = X(t) \cdot \exp(\mathrm{j}2\pi)f_0 t \tag{2.3}$$

其中，$X(t)$ 为复等效基带信号，且

$$X(t) = \sum_{n=0}^{M-1} d(n)\exp\left(\mathrm{j}\frac{2\pi}{Mt_s}nt\right) \tag{2.4}$$

对 $X(t)$ 进行采样，其采样速率为 $1/t_s$，即 $t_k = kt_s$，则有

$$X(t_k) = \sum_{n=0}^{M-1} d(n)\exp\left(\mathrm{j}\frac{2\pi}{M}nk\right),\, 0 \leqslant k \leqslant (M-1) \tag{2.5}$$

由式(2.5)可以看出，$X(t_k)$ 恰好是 $d(n)$ 的离散傅立叶反变换（IDFT），在实际中可用 IFFT 来实现，相应的接收端解调则可用 FFT 来完成。

图 2.8 给出了 OFDM 的系统框图。

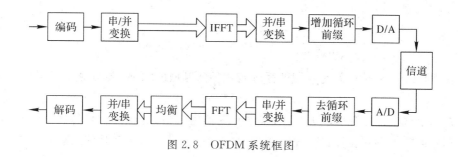

图 2.8 OFDM 系统框图

# 2.5 OFDM 系统的抗多径原理

发展可靠的高速移动通信系统的主要挑战是克服移动通信信道不容忽视的有害影响。与高斯白噪声信道相比，移动通信信道要遭受多径，即传输信号到达接收端要通过多个传播路径。由多径传播造成的两个主要影响是多径衰落和信道响应的频率选择性，即频率选择性衰落。下面分析 OFDM 技术将频率选择性衰落信道转化成平坦衰落信道的基本原理。

参照图 2.8，设 $X(u)$ 表示符号周期为 $t_s$ 的输入系列，串/并变换器将 $M$ 个连续的数据符号变成数据向量，即 $\boldsymbol{X}(n)=[X(nM)\ X(nM+1)\ \cdots\ X(nM+M-1)]^{\mathrm{T}}$，子块的周期是 $Mt_s$。假设块的大小 $M$ 为偶数，事实上，$M$ 一般是 2 的数次幂，以便于在调制和解调中有效利用 IFFT(FFT)。

设 $X(n,k)$ 表示第 $n$ 个数据符号的第 $k$ 个分量，即

$$X(n,\ k) = X(nM+k),\ k = 0,\ 1,\ \cdots,\ M-1$$

$X(n,k)$ 也被看成是第 $n$ 个子块第 $k$ 个子载波传输的数据符号。数据符号向量 $\boldsymbol{x}(n)$ 可以表示成 $\boldsymbol{X}(n)=[X(n,0)\ X(n,1)\ \cdots\ X(n,M-1)]^{\mathrm{T}}$，由于数据符号向量 $\boldsymbol{x}(n)$ 是通过 $M$ 点 IFFT 变换调制成 OFDM 符号 $\boldsymbol{x}(n)$，即

$$\boldsymbol{x}(n) = [x(n,0)\ x(n,1)\ \cdots\ x(n,M-1)]$$

其中

$$x(n,\ k) = \frac{1}{\sqrt{M}} \sum_{t=0}^{M-1} X(n,\ l) \exp\left(\mathrm{j}\frac{2\pi lk}{M}\right),\ 0 \leqslant k \leqslant M-1 \tag{2.6}$$

为了避免 OFDM 符号间的串扰，IDFT 输出的长为 $G$ 的循环扩展被加到 $\boldsymbol{x}(n)$ 上作为保护间隔，一般指的是循环前缀，带有循环前缀的向量可以表示为 $\boldsymbol{x}^g(n)=[x(n,M-G)\ \cdots\ x(n,M-1)\ x(n,0)\ \cdots\ x(n,M-1)]^{\mathrm{T}}$，向量 $\boldsymbol{x}^g(n)$ 扩展的分组周期为 $(M+G)t_s$，通过频率选择性信道传输。

设多径信道数为 $L$，保护间隔的长度应满足 $G \geqslant L$，假设在整个扩展的分组间隔内信道状态信息保持不变，接收的信号向量 $\boldsymbol{r}(n)$ 只是 $\boldsymbol{x}^g(n)$ 和 $\boldsymbol{h}(n)$ 的线性卷积，即 $\boldsymbol{r}(n)=\boldsymbol{x}^g(n)*\boldsymbol{h}(n)$（"＊"表示线性卷积），$\boldsymbol{h}(n)=[h(nM,0)\quad h(nM,1)\ \cdots\ h(nM,L-1)]^{\mathrm{T}}$。这里 $h(nM,i)$ 表示第 $n$ 个 OFDM 符号期间第 $i$ 条路径的信道冲击响应。在接收端，首先从接收到的信号向量中去掉保护间隔，形成向量 $\boldsymbol{y}(n)=[r(n,G)\quad r(n,G+1)\ \cdots\ r(n,M+G+1)]^{\mathrm{T}}$。很明显，$\boldsymbol{x}^g(n)$ 是由 $\boldsymbol{x}(n)$ 的循环扩展构成，则向量 $\boldsymbol{y}(n)$ 是 $\boldsymbol{x}(n)$ 和 $\boldsymbol{h}(n)$ 的循环卷积。解调器对 $\boldsymbol{y}(n)$ 进行 DFT 变换，以获得解调向量 $\boldsymbol{Y}(n)$：

$$\boldsymbol{Y}(n) = [Y(n,0)\quad Y(n,1)\quad \cdots\quad Y(n,M-1)]$$

其中：

$$Y(n, k) = \frac{1}{\sqrt{M}} \sum_{l=0}^{M-1} y(n, l) \exp\left(-j\frac{2\pi lk}{M}\right), \quad 0 \leqslant k \leqslant M-1 \qquad (2.7)$$

DFT 的一个重要性质就是时域的循环卷积导致频域的相乘，则解调的信号向量为

$$\boldsymbol{Y}(n) = \boldsymbol{H}(n)\boldsymbol{X}(n) + \boldsymbol{Z}(n) \qquad (2.8)$$

其中，$\boldsymbol{H}(n)$ 是以信道冲激响应 $\boldsymbol{h}(n)$ 的傅立叶变换为对角元素的对角矩阵；$\boldsymbol{Z}(n)$ 是信道噪声的 DFT。由于 $\boldsymbol{H}(n)$ 是对角的，则子信道可以完全分离，第 $k$ 个对角元素 $H_{k,k}(n)$ 可被看成是由下式给出的第 $k$ 个子载波的复信道增益：

$$H_{k,k}(n) = \alpha(n, k) = \frac{1}{M} \sum_{l=0}^{L-1} h(l) \exp\left(-j\frac{2\pi lk}{M}\right), \quad 0 \leqslant k \leqslant M-1 \qquad (2.9)$$

解调符号用复信道增益可表示为

$$Y(n, k) = \alpha(n, k)X(n, k) + Z(n, k), \quad 0 \leqslant k \leqslant M-1 \qquad (2.10)$$

除了噪声分量以外，解调符号是复信道增益 $\alpha(n, k)$ 与相应符号 $X(n, k)$ 的乘积，这样带有循环前缀的 OFDM 将频率选择性衰落信道转化成 $M$ 个平坦衰落的子信道。这些平坦衰落子信道提供了一个有效的平台，在该平台上面，那些为平坦衰落信道产生的大量的空时处理技术被扩展到频率选择性衰落信道中。

# 2.6　OFDM 系统中的信道估计技术

在无线通信系统中，信道是影响通信质量最根本的要素。无线通信系统各要素中，信道从本质上影响通信的可靠性和有效性。对无线传输信道特性的认识和估计是实现各种无线通信系统传输的重要前提，只有根据具体无线通信信道的特征加以设计的无线通信系统才可能达到最佳的传输性能。为了获取实时、准确的信道状态信息，使得系统能够获得相干检测的性能增益等性能提升和实现相关技术，准确、高效的信道估计器被作为现代 OFDM 系统不可缺少的组成部分。

OFDM 信道估计方法可以分为两大类：基于导频的信道估计方法和信道盲估计方法。基于导频的信道估计方法原理是，在发送信号选定某些固定的位置插入已知的训练序列，接收端根据接收到的经过信道衰减的训练序列和发送端插入的训练序列之间的关系得到上述位置的信道响应估计；然后运用内插技术得到其他位置的信道响应估计。信道盲估计方法无需在发送信号中插入训练序列，而是利用 OFDM 信号本身的特性进行信道估计。信道盲估计方法能获得更高的传输效率，但信道盲估计性能往往不如基于导频的信道估计方法。

## 2.6.1　基于导频的信道估计方法

基于导频的信道估计方法就是在发送端发出的信号序列中某些固定位置插入一些已知的符号和序列，然后在接收端利用这些已知的导频符号和导频序列按照某种算法对信道进行估计。基于导频的信道估计 OFDM 系统组成框图如图 2.9 所示。

在图 2.9 中 OFDM 系统基于导频的信道估计等效基带模型，输入端输入二进制数据，经多进制调制后进行串/并变换，在特定时间和频率的子载波上插入导频符号，进行 IFFT

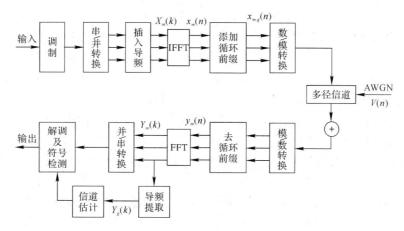

图 2.9 基于导频的信道估计 OFDM 系统组成框图

运算，将频域信号转换为时域信号。假定子载波个数为 $N$，$X_m(k)$ 表示第 $m$ 个子载波上发送数据经过 IFFT，产生对应的第 $m$ 个 OFDM 信号的输出序列 $x_m(n)$。

$$x_m(n) = \text{IFFT}(X_m(k)) = \frac{1}{N}\sum_{k=0}^{N-1}X_m(k)\exp\left(j\frac{2\pi kn}{N}\right), \ n = 0, 1, \cdots, N-1 \quad (2.11)$$

经 IFFT 变换后的数据为避免多径带来的符号间串扰（ISI），在每个 OFDM 符号前添加长度为 $N_g$ 的循环前缀（CP）。则添加循环前缀后，时域发送信号可以表示为

$$x_{m,g} = \begin{cases} x_m(N+n), & n = -N_g, \cdots, -1 \\ x_m(n), & n = 0,1,\cdots,N-1 \end{cases} \quad (2.12)$$

经数/模转换后发送到多径信道。多径信道可建模成为 FIR 滤波器，即其信道的冲激响应可以表示为

$$h(t, \tau) = \sum_{l=0}^{L-1}a_l(t)\delta(n-\tau_l), \quad n = 0, 1, \cdots, N-1 \quad (2.13)$$

其中，$L$ 表示多径数量；$a_l(t)$ 表示第 $l$ 径信号的幅度响应；$\tau_l$ 为第 $l$ 条路径的时延。在 $t$ 时刻，信道冲激响应的频率响应 CFR（Channel Frequency Response）可写成

$$H(t, f) = \int_{-\infty}^{\infty}h(t, \tau)e^{-j2\pi f\tau}d\tau \quad (2.14)$$

信道频率响应的离散形式可写成

$$H(m, k) = \sum_{l=0}^{L-1}h(m, l)\exp\left(-j\frac{2\pi kl}{N}\right) \quad (2.15)$$

则接收端接收到的信号和信道的线性卷积输出时域信号可以表示为

$$y_{m,g}(n) = x_{m,g}(n) * h_m(n, l) + v_m(n)$$
$$= \sum_{l=0}^{L-1}h_m(n, l)x_{m,g}(n-l) + v_m(n), \ n = 0, 1, \cdots, N-1 \quad (2.16)$$

其中，下标 $m$ 表示第 $m$ 个时域 OFDM 符号；括号中的 $n$ 表示在 OFDM 符号内的具体位置；$h_m(n, l)$ 表示第 $m$ 个 OFDM 符号传输时信道的冲激响应；$v_m(n)$ 为加性高斯白噪声。则对应于去掉循环前缀后接收到信号的频域形式可以表示为

$$Y_m(k) = \text{FFT}(y_m(n)) = \frac{1}{N}\sum_{n=0}^{N-1}y_m(n)\exp\left(\frac{-j2\pi kn}{N}\right), \ k = 0, 1, \cdots, N-1 \quad (2.17)$$

若 CP 的长度 $N_g$ 远大于无线多径信道最大多径时延长度，则不存在 ISI，有

$$Y_m(k) = X_m(k) \times H_m + V_m(k) \tag{2.18}$$

从 $Y(k)$ 序列中提取出导频符号 $Y_P(k)$，根据某种估计算法可计算出导频处信道的频率响应 $H_P(k)$；然后通过插值算法进而获得数据符号处的频率响应；最后通过解调及符号检测或均衡技术对数据进行校正。

具体的导频方式应该根据具体信道特性和应用环境来选择。一般来说，OFDM 系统中的导频图案可以分为三类：块状导频、梳状导频和离散分布导频结构。

在 OFDM 系统中，块状导频分布的原理是将连续多个 OFDM 符号分成组，将每组中的第一个 OFDM 符号发送导频数据，其余的 OFDM 符号传输数据信息。在发送导频信号的一个 OFDM 符号中，导频信号在频域是连续的，因此这种导频分布能较好地适应信道的多径扩散。这种导频分布方式认为一个 OFDM 符号内信道响应不变且相邻符号的信道传输函数很相近，所以这种信道估计方法较适用于慢衰落信道。由于所有子载波上都含有导频信号，这种导频结构的 OFDM 系统能较好对抗信道频率选择性衰落。块状导频结构示意图如图 2.10 所示，其中，实心点表示导频；空心点表示数据。

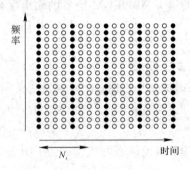

图 2.10　块状导频结构示意图

梳状导频结构与块状导频结构不同，它是指每隔一定的频率插入一个导频信号，要求导频间隔远小于信道的相干带宽。梳状导频信号在时域上连续、在频域上离散，所以这种导频结构对信道频率选择性敏感，但是有利于克服信道时变衰落中快衰落的影响。梳状导频结构的 OFDM 信道估计系统，可以用频域内插算法得出整个信道的信息。在图 2.11 中，实心点表示导频，空心点表示发送的数据。

离散分布的时频二维导频结构有很多种，其中正方形导频分布如图 2.12 所示，其中，实心点表示导频；空心点表示发送的数据。

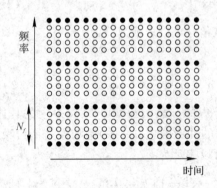

图 2.11　梳状导频结构示意图

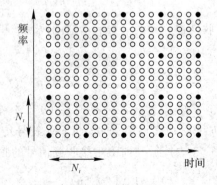

图 2.12　离散分布导频结构示意图

　　离散分布导频结构在构造上比块状和梳状导频结构要复杂很多。在图 2.12 中，正方形导频结构需要在频域和时域上都等间隔地插入导频信号。在实际的通信系统中安排导频分布时，为了保证每帧边缘的估计值也比较准确，使得整个信道估计的结果更加理想，系统要求尽量使一帧 OFDM 符号的第一和最后一个子载波上都是导频符号。

　　利用上述导频结构，就可以利用导频估计算法实现信道估计了。常用的信道估计方法包括频域最小二乘(LS)算法和最小均方误差（MMSE)算法等。

**1. 频域最小二乘算法**

　　频域最小二乘(LS)算法是 OFDM 系统中信道估计的最基本、最简单的算法。假设导频位置发送的子载波信息为 $\boldsymbol{X}_P$，接收到的导频位置子载波信息为 $\boldsymbol{Y}_P$，相应的频域信道衰落系数为 $\boldsymbol{H}_P$，则三者之间的关系可以表示为

$$\boldsymbol{Y}_P = \boldsymbol{X}_P \boldsymbol{H}_P + \boldsymbol{N} \tag{2.19}$$

在 LS 估计算法中，使 $\boldsymbol{Y} - \mathrm{diag}(\boldsymbol{X})\boldsymbol{H}$ 最小，则信道响应的估计值可表示为

$$\hat{\boldsymbol{H}} = \arg \min \parallel \boldsymbol{Y} - \mathrm{diag}(\boldsymbol{X})\boldsymbol{H} \parallel^2 \tag{2.20}$$

则基于 LS 准则的信道估计算法可以表示为

$$\hat{\boldsymbol{H}}_{P,\mathrm{LS}} = \arg \min [(\boldsymbol{Y}_P - \boldsymbol{X}_P \boldsymbol{H}_{P,\mathrm{LS}})^{\mathrm{T}} (\boldsymbol{Y}_P - \boldsymbol{X}_P \boldsymbol{H}_{P,\mathrm{LS}})] \tag{2.21}$$

对其求偏导数，令其偏导数为 0，即

$$\frac{\partial (\boldsymbol{Y}_P - \boldsymbol{X}_P \boldsymbol{H}_{P,\mathrm{LS}})^{\mathrm{T}} (\boldsymbol{Y}_P - \boldsymbol{X}_P \boldsymbol{H}_{P,\mathrm{LS}})}{\partial \boldsymbol{H}_{P,\mathrm{LS}}} = 0 \tag{2.22}$$

可以得到基于 LS 准则的信道估计：

$$\hat{\boldsymbol{H}}_{P,\mathrm{LS}} = (\boldsymbol{X}_P^{\mathrm{T}} \boldsymbol{X}_P)^{-1} \boldsymbol{X}_P^{\mathrm{T}} \boldsymbol{Y}_P = \boldsymbol{X}_P^{-1} \boldsymbol{Y}_P = \boldsymbol{H}_P + \frac{\boldsymbol{N}_P}{\boldsymbol{X}_P} \tag{2.23}$$

所以 $\hat{\boldsymbol{H}}_{P,\mathrm{LS}}$ 可以表示为

$$\hat{\boldsymbol{H}}_{P,\mathrm{LS}} = \begin{bmatrix} \hat{H}_{P,\mathrm{LS}}(0) & \hat{H}_{P,\mathrm{LS}}(1) & \cdots & \hat{H}_{P,\mathrm{LS}}(N_P - 1) \end{bmatrix}^{\mathrm{T}}$$

$$= \begin{bmatrix} \dfrac{Y_P(0)}{X_P(0)} & \dfrac{Y_P(1)}{X_P(1)} & \dfrac{Y_P(N_P - 1)}{X_P(N_P - 1)} \end{bmatrix}^{\mathrm{T}} \tag{2.24}$$

　　由式(2.24)可见，基于 LS 准则的信道估计方法没有使用任何信道先验信息，算法结构简单，仅在各导频子载波上进行一次除法运算，计算量小，非常适用于实际系统。但是，因为 LS 估计中并未利用信道频域与时域的相关特性，所以在估计时忽略了噪声的影响，信道估值对噪声比较敏感。在噪声较大时，估计的准确性大大降低，从而影响数据子信道的参数估计。

**2. 最小均方误差算法**

　　为了降低噪声对信道估计的影响，提高估计精度，可采用最小均方误差（MMSE)准则来设计信道估计算法，其综合考虑了信道估计的特性和噪声的方差。假设 $\hat{\boldsymbol{H}}$ 为信道估计值，$\boldsymbol{H}$ 为真实值，信道估计的均方误差为

$$\mathrm{MSE} = E[(\boldsymbol{H} - \hat{\boldsymbol{H}})^{\mathrm{H}} (\boldsymbol{H} - \hat{\boldsymbol{H}})] \tag{2.25}$$

MMSE 准则就是使 MSE 最小。考虑导频子信道上的情况，相关矩阵可表示如下：

$$\boldsymbol{R}_{H_r Y_r} = E[\boldsymbol{H}_P \boldsymbol{Y}_P^{\mathrm{T}}] = E[\boldsymbol{H}_P (\boldsymbol{X}_P \boldsymbol{H}_P + \boldsymbol{N}_P)^{\mathrm{T}}] = \boldsymbol{R}_{H_r H_r} \boldsymbol{X}_P^{\mathrm{T}} \tag{2.26}$$

$$\boldsymbol{R}_{Y_r Y_r} = E[\boldsymbol{Y}_P \boldsymbol{Y}_P^{\mathrm{T}}] = E[(\boldsymbol{X}_P \boldsymbol{H}_P + \boldsymbol{N}_P)(\boldsymbol{X}_P \boldsymbol{H}_P + \boldsymbol{N}_P)^{\mathrm{T}}]$$

$$= \boldsymbol{X}_P \boldsymbol{R}_{H_r H_r} \boldsymbol{X}_P^{\mathrm{T}} + \sigma_{N_r}^2 \boldsymbol{I}_{N_r} \tag{2.27}$$

其中，$R_{H_rH_r}$ 为导频子信道自相关矩阵；$X_P$ 为导频信号；$\sigma_{N_r}^2$ 为导频子信道的加性噪声的方差。则 MMSE 估计可表示如下：

$$\hat{H}_{P,\text{MMSE}} = R_{H_rH_r} X_P^{\text{T}} (X_P R_{H_rH_r} X_P^{\text{T}} + \sigma_{N_r}^2 (X_P X_P^{\text{T}})^{-1})^{-1} Y_P$$

$$= R_{H_rH_r} (R_{H_rH_r} + \sigma_{N_r}^2 (X_P X_P^{\text{T}})^{-1})^{-1} X_P^{-1} Y_P$$

$$= R_{H_rH_r} (R_{H_rH_r} + \sigma_{N_r}^2 (X_P X_P^{\text{T}})^{-1})^{-1} H_{P,\text{LS}} \qquad (2.28)$$

式(2.28)即为导频子信道的 MMSE 估计。MMSE 估计算法需要计算 $(R_{H_rH_r} + \sigma_{N_r}^2 (X_P X_P^{\text{T}})^{-1})^{-1}$，其中 $X_P X_P^{\text{T}}$ 在一个 OFDM 符号内是不同的，即该矩阵求逆需要在一个符号时间内更新。当 OFDM 系统子信道数目 $N$ 增大时，矩阵求逆的运算量会变得十分巨大。因此，MMSE 算法的最大缺点就是计算量大，实现起来对硬件要求比较高。而且在 MMSE 信道估计算法中，信道统计特性估计的准确程度对该算法的性能影响较大。若用 $P_X = I - X^H (XX^H)^{-1} X$ 来代替 $(X_P X_P^{\text{T}})^{-1}$，即用各子信道的平均功率代替每一个符号的瞬时功率，则可极大地减小 MMSE 算法的计算量。

## 2.6.2 信道盲估计方法

若信道是时变的，即使信道缓慢变化，基于导频的信道估计技术也要求导频序列不断地循环发送以更新信道估计值，这样就大大降低了数据传输效率。例如，在高频通信系统中，用来发送训练序列的时间最多可以占到整个发送时间的 50%；而在 GSM 系统中，发送训练序列也是一笔很大的开销，而信号盲估计方法并不依靠发送训练序列来获取信道信息，这就使得它在高速率的移动通信系统中显出特别的优势。

信道盲估计是在没有导频或训练序列的情况下，借助于通信系统或信号本身的冗余特性或已知信息，仅通过对接收信号进行处理从而得到信道状态信息(CSI)。因为完全不需要发送导频或训练序列，信道盲估计可有效地提高系统的传输效率，因而得到研发人员越来越多的研究。

信道盲估计算法大体上可以分为统计性方法和确定性方法。如果发送信号的统计特性并非是已知的，或者说信源虽然是随机信号，但是它的统计特性在信道估计过程中并没有起作用，那么与之对应的信道估计方法就认为是确定性方法。如果发送信号服从特定的统计特性随机分布，并且在信道估计过程中使用了信号的统计特性，那么该估计方法就是统计性方法。

### 1. 确定性信道盲估计方法

确定性方法大多利用了发送信号的固有特征或通信系统结构本身所具有的特性。具有代表性的确定性信道盲估计算法有基于有限字符集法、互相关法和最小二乘滤波法等。

#### 1) 基于有限字符集法

有限字符集特性是通信信号的一个重要的冗余结构。有限字符集特性也称为序列的离散性，是指用户发送的信息符号取自有限个字符构成的集合。在数字通信中，所有被调制信号都是一个有限字符集的线性或非线性变换，因而数字通信系统的信息符号都具有有限字符集特性。基于有限字符集特性的信道盲估计算法的优点是精确度高，估计速度快。该算法的性能接近基于导频或训练序列的非信道盲估计，并且最快可在接收到一个 OFDM 符号后实现对通信信道的准确估计。基于发送信号有限字符集特性的信道盲估计算法起源于最大似然(ML，Maximum Likelihood)原理，其大体的做法是：首先构造一个代价函数，然后在发送信号属于一个有限字符集的限制下，求该代价函数最小值所对应的解。

设一个通信系统的接收信号矩阵为 $\boldsymbol{Y}$，信道传输矩阵为 $\boldsymbol{H}$，发送信号矩阵为 $\boldsymbol{X}$，噪声矩阵为 $\boldsymbol{N}$，则整个收/发模型为

$$\boldsymbol{Y} = \boldsymbol{HX} + \boldsymbol{N} \tag{2.29}$$

如果 $\boldsymbol{X}$ 中的每个元素均取自有限字符集 $\chi$，且 $\boldsymbol{X}$ 为 $m \times n$ 矩阵，则 $\boldsymbol{X} \in \chi^{m \times n}$。当噪声 $\boldsymbol{N}$ 服从高斯分布时，根据最大似然(ML)准则可以得到信道传输矩阵 $\boldsymbol{H}$ 和发送信号矩阵 $\boldsymbol{X}$ 的估计为

$$\{\boldsymbol{H}, \boldsymbol{X}\} = \arg \min J_{ML}(\boldsymbol{H}, \boldsymbol{X}) = \arg \min \| \boldsymbol{Y} - \boldsymbol{HX} \|_F^2 \tag{2.30}$$

化解以上的约束最优化问题可以分为两步：第一步假设 $\boldsymbol{X}$ 已知，则 $\boldsymbol{H}$ 的 ML 估计为

$$\hat{\boldsymbol{H}}_{ML} = \boldsymbol{YX}^H (\boldsymbol{XX}^H)^{-1} \tag{2.31}$$

将式(2.31)代入式(2.30)中，可得一个新的最优化准则：

$$\hat{\boldsymbol{X}} = \arg \min \| \boldsymbol{YP}_{\boldsymbol{X}}^{\perp} \|_F^2 \tag{2.32}$$

其中，$\boldsymbol{P}_{\boldsymbol{X}}^{\perp} = \boldsymbol{I} - \boldsymbol{X}^H (\boldsymbol{XX}^H)^{-1} \boldsymbol{X}$ 为 $\boldsymbol{X}$ 张成的子空间的正交投影算子。

第二步即为求解式(2.32)。但是这一步的求解过程一般来说都非常复杂，最常用的方法是穷尽搜索或递归迭代。对 $\boldsymbol{X}$ 进行穷尽搜索是求解全局最小值最可靠的方法，但是其运算复杂程度呈指数级，使得这种方法实用性很小。采用迭代的求解方法具有低于穷尽搜索方法的复杂度，但是式(2.32)的代价函数具有若干个局部极小值，是非凸性的，只有当迭代初始值的比特错误概率足够小时，才能保证最终迭代结果的正确性。

在 OFDM 系统中，可以依照以上原理推出基于最大似然原理的信道盲估计算法。

2) 互相关法

设理想无噪声的多信道模型总共有 $M$ 个不同信道，其中第 $i$ 和第 $j$ 个信道有下列的关系式：

$$x_i(k) * h_j(k) - x_j(k) * h_i(k) = 0 \tag{2.33}$$

将式(2.33)改写成矩阵表达形式：

$$[\boldsymbol{X}_i(L) - \boldsymbol{X}_j(L)] \begin{bmatrix} \boldsymbol{h}_i \\ \boldsymbol{h}_j \end{bmatrix} = 0, \ \boldsymbol{h}_j = \begin{bmatrix} h_i(L) \\ \vdots \\ h_i(0) \end{bmatrix} \tag{2.34}$$

式中的 $\boldsymbol{X}_i(L)$ 可以由接收数据的 $N$ 点采样来构成：

$$\boldsymbol{X}_i(L) = \begin{bmatrix} x_i(L) & x_i(L+1) & \cdots & x_i(2L) \\ x_i(L+1) & x_i(L+2) & \cdots & x_i(2L+1) \\ \vdots & & & \\ x_i(N-L) & x_i(N-L+1) & \cdots & x_i(N) \end{bmatrix} \tag{2.35}$$

定义矩阵：

$$\boldsymbol{X}^i(L) = \begin{bmatrix} 0\cdots0 & \boldsymbol{X}_{i+1}(L) & -\boldsymbol{X}_i(L) & 0 & \cdots & 0 \\ \vdots & \vdots & 0 & \ddots & & 0 \\ 0\cdots0 & \boldsymbol{X}_M(L) & 0 & & & -\boldsymbol{X}_i(L) \end{bmatrix} \tag{2.36}$$

再设矩阵 $\boldsymbol{X}(L) = [\boldsymbol{X}^1(L)^T, \boldsymbol{X}^2(L)^T, \cdots, \boldsymbol{X}^{M-1}(L)^T]^T$，$\boldsymbol{h} = [\boldsymbol{h}_1^T, \boldsymbol{h}_2^T, \cdots, \boldsymbol{h}_M^T]$，则有

$$\boldsymbol{X}(L)\boldsymbol{h} = 0 \tag{2.37}$$

此时，就可通过求解式(2.37)得到需要估计的信道 $\boldsymbol{h}$。在实际的估计过程中，可使用受到噪声干扰的接收信号 $\{y_j(k)\}$ 按照上述方法生成矩阵 $\boldsymbol{Y}(L)$，然后通过求解下式的最小平方值

获得信道估计值 $\hat{h}$。

$$\hat{h} = \arg \min \| Y(L)\hat{h} \|^2 \tag{2.38}$$

另外，也可以采用对 $Y_L Y_L^H$ 做奇异值分解（SVD，Singular Value Decomposition）的方法来求解 $\hat{h}$。

互相关算法的特点是在接收信号的样本较少，但信噪比较高的情况下可获取较为良好的信道估计性能。该方法最大的缺点在于信道阶数估计值大于实际值时性能下降很快，而且当信噪比很低时该方法的估计结果误差很大。

3）最小二乘滤波法

虽然上述两种确定性的估计方法都具有收敛快的优点，但是它们也有一个共同的缺陷，即它们要求先检测信道阶数，这在实际应用当中通常是很难做到的。最小二乘滤波（LSS，Least Squares Smoothing）法是现代信号处理中常用的方法。在 OFDM 信道估计中，可以利用发送信号空间与接收信号空间的同构关系，将原信道估计转化为利用发送信号空间估计信道的问题，避免了信道阶数检测。

设发送信号为 $x_t$，无噪接收信号为 $y_t$，定义

$$x_t \stackrel{\text{def}}{=} [x_t, x_{t+1}, \cdots] \tag{2.39}$$

$$y_t \stackrel{\text{def}}{=} [y_t, y_{t+1}, \cdots] \tag{2.40}$$

$$X_{t,\omega} \stackrel{\text{def}}{=} \mathrm{span}\{x_t, x_{t-1}, \cdots, x_{t-\omega+1}\} \tag{2.41}$$

$$Y_{t,\omega} \stackrel{\text{def}}{=} \mathrm{span}\{y_t, y_{t-1}, \cdots, y_{t-\omega+1}\} \tag{2.42}$$

其中，$X_{t,\omega}$、$Y_{t,\omega}$ 分别是由发送信号向量和无噪接收信号向量构成的空间。如果存在 $\omega_0$，使得

$$Y_{t,\omega_0} = X_{t,\omega_0}, \ \forall \omega > \omega_0 \tag{2.43}$$

那么信道是可估计的。式（2.43）意味着发送信号空间和接收信号空间是等价的，因此把问题转化为利用发送信号空间估计信道的问题。为了便于说明，把问题简化为 $L=2$ 的特殊情况，有

$$\begin{bmatrix} y_t \\ y_{t+1} \\ y_{t+2} \end{bmatrix} = \begin{bmatrix} h_0 x_t + h_1 x_{t-1} + h_2 x_{t-2} \\ h_0 x_{t+1} + h_1 x_t + h_2 x_{t-1} \\ h_0 x_{t+2} + h_1 x_{t+1} + h_2 x_t \end{bmatrix} \tag{2.44}$$

定义一个发送信号的子空间 $Z$ 满足下面两个条件：

① $\{x_{t+2}, x_{t+1}, x_{t-1}, x_{t-2}\} \subset Z$。

② $x_t \notin Z$。

这是一个由当前发送时刻之前和之后的观测样本矢量构成的向量空间。$y_t$ 的滤波误差可表示为

$$E = \begin{bmatrix} \hat{y}_{t|z} \\ \hat{y}_{t+1|z} \\ \hat{y}_{t+2|z} \end{bmatrix} = \begin{bmatrix} h_0 \\ h_1 \\ h_2 \end{bmatrix} \hat{x}_{t|z} = \hat{x}_{t|z} \tag{2.45}$$

这样，信道矢量可通过最小化滤波误差求得，即

$$\hat{h} = \arg \max \| h^{\mathrm{T}} E \|^2 \tag{2.46}$$

为了化简求解式（2.46）的求解过程，可先通过下式计算滤波误差的协方差矩阵 $\hat{R}_E$：

$$\hat{\boldsymbol{R}}_E = \frac{1}{M} \boldsymbol{E} \boldsymbol{E}^{\mathrm{T}} \tag{2.47}$$

其中，$M$ 为 $\boldsymbol{E}$ 的列数。再对 $\hat{\boldsymbol{R}}_E$ 做奇异值分解，其最大的奇异值所对应的向量即为所要求解的信道估计 $\hat{\boldsymbol{h}}$。

最小二乘滤波算法最显著的优点是将信道估计问题转换成了线性的 LSS 问题。在实际应用中该方法可通过添加栅格滤波器来实现，但其缺点是需要改变 OFDM 发送机的结构。

**2. 统计性信道盲估计方法**

基于统计性的信道盲估计算法在进行信道估计的过程中使用了信号的统计特性。在早期的该类算法中，大多着眼于使用信号的高阶统计特性，但该类算法多不具备很好实用性。后来随着研究的不断深入，越来越多的算法使用了接收信号的二阶统计特性。

对于一个 OFDM 系统，可直接利用接收信号自相关矩阵进行信道盲估计。此时 OFDM 系统接收信号与发送信号之间的关系可用如下公式表示：

$$\boldsymbol{y}_{\mathrm{cp}}(n) = \boldsymbol{H}_0 \boldsymbol{x}_{\mathrm{cp}}(n) + \boldsymbol{H}_1 \boldsymbol{x}_{\mathrm{cp}}(n-1) + \boldsymbol{w}_{\mathrm{cp}}(n) \tag{2.48}$$

其中，$\boldsymbol{x}_{\mathrm{cp}}(n) = [x_{\mathrm{cp}}(n,1) x_{\mathrm{cp}}(n,2) \cdots x_{\mathrm{cp}}(n,p)]^{\mathrm{T}}$ 是加循环前缀后的第 $n$ 个发射数据向量；$\boldsymbol{y}_{\mathrm{cp}}(n) = [y_{\mathrm{cp}}(n,1) y_{\mathrm{cp}}(n,2) \cdots y_{\mathrm{cp}}(n,p)]^{\mathrm{T}}$ 是对应的接收数据向量；$\boldsymbol{w}_{\mathrm{cp}}(n) = [w_{\mathrm{cp}}(n,1), \cdots, w_{\mathrm{cp}}(n,P)]^{\mathrm{T}}$ 为附加噪声；$\boldsymbol{H}_0$ 为 $P \times P$ 的下三角 Toepliz 矩阵，其第一列为 $[h_0, \cdots, h_L, 0, \cdots, 0]^{\mathrm{T}}$，第一行为 $[h_0, 0, \cdots, 0]^{\mathrm{T}}$；$\boldsymbol{H}_1$ 为 $P \times P$ 的上三角 Toepliz 矩阵，其第一列为 $[0, \cdots, 0]^{\mathrm{T}}$，第一行为 $[0, \cdots, 0, h_L, \cdots h_0]$。将 $\boldsymbol{H}_0$ 和 $\boldsymbol{H}_1$ 写成矩阵形式为

$$\boldsymbol{H}_0 = \begin{bmatrix} h_0 & 0 & 0 & \cdots & 0 \\ h_1 & h_0 & 0 & \cdots & \\ \vdots & h_1 & & & \vdots \\ h_L & \vdots & \ddots & \ddots & \\ 0 & & \ddots & \ddots & \vdots \\ \vdots & \ddots & & & 0 \\ 0 & 0 & h_L & \cdots & h_0 \end{bmatrix}_{(P \times P)} \qquad \boldsymbol{H}_1 = \begin{bmatrix} 0 & \cdots & 0 & h_L & \cdots & h_2 & h_1 \\ \vdots & \ddots & \ddots & 0 & \ddots & \ddots & h_2 \\ \vdots & & \ddots & & \ddots & \ddots & \vdots \\ 0 & & & \ddots & & \ddots & h_L \\ \vdots & & & & \ddots & & 0 \\ \vdots & & & & & \ddots & \vdots \\ 0 & \cdots & & 0 & \cdots & 0 & 0 \end{bmatrix}_{(P \times P)}$$

设信号的功率为 $\sigma_s^2$，噪声的功率为 $\sigma_\omega^2$，则可计算接收信号的自相关矩阵 $\boldsymbol{R}_{yy}$ 为

$$\begin{aligned} \boldsymbol{P}_{yy} &= E[\boldsymbol{y}_{\mathrm{cp}}(n) \boldsymbol{y}_{\mathrm{cp}}^{\mathrm{H}}(n)] \\ &= \sigma_s^2 (\boldsymbol{H}_0 \boldsymbol{x}_{\mathrm{cp}} \boldsymbol{x}_{\mathrm{cp}}^{\mathrm{H}} \boldsymbol{H}_0^{\mathrm{H}} + \boldsymbol{H}_1 \boldsymbol{x}_{\mathrm{cp}} \boldsymbol{x}_{\mathrm{cp}}^{\mathrm{H}} \boldsymbol{H}_1^{\mathrm{H}}) + \sigma_\omega^2 I_P \end{aligned} \tag{2.49}$$

信道冲激响应 $\boldsymbol{h} = [h_0, \cdots, h_L]^{\mathrm{T}}$ 可通过接收信号的自相关矩阵的第一列得出：

$$h_0^* [h_0, \cdots, h_L] = [\boldsymbol{R}_{yy}(M+1,1), \cdots, \boldsymbol{R}_{yy}(M+L+1,1)] \tag{2.50}$$

即可根据该式估计出 $\boldsymbol{h}$，同时存在一个标量模糊 $h_0^*$。其中，接收信号的自相关矩阵 $\boldsymbol{R}_{yy}$ 可通过使用自相关矩阵的估计值 $\hat{\boldsymbol{R}}_{yy}$ 代替。

$$\hat{\boldsymbol{R}}_{yy} = \frac{1}{I} \sum_{n=0}^{I-1} \boldsymbol{y}(n) \boldsymbol{y}^{\mathrm{H}}(n) \tag{2.51}$$

在整个算法中，$\hat{\boldsymbol{R}}_{yy}$ 的估计误差大小将直接决定信道估计误差的大小。为了减小估计误差，考虑到上面的方法只利用了 $\hat{\boldsymbol{R}}_{yy}$ 的第一列的信息，若是能充分利用其他的信息，则能提高信道估计精度。

# 2.7 OFDM 中的同步技术

## 2.7.1 同步误差对 OFDM 的影响

任何数字通信系统中同步都是必不可少的一个基本环节。OFDM 系统中的同步主要分为定时同步和载波频率同步。不同的同步误差将会对 OFDM 系统造成不同的影响。

### 1. 载波频率误差对系统的影响

设 OFDM 系统有 $N$ 个子载波，则发送一帧 OFDM 信号可表示为

$$x_n = \sum_{k=0}^{N-1} X_k \exp(\mathrm{j}\frac{2\pi}{N})kn \tag{2.52}$$

其中，$X_k$ 表示信息序列在第 $k$ 个子载波上的星座映射。由于循环前缀 CP 的作用，信号通过信道的线性卷积可用循环卷积代替。设 $\varepsilon$ 为接收信号的实际频偏与 OFDM 子载波间隔的比（即 $\varepsilon$ 为相对频偏），$T_s$ 为接收端采样周期，接收信号可表示为

$$y_n = \sum_{k=0}^{N-1} X_k H_k \exp\left(\mathrm{j}\frac{2\pi}{N}(k+\varepsilon)n\right) + \omega_n, \quad n = 0, 1, \cdots, N-1 \tag{2.53}$$

其中，$\omega_n$ 是高斯白噪声的样本值；方差为 $\sigma_w^2$；$H_k$ 为第 $k$ 个子载波处的信道的频率响应。

令 $\varepsilon = \varepsilon_i + 2\varepsilon_f$，其中，$\varepsilon_j$ 为最接近 $\varepsilon$ 的整数，称之为整数倍频偏（IFO，Integer Frequency Offset）；$\varepsilon_j$ 称为小数倍频偏（FFO，Frame Frequency Offset），且 $-0.5 < \varepsilon_j < 0.5$。对接收端信号做 FFT 可得

$$Y_k = X_{(k-\varepsilon_i)_N} H_{(k-\varepsilon_i)_N} \sum_{n=0}^{N-1} \exp\left(\mathrm{j}\frac{2\pi(2\varepsilon_f)n}{N}\right) + \sum_{\substack{m=0 \\ m \neq ((k-\varepsilon_i))_N}}^{N-1} X_m H_m \sum_{n=0}^{N-1} \exp\left(\mathrm{j}\frac{2\pi(m-k+\varepsilon)}{N}\right) + W_k$$

$$\tag{2.54}$$

其中，$W_k$ 表示 $w_n$ 的傅立叶变换；$(\ )_N$ 表示模 $N$ 运算。由式（2.54）可以看出，整数倍频偏只会引起信号的循环位移，而不会引入子载波间干扰，因此不会使系统性能下降。但是，在接收端如果不能够恢复信息比特的正确顺序，将会使系统误比特率（BER，Bit Error Rate）达到 0.5，而小数倍频偏不仅使有用信号发生幅度衰落和相位旋转，还会引入严重的载波间干扰，如式（2.54）中第二部分所示，会严重降低系统的误码率性能。

### 2. 定时误差对系统的影响

在接收端，信息序列是连续到来的。为了正确解调接收端收到的信息序列，必须找到 OFDM 帧的正确位置，这就是 OFDM 定时同步问题。定时同步误差会引起子载波相位旋转，并且旋转的角度随子载波频率的增大而增大。

当 FFT 窗口中包含第 $i-1$ 个 OFDM 帧的样点 $0 \to \theta-1$，以及第 $i$ 个 OFDM 帧的样点 $\theta \to N-1$，做 FFT 变换有

$$Y_{i,k} = \frac{1}{N}\left\{\sum_{n=0}^{N-1} r_{i-1, N-\theta+n} \exp\left(-\mathrm{j}\frac{2\pi nk}{N}\right) + \sum_{N=0}^{N-1} r_{i, n-\theta} \exp\left(-\mathrm{j}\frac{2\pi nk}{N}\right)\right\}$$

$$= \frac{1}{N}\left\{\sum_{n=0}^{N-1} r_{i-1} \exp\left(-\mathrm{j}\frac{2\pi nk}{N}\right) \exp\left(-\mathrm{j}\frac{2\pi \theta k}{N}\right) + \sum_{n=0}^{\theta-1} (r_{i-1, N-\theta+n} - r_{i, n}) \exp\left(-\mathrm{j}\frac{2\pi nk}{N}\right)\right\}$$

$$= H_{i,k} X_{i,k} \exp\left(-j\frac{2\pi\theta k}{N}\right) + I_k + Z_k \tag{2.55}$$

其中，$Z_k$ 表示白噪声。而

$$I_k = \sum_{n=0}^{\theta-1} (\hat{r}_{i-1,N-\theta+n} - \hat{r}_{i,n}) \exp\left(-j\frac{2\pi n k}{N}\right) \tag{2.56}$$

式中，$\hat{r}_{i,n}$ 表示 $r_{i,n}$ 减去白噪声后的信号部分；可见定时误差使接收信号产生了 $2\pi\theta k/N$ 的相位旋转，同时产生符号间串扰。如果不考虑 $\hat{r}_{i,n}$ 与 $\hat{r}_{i-1,N-\theta+n}$ 的相关性，可以得到损失的信噪比：

$$D = 10 \lg\left(1 + \frac{2\theta}{N} \times \frac{E_s}{N_0}\right)(\text{dB}) \tag{2.57}$$

如果所估计的帧起始位置在循环前缀内，这时子载波之间的正交性不会被破坏，可以认为定时误差是信道引起的一个相位差，这个相位差可以用信道估计器估计出来。但是如果所估计的帧起始位置在数据区域内，则当前采样的 OFDM 帧就会包含一些其他的 OFDM 帧的采样点。在这种情况下，FFT 输出的每个子载波数据都会产生符号间串扰，严重降低系统性能。

## 2.7.2　同步的一般过程

前面分析了各种同步偏差对 OFDM 系统性能的影响，从这些分析可以看出，发送与接收端的载波偏差会引起子载波间干扰，从而破坏子载波上的传输数据；另一方面，FFT 窗口的偏移会导致子载波数据的相位旋转，严重时会引起前、后符号间串扰，所以，进行载波同步和符号定时同步是 OFDM 接收机同步的主要任务。

OFDM 系统中的同步如图 2.13 所示。

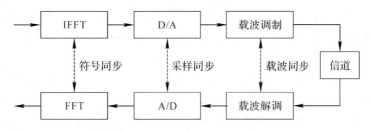

图 2.13　OFDM 系统中的同步

图 2.13 中大概给出了各种同步在系统中所处的位置，其中虚线表示接收端和发送端所需同步量相对应的位置，而不是真正实现时同步在系统接收端所处的位置。实际系统中，由于各种偏差都是随机变化的变量，这给同步工作带来了很大的困难，因此在 OFDM 系统中，为了能有效地利用有限的数据获得更加准确的同步，一般可把同步过程分为两个阶段：捕获（Acquisition）阶段和跟踪（Tracking）阶段。把上述同步任务分成两个阶段的好处是，每一阶段内的算法只需要考虑其特定阶段内所要执行的任务，因此可以在设计同步结构中引入较大的自由度。

同步捕获是指建立同步，由于在建立同步之前，接收端与发送端之间存在着较大的频偏，对于频偏估计，一般分两步进行：频率细同步和频率粗同步，分别对应于小数频偏（子载波间隔的小数倍）和整数频偏（子载波间隔的整数倍）的估计。定时同步一般是一步完成的，也可以采用两步完成，以进一步降低定时估计的误差。捕获阶段的主要任务是完成初步的符号同步、频偏估计等工作，以便能对起始的数据进行解调。

同步跟踪是指维持同步的过程，由于晶振的频率不稳定，以及多普勒频移的影响，使得发送端和接收端不时会产生频偏，因此就需要使用同步跟踪的方法使得两者的频偏能始终保持在一个小范围内。另外，为保证系统的性能，也有必要进行定时跟踪，保证解调使用的 FFT 窗位置正确。此外，在捕获阶段，若持续时间比较长，可以使用复杂度高一点的算法，而且利用的同步信息可以多一点；而在跟踪阶段，只需要在很小范围内跟踪偏差的变化情况，这样就适合用复杂度小、不需太多冗余信息的估计算法。

## 2.8　MC‐CMDA(OFDM‐CDMA)技术

对于如何利用现有的技术去实现高速、大容量的宽带移动通信系统，人们已经提出了多种方案，其中，MC‐CDMA(OFDM‐CDMA，多载波 CDMA)技术是最具代表性的一种方案。该方案就是将 OFDM 技术应用于 CDMA，从而较好地克服符号间串扰(ISI)和载波间干扰(ICI)的不良影响。其基本过程是：每个信息符号先经过扩频，再将扩频后的每个码片 Chip 调制到一个子载波上，若扩频码码长为 $N$，则调制到 $N$ 个子载波上。由这个基本过程可以得到关于 MC‐CDMA 的几种等价说法：

(1) MC‐CDMA 是把信息符号在时域扩频以后，再经过 FFT 变换到频域。

(2) MC‐CDMA 是一种 DS‐CDMA(直接序列 CDMA)，但扩频是在频域内进行，即采用 PN 码的 FFT 来进行扩频。

(3) MC‐CDMA 是一种 OFDM，但在形成 OFDM 之前，将用户信息符号与一个正交矩阵相乘，因此 MC‐CDMA 也可以叫做 CDMA‐OFDM。

(4) MC‐CDMA 是一种频域分集的技术，它将一个信息比特同时在很多个子载波上传输，每个子载波均有恒定的相位偏移，这个相位偏移的集合形成一个地址码来区分不同的用户。

为了进一步深入理解 MC‐CDMA，可以将 MC‐CDMA 与窄带 BPSK(二进制相位调制)、DS‐CDMA 及 OFDM 做一个比较。对于窄带的 BPSK 信号，为了克服符号间串扰，限制 BPSK 信号的符号周期远大于时延扩展，这使传输速率大受限制，而且当窄带信号处于信道的深度衰落区域内时，会使整个信息符号完全丢失。为了克服深度衰落的影响，采用 DS‐CDMA 将窄带信号的频谱扩展到大于相干带宽，则深度衰落只会引起信号的畸变，不会使整个信息符号丢失。但是 DS‐CDMA 又受到频率选择性衰落的困扰，为了正确地接收信号，必须采用复杂的干扰抵消技术，而 MC‐CDMA 虽然采用了扩频，但没有像 DS‐CDMA 那样增加对时延扩展的敏感性。因为 MC‐CDMA 包含有 $N$ 个窄带的子载波信号，选择恰当的 $N$ 值，使得每个子载波信号的符号周期远大于时延扩展，所以 MC‐CDMA 对信道的时延扩展并不敏感。一般来说，不可能所有的子载波都处于深衰落之中，因此 MC‐CDMA 能达到频率分集的效果。

MC‐CDMA 首先用一个给定的扩频码对原始的数据流在频域进行扩频，然后将扩频后的每个码片分别调制到各个子载波上去。也就是说，与某个码片对应的 OFDM 符号的不同部分被调制到不同的子载波上。图 2.14 和图 2.15 分别是 MC‐CDMA(第 $j$ 个用户)的发送机原理框图和接收机原理框图。

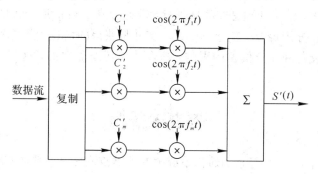

图 2.14　MC - CDMA 发送机原理框图

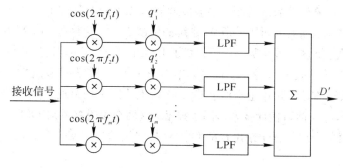

图 2.15　MC - CDMA 接收机原理框图

　　MC - CDMA 与 OFDM 具有相同的结构，因此可以利用 OFDM 中的一些技术，例如信道估计技术、符号同步技术等。两者都需要在符号间插入保护间隔，只要循环扩展的保护间隔大于信道响应长度，就可以完全克服符号间串扰和码间串扰的影响。

　　MC - CDMA 与 OFDM 在使用子载波的方式上有所不同：在 OFDM 中，不同的子载波携带不同的信息符号。为了在某个子带信号处于衰落区的情况下恢复出信号，必须在 OFDM 符号的一帧内采用纠错码保护，这就要求子载波的个数要比实际传输信息所需的子载波多，以提供编码所需的冗余量。而 MC - CDMA 在所有的子载波上均传送相同的信息符号，因此可以不依赖于纠错码的保护，而且具有频率分集的效果。在 MC - CDMA 中存在着两个层次不同的正交性：一个正交性是指传送一个信息符号的所有子载波之间是正交的，这个正交性使得相邻子载波之间能有 1/2 的重叠，从而提高了频谱效率；另一个正交性是指不同用户的扩频码之间是相互正交的（在下行链路经常采用正交扩频码），这个正交性使得系统成为一个多址系统。

　　综上所述可知，MC - CDMA 系统除了保持常规 DS - CDMA 系统的许多优点之外，还具有以下优点：

　　（1）灵活性。由于在频域具有一定的自由度，MC - CDMA 系统更加灵活。例如，每用户处理增益可随网络要求进行修正。另外，保护时间所提供的灵活性也便于在不同小区中达到最佳的频谱效率。

　　（2）高容量/性能。由于频率交织，系统提供了高重数的频率分集，可以应用不同检测方法充分挖掘这种分集所提供的增益。例如，采用合理复杂度的最大似然检测（MLD）即可达到较高性能或每个小区较高的用户数。应该说明，MC - CDMA 应用 MLD 的性能可以超过 DS - CDMA 应用常规检测技术的性能。

（3）抗干扰防护。由于处理是在频域进行，因此容易获得信道干扰的频率特性。例如，对于窄带干扰，可以分析每个子信道的干扰功率并将获得的信息用于检测。

（4）为了消除衰落和相位偏差的影响，信道估计还是需要的，这就可以用帧结构中的参数码元来实现。

## 本 章 小 结

OFDM 调制技术是 LTE 等移动通信系统中的关键技术之一。掌握 OFDM 技术原理、系统框图、关键技术以及实现方式有助于读者深入学习研究 LTE 系统中的相关问题。本章按照循序渐进的原则，在分析单载波调制与多载波调制系统组成的基础上，引出 OFDM 这一正交频分多载波调制技术。随后分析了 OFDM 系统的优缺点，可以看到 OFDM 在移动通信系统中具有频率利用率高、抗多径等优势，从而解释了 LTE 以及未来移动通信系统采用 OFDM 调制技术作为其中一项关键技术的原因。同时，本章进一步从数学模型出发，从理论上说明了 OFDM 的 IFFT 实现方法，此外还分析了 OFDM 系统的抗多径原理。重点介绍了 OFDM 系统中的两大关键技术——信道估计技术与同步技术，这两个关键技术对 OFDM 系统的性能至关重要。本章最后简单介绍了近年来出现的 OFDM 扩展技术——MC - CDMA 技术。

## 思考题 2

2 - 1　与单载波调制相比，多载波调制有何优点？

2 - 2　OFDM 技术的优点是什么？存在的主要问题是什么？如何解决？

2 - 3　OFDM 具有较好的抗多径干扰能力的原因是什么？OFDM 技术要消除符号间干扰以及子载波间干扰的条件是什么？

2 - 4　OFDM 系统中的信道估计方法有哪些？它们各有什么特点？

2 - 5　OFDM 系统中载波频率同步误差以及定时同步误差会对系统带来什么样的影响？

2 - 6　MC - CDMA 系统与 OFDM 系统有何异同？

# 第三章　MIMO 多天线技术

MIMO 是一种有效提高频谱利用率的技术。MIMO 技术的应用，使空间成为一种可以用于提高通信性能的资源，可以显著提高通信容量，从而直接转化为高的数据吞吐量。另外，MIMO 系统可以提高数据传输的可靠性，即低误码率。本章主要介绍 MIMO 的发展历程，由无线移动通信的快速发展引出 MIMO 的必要性，并详细讨论了 MIMO 的关键技术。

## 3.1　MIMO 的引入

自 20 世纪 80 年代以来，全球范围内无线移动通信得到了前所未有的发展，这种发展的势头还在延续，今后甚至会更快。从 1895 年马可尼首次成功地实现了无线传输，到 2011 年年底，国际电信联盟(ITU)完成 4G 国际标准建议书编制工作，无线通信技术历经一个多世纪的发展，由单纯的模拟语音通信系统发展到数字语音、基于 IP 的多媒体数据通信系统。LTE 是 UMTS 的长期演进，是近几年 3GPP 启动的最大的新技术研发项目，它改进并增强了 3G 的空中接入技术，采用 OFDM 和 MIMO 作为其无线网络演进的标准。LTE 系统可以实现上行峰值达到 50 Mb/s、下行峰值达到 100 Mb/s 的目标，极大地提高了传输速率，增加了频谱利用率。

由无线通信发展过程可知，在有限的带宽内大幅度提高频谱效率并保证通信链路质量是推动移动通信技术进步的关键。为此 3GPP 在 LTE/LTE - A 国际标准中提出了一系列研究方案及拟解决技术，比如 MIMO 增强技术、OFDM 技术、多点协作(CoMP)、中继(Relay)和异构网络(HetNet)等。在 LTE 中，MIMO 技术利用空间的随机衰落和时延扩展，对达到用户平均吞吐量和频谱效率要求起着至关重要的作用，因此被视为在当前和未来移动通信中实现高速无线数据传输的关键技术。

多输入多输出(Multiple Input Multiple Output)是一种用来描述多天线无线通信系统的抽象数学模型，输入的串行码流通过某种方式(编码、调制、加权、映射)转换成并行的多路子码流，通过不同的天线同时同频发送出去。接收端利用信道传输特性与发送子码流之间一定的编码关系，对多路接收信号进行处理，从而分离出发送子码流，最后转换成串行数据输出。

实际上，多输入多输出(MIMO)技术由来已久，早在 1908 年 Marconi 就提出通过使用多根天线来抑制信道衰落，从而大幅度提高信道的容量、覆盖范围和频谱利用率。在 20 世纪 70 年代就有人提出将 MIMO 技术用于通信系统，但是对无线移动通信系统，多输入多输出技术产生巨大推动的奠基工作则是 20 世纪 90 年代由 AT&T Bell 实验室学者完成的。1995 年 Teladar 给出了在衰落情况下的 MIMO 容量；1996 年 Foshini 给出了一种多入多出处理算法——对角-贝尔实验室分层空时（D-BLAST）算法；1998 年 Tarokh 等讨论了用于多入多出的空时码；1998 年 Wolniansky 等人采用垂直-贝尔实验室分层空时（V-BLAST）算法建立了一个 MIMO 实验系统，在室内试验中达到了 20 b/s/Hz 以上的频谱利用率，这一频谱利用率在普通系统中极难实现。这些工作受到各国学者的极大注意，并使得多输入多输出技术的研究工作得到了迅速发展。

随后，MIMO 技术开始大量地应用于实际的通信系统，并很快成为了无线通信领域的研究热点。在高信噪比下，MIMO 的信道容量能够成倍地优于单输入单输出（SISO，Single Input Single Output）通信系统。由于 MIMO 在提高频谱效率方面拥有着巨大的潜力，目前 MIMO 技术已应用于多个通信标准与协议，如 3GPP 长期演进（LTE）计划、无线局域网标准（IEEE 802.11n、IEEE 802.11ac）以及 3GPP2 超移动宽带计划（UMB）等。

# 3.2　空间分集技术

## 3.2.1　分集技术概述

无线信道是一种典型的时变信道，它的一个重要特性是多径衰落。无线电波在传播过程中，由于受到周围障碍物和反射体的反射、绕射和散射作用，接收端接收到的信号是通过不同传播路径的多个信号的叠加。由于电磁波通过各个路径的距离不同，因此到达接收端的相位也就不同，有时同相叠加信号加强，有时反相叠加信号减弱。多径衰落的深度可达 30~40 dB，严重影响信号的传输质量。在无线移动通信中广泛使用分集技术来减小多径衰落的影响，在不增加发射功率或不牺牲带宽的情况下提高传输的可靠性。

分集技术在接收端需要接收发送信号的多个样本信号，每个接收信号携带相同的信息，但是在衰落统计特性上具有较小的相关性。其基本思想是：接收来自多个信道的承载同一信息的多个独立信号副本，由于各个信号不可能同时处于深衰落情况中，因此在任一给定的时刻至少可以保证有一个强度足够大的信号副本提供给接收机使用。接收端对收到的携带同一信息的多个衰落特性相互独立的信号按一定规则进行合并，从而获得信号噪声功率比的改善，提高通信的可靠性。

分集技术对信号的处理包括两个过程：

（1）获得多个不相关的信号。

（2）对收到的信号进行特定的处理，即合并。

根据获得多个不相关信号的方法，分集技术也可以分为时间分集、频率分集、空间分集和极化分集等。

### 1. 时间分集

多径衰落除了具有空间独立性之外，还具有时间独立性。时间分集是以时间冗余的形式提供信息的时域副本。这种分集技术，当信道是时间选择性时最有效。同一信号，多次发送，当两次发送信号的时间间隔足够大时，每次发送信号的衰落将是相互独立的。时间分集要求发送端和接收端都有存储器，主要用于在衰落信道中传输数字信号。时间分集通过将存储器引入到传输符号流中来执行,最典型的是通过信道编码或者交织。既然时间分集依赖存储器,那么它的有效性依靠衰落信道相对于系统约束时延的相关时间。为了使重复传输的信号具有相互独立的衰落特性,通常要求重传的时间间隔满足以下关系:

$$\Delta T \geqslant \frac{1}{2f_m} = \frac{1}{2(v/\lambda)} \tag{3.1}$$

其中,$f_m$ 是最大多普勒频移;$v$ 是移动速度;$\lambda$ 是工作波长。

需要注意的是,当用户运动速度为 0 时,相关时间为无穷大,因此时间分集不适用于用户静止的情况。时间分集与空间分集相比较,其优点是减少了接收天线及相应设备的数目;缺点是占用时隙资源而增大了开销,降低了传输效率。

**2. 频率分集**

频率分集以频率冗余的形式提供信息的频域副本。这种分集技术,当信道是频率选择性时最有效。移动通信中,当频率间隔大于相关带宽时,两个信号的衰落是不相关的。利用这种多径衰落的频率独立性可以实现频率分集。图 3.1 所示为频率分集接收示意图,图中 $f_1$、$f_2$ 为两个不同的频率。具体而言,频率分集是采用两个或两个以上具有一定间隔的频率同时发送和接收同一信息,然后进行合成或选择,以减轻衰落影响。利用位于不同频段的信号经衰落信道后在统计上的不相关特性,即不同频段衰落统计特性上的差异,来实现抗频率选择性衰落的功能。工程上,对于角度调制信号,相关带宽通常按下式计算:

$$B_c \geqslant \frac{1}{2\pi\Delta} \tag{3.2}$$

其中,$B_c$ 为相关带宽;$\Delta$ 为时延扩展。

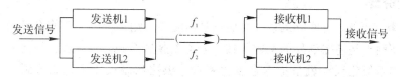

图 3.1　频率分集接收示意图

例如,若信道的时延扩展为 $\Delta = 0.5\ \mu s$,则相关带宽为 $B_c \geqslant 318\ \text{kHz}$,此时为了获得衰落独立的信号,要求两个载波的间隔大于此带宽。在多个载波上传输同一信息,这对频谱资源十分短缺的移动通信来说代价是很大的。

当采用两个微波频率时,称为二重频率分集。同空间分集系统一样,在频率分集系统中要求两个分集接收信号相关性较小(即频率相关性较小),只有这样才不会使两个微波频率在给定的路由上同时发生深衰落,并获得较好的频率分集改善效果。在一定的范围内,两个微波频率 $f_1$ 与 $f_2$ 相差(即频率间隔 $f_2 - f_1$)越大,两个不同频率信号之间衰落的相关性越小。

频率分集的优点是在接收端可以减少接收天线及相应设备的数量;缺点是要占用更多的频带资源。所以,一般又称频率分集为带内(频带内)分集,并且在发送端可能需要采用多个发送机。

**3. 空间分集**

在移动环境中,同一时间、不同地点的信号衰落是不同的,当相距的距离足够远时,信号的衰落特性是相互独立的。这种利用多径衰落空间独立性的分集方式称为空间分集。具体来说，空间分集就是利用场强随空间的随机变化实现的，空间距离越大，多径传播的差异就越大，所接收场强的相关性就越小。空间分集要求在发送端或接收端配置多副天线，也称为天线分集。

不同天线信号的相关系数随着天线间距离的增加而呈波动衰减。当相关系数小于 $0.2$ 时，可以近似地认为两个信号是不相关的。在市区通常取天线间距 $d=0.5\lambda$，在郊区通常取 $d=0.8\lambda$，其中 $\lambda$ 为信号的波长。经过测试和统计，国际无线电咨询委员会(CCIR)建议为了获得满意的分集效果，移动单元两天线间距最好选在 $0.25\lambda$ 的奇数倍附近。实际上，若减小天线间距，即使小到 $0.25\lambda$，也能起到相当好的分集效果。

空间分集分为分集发送和分集接收两类。其中，分集接收在实际中的应用更为广泛。分集接收是在发送端采用一副天线发送，而在接收端采用多副天线接收，同时接收一个发射天线的微波信号，然后合成或选择其中一个强信号，这种方式称为空间分集接收。接收端天线之间的距离应大于波长的一半，以保证接收天线输出信号的衰落特性是相互独立的。也就是说，当某一副接收天线的输出信号很低时，其他接收天线的输出则不一定在这同一时刻也出现幅度低的现象，经相应的合并电路从中选出信号幅度较大、信噪比最佳的一路，得到一个总的接收天线输出信号。这样就降低了信道衰落的影响，改善了传输的可靠性。

分集天线把多径信号分离出来，使其互不相干，然后通过合并技术将分离出来的信号合并起来，获得最大信噪比收益。常用的合并方法有选择性合并、最大比合并、等增益合并等。

**4. 极化分集**

由上述内容可知，空间分集接收的优点是不需要占用额外的频率资源和时间资源而获得分集增益；缺点是还需额外的接收天线。为了克服这个缺点，业界又提出定向双极化天线。所谓定向双极化天线就是把垂直极化和水平极化两副接收天线集成到一个物理实体中，通过极化分集接收来达到空间分集接收的效果，所以极化分集实际上是空间分集的特殊情况。这种方法的优点是它只需一根物理天线，结构紧凑，节省空间；缺点是它的分集接收效果低于空间分集接收天线，并且由于发射功率要分配到两副天线上，将会造成 3 dB 的信号功率损失。分集增益依赖于天线间不相关特性的好坏，通过在水平或垂直方向上天线位置间的分离来实现空间分集。

空间上的位置分离保证两副接收天线分别接收不同路径来的微波信号，同时也使两副天线间满足一定隔离度的要求。若采用交叉极化天线，同样需要满足这种隔离度要求。对于极化分集的双极化天线来说，天线中两个交叉极化辐射源的正交性是决定微波信号上行链路分集增益的主要因素。该分集增益依赖于双极化天线中两个交叉极化辐射源是否在相同的覆盖区域内提供了相同的信号场强。两个交叉极化辐射源要具有很好的正交特性，并且在整个 120°扇区及切换重叠区内保持很好的水平跟踪特性，代替空间分集天线所取得的覆盖效果。为了获得好的覆盖效果，要求天线在整个扇区范围内均具有高的交叉极化分辨率。双极化天线在整个扇区范围内的正交特性，即两个分集接收天线端口信号的不相关性，决定了双极化天线总的分集效果。为了在双极化天线的两个分集接收端口获得较好的信号不相关特性，通常要求两个端口之间的隔离度达到 30 dB 以上。

### 3.2.2　多天线分集技术

在发送端采用单根天线、接收端采用多根天线的系统称为单输入多输出（SIMO，Single Input Multiple Output）系统，如图 3.2 所示，图中 $N_r$ 为接收天线数。SIMO 系统采用分集接收技术，可以提高接收端的信噪比，从而提高信道的信道容量和频谱利用率。

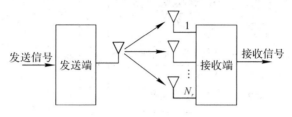

图 3.2　SIMO 系统

在发送端采用多根天线、接收端使用单根天线的系统称为多输入单输出（MISO，Multiple Input Single Output）系统，如图 3.3 所示，图中 $N_t$ 为发射天线数。MISO 系统采用发送分集技术，它同样可以提高系统的性能。

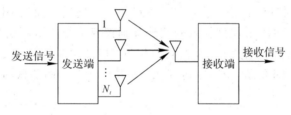

图 3.3　MISO 系统

SIMO 和 MISO 技术的发展逐步演变成 MIMO 技术，即在无线链路的两端都使用多根天线，如图 3.4 所示，图中，发射天线数目为 $N_t$，接收天线数为 $N_r$。Bell 实验室的学者 E. Telatar 和 J. Foshini 分别证明了 MIMO 系统与 SIMO 和 MISO 系统相比，可以大大提高的信道容量。

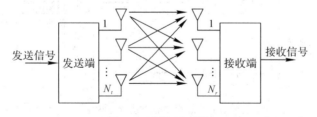

图 3.4　MIMO 系统

### 3.2.3　分集接收合并方法

如果接收机中存在多条接收分支，则需要把这些分支所接收的信号进行组合，以获得极大化的信号功率。其实，分集接收的实质就是在接收端如何将得到的这些不相关的信号副本进行组合。因此，在接收端选择合适的合并方法对于评价整个通信系统的性能好坏，有着根本性的影响。根据实现复杂度以及接收端合并信号的工作方式，常用的分集合并方法主要有三种：选择性合并、最大比合并和等增益合并。

**1. 选择性合并**

选择性合并是一种简单、较常用的分集合并技术，接收机对多个接收分支一直进行扫描，从中选择每个信号间隔处具有最大瞬时信噪比的信号作为输出信号,因此输出信号的信噪比等于最佳输入信号的信噪比,实现方案如图 3.5 所示。事实上,由于估算实际系统中各分支的信噪比非常困难,因此有时也选用信号与噪声平均功率求和的最大值作为选取的标准。

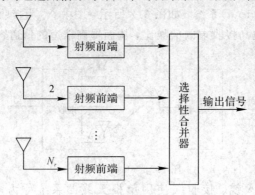

图 3.5 选择性合并方案示意图

### 2. 最大比合并

最大比合并是一种线性合并方法,它对各路信号分别进行加权,权重是由各支路信号所对应的信噪比所分配的,各支路输入的信号分别按权重相加由此获得输出信号。由于各支路信号在叠加时需要确保它们具有相同的相位,因此每根天线都必须有各自的调相电路。其实现方案如图 3.6 所示,图中,$\alpha_i$ 是第 $i$ 根接收天线上的加权因子,$r_i$ 是第 $i$ 根接收天线上的信号。

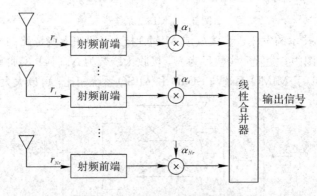

图 3.6 最大比合并方案示意图

在图 3.6 中,输出信号 $y$ 是所有接收信号加权后的线性组合:

$$y = \sum_{i=1}^{N_r} \alpha_i r_i \tag{3.3}$$

在最大比合并中,每个天线加权因子的大小与其信号的信噪比成正比。可以设 $\phi_i$ 表示接收信号的相位,$A_i$ 表示接收信号的幅度,由此,每根天线上的加权因子可表示为

$$\alpha_i = A_i \exp(-\mathrm{j}\phi_i) \tag{3.4}$$

最大比合并方案的输出信噪比等于各支路信噪比之和。所以,即便所有的接收信号都很差,甚至没有独立解调出任何一支路信号的时候,在接收端通过使用最大比合并方案,系统仍然可以合并、输出一个达到基本解调所需信噪比要求的信号,其中抗衰落特性在所有已知的线性分集合并方案中是最好的。

### 3. 等增益合并

等增益合并是一种比较简单且性能折中的线性合并方法。它并不需要计算每条分集支路上的信噪比，只需要把每条分集支路信号进行同相调制后直接叠加，要求各支路的权重相等。等增益合并的性能比选择性合并要好得多，比最大比合并要差一些，但是其复杂性却比最大比合并方案小。因此，它属于一种折中的合并技术方案，实现方案如图 3.7 所示，图中 $\beta_i = \exp(-j\phi_i)$ 为第 $i$ 根天线的权重。

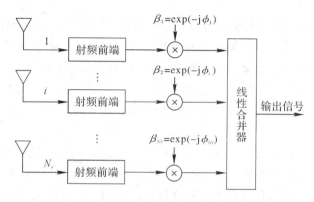

图 3.7　等增益合并方案示意图

## 3.3　MIMO 空时编码技术

空时编码(STC，Space Time Coding)的概念是基于 Winters 在 20 世纪 80 年代中期所做的关于天线分集对于无线通信容量的重要性的开创性工作。空时编码是无线通信领域的一种全新的信道编码和信号处理技术，它在不用牺牲信道带宽的前提下，在不同天线发送的信号时利用信号空间及时间的相关性，就可以在接收端提供未编码系统所没有的编码增益以及分集增益，提高信息传输速率，改善系统传输性能。

空时编码采用了将空间传输信号与时间传输信号相结合的方式，实现了空间和时间的二维结合处理。在空间上，通过分别在发送端和接收端设立多根天线的方式，采用了多发多收的空间分集技术来提高系统的容量；在时间上，通过使用同一根天线在不同的时隙发送不同的信号的方式，在接收端获得了分集增益。构造空时编码就是在译码复杂度、最优化系统性能、最大化信息速率这三个矛盾体之间寻求合理的折中。

美国 AT&T 公司中央研究院 V. Tarokh、A. F. Naguib 等人提出了用于高速数据无线通信的空时编码调制技术，这种空时码以编码调制(TCM，Trellis Coded Modulation)为基础，称之为网格空时码(STTC，Space - Time Trellis Codes)。STTC 的设计者不仅给出了空时码的编码结构，而且提出了空时码的设计准则，并且对空时码的接收算法和信道估计算法都做了讨论。随后美国 Cadence 公司的研究人员给出了一种基于正交设计的空时码，这种空时码可以被视为一种分组码，因而被称为分组空时码(STBC，Space - Time Block Codes)。

由于 STBC 能够以简单的处理算法获得满分集增益而倍受关注，其中第三代移动通信系统已经采用的空时发送分集(STTD，Space - Time Transmit Diversity)就是一种分组空时码。分层空时码、分组空时码与网格空时码是空时编码技术的三种主要方案，在此基础上派生出了许多新的类别，如差分空时编码(DSTBC，Differential Space - Time Block Codes)、酉空时编码(USTC，Unitary Space - Time Codes)以及多种与 OFDM 相结合的方案。

空时分层码将在 3.4 节中详细介绍，这里不再赘述。下面将介绍空时网格码、空时分组码、酉空时码及差分空时码。

### 3.3.1　空时网格码

空时网格码(STTC)利用网格编码技术进行编码，在接收端采用维特比译码算法进行译码。空时网格码技术是一种将编码和调制结合在一起，既不降低频带利用率，又不降低功率利用率，而是以增加系统复杂度为代价换取编码增益的技术。STTC 堪称一个有限状态转移器，最新的一组数据流的值可以确定当前状态和下一状态之间的转换关系，这一转换就是空时码元的发射过程。空时网格编码将传输分集与信道编码相结合，提高了系统的抗衰落性能。

1998 年 Tarokh、Seshadri 和 Calderbank 等 AT&T 公司研究院的人员通过差错控制编码、调制、发送和接收分集等技术进行联合设计，提出了空时网格码，并且给出了基于平坦慢衰落、快衰落信道假设条件下的空时网格码设计准则。它可以在不损失发射带宽的情况下，利用结构上信息的冗余度来降低信号噪声的干扰，这样既可以获得较大的分集增益，又能提供非常好的编码增益，同时还能提高系统的频谱利用率，能够达到编译码的复杂度、性能和频谱利用率三者的合理折中。

准静态瑞利衰落信道下的空时网格码的基本设计准则：

(1) 秩准则。假设对于所有的不同码 $X_1$ 和 $X_2$ 对，矩阵 $A=(X_1-X_2)^H(X_1-X_2)$ 是满秩的，那么可以获得最大的增益。

(2) 行列式准则。假设采用秩准则获得了满秩条件，为了最大可能地获得编码优势，对所有的不同码 $A$ 的特征值乘积的最小值(即可能的 $A$ 矩阵的最小行列式)应该最大。

显然，因为秩准则可以更加有利地得到满分集优势，所以它是一个很重要的编码设计准则。因此，在满足秩准则的码中，可以搜索满秩行列式准则的码，换言之，在没有确定秩准则得到满足的情况下，是没有必要对行列式准则进行优化的。矩阵 $A$ 的最小行列式的作用仅仅是差错概率曲线的移位而不会改变其斜率，所以可以用它来获得最佳编码增益。

空时网格码译码采用最大似然译码方法，利用向量维特比译码算法来实现。空时网格码的译码过程非常繁琐、复杂，而且当发射天线数目固定时，其译码的复杂度随着信号传输速率的增加而呈指数增加。因此，在高速率数据传输时，空时分格码的译码复杂度是很高的，在很大程度上影响了它的实用化进程。

尽管空时网格码提高了系统性能，但是由于其具有上述不可回避的缺点反而制约了它的推广，解决这个问题的方案就是应用空时分组码。

### 3.3.2　空时分组码

空时分组码(STBC)利用码字的正交设计原理将输入信号编码成相互正交的码字，在接收端再利用最大似然检测算法得到原始信号。由于码字之间的正交性，在接收端检测信号时，只需做简单的线性运算即可，这种算法实现起来比较简单。

**1. Alamouti 码**

如 3.2 节所述，基站采用多个接收天线可以相对容易地实现上行空间分集接收。例如，考虑蜂窝电话系统的上行链路，即从移动台到基站的传输，因为在基站端可以轻易地以足够大的间距放置多个天线，所以从移动台传输过来的信号可以被基站的多个天线获取，然后这些信号可以用分集合并技术（比如最大比合并、选择性合并和等增益合并）进行合并，从而实现分集接收。反过来，要在下行链路获取分集接收增益却不是那么容易的，这是因为移动终端的尺寸一般比较小，要在它的上面以足够大的间距放置多个天线以获得发送信号的多个独立复制是十分困难的，因此通过发送分集来获取空间分集增益是最好的方案。正是出于这个目的，Alamouti 提出了一种在双发射天线的系统中实现发送分集的方法。Alamouti 编码器的原理框图如图 3.8 所示。

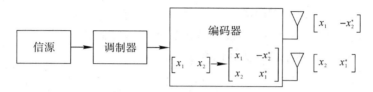

图 3.8　Alamouti 编码器的原理框图

假定采用 $M$ 进制调制方案。在 Alamouti 空时编码中，首先调制每一组 $m(m=\log_2 M)$ 个信息比特；然后，编码器在每一次编码操作中取两个调制符号 $x_1$ 和 $x_2$ 的一个分组，并根据如下给出的编码矩阵将它们映射到发射天线：

$$X = \begin{bmatrix} x_1 & -x_2^* \\ x_2 & x_1^* \end{bmatrix} \tag{3.5}$$

编码器的输出在两个连续的周期从两根发射天线发送出去。在第一个符号周期内，$x_1$ 从第一根发射天线发送，$x_2$ 从第二根发射天线发送；在第二个周期内，$-x_2^*$ 从第一根发射天线发送，$x_1^*$ 从第二根发射天线发送。

显然，这种方法既在空间域又在时间域进行编码，且第一根发射天线的发送序列 $\boldsymbol{x}_1 = [x_1, -x_2^*]$ 与第二根发射天线的发送序列 $\boldsymbol{x}_2 = [x_2, x_1^*]$ 是正交的，即满足所说的空时分组码的构造准则。

这种 STBC 的最大优势在于，采用简单的最大似然译码准则实现了最大的分集增益，它是一种简单、有效的空时编码方案，同时也是 MIMO 历史上第一种为发射天线数为 2 的系统提供满分集的 STBC。

假设接收端只有一根接收天线，两根发射天线到接收天线的信道衰落系数分别为 $h_1(t)$ 和 $h_2(t)$（简写为 $h_1$ 和 $h_2$），且衰落系数在两个连续符号发送周期之间不变，则在接收天线端，两个连续符号周期中的接收信号为

$$r_1 = h_1 x_1 + h_2 x_2 + n_1 \tag{3.6}$$

$$r_2 = -h_1 x_2^* + h_2 x_1^* + n_2 \tag{3.7}$$

其中，$r_1$、$r_2$ 分别为两个连续符号周期中的接收信号；$n_1$、$n_2$ 为加性高斯白噪声。

STBC 的译码采用最大似然译码方案。最大似然译码就是对所有可能的 $\hat{x}_1$ 和 $\hat{x}_2$ 值，从信号调制星座图中选择一对信号 $(\hat{x}_1, \hat{x}_2)$，使下面的距离量度最小：

$$d^2(r_1, h_1\hat{x}_1 + h_2\hat{x}_2) + d^2(r_2, -h_1\hat{x}_2^* + h_2\hat{x}_1^*)$$

$$= |r_1 - h_1\hat{x}_1 - h_2\hat{x}_2|^2 + |r_2 + h_1\hat{x}_2^* - h_2\hat{x}_1^*|^2$$

则最大似然译码可以表示为

$$(\hat{x}_1, \hat{x}_2) = \arg\min_{(\hat{x}_1, \hat{x}_2)\in C}(|h_1|^2 + |h_2|^2 - 1)(|\hat{x}_1|^2 + |\hat{x}_2|^2) + d^2(\tilde{x}_1, \hat{x}_1) + d^2(\tilde{x}_2, \hat{x}_2)$$

$$(3.8)$$

其中，$C$ 为调制符号对 $(\hat{x}_1, \hat{x}_2)$ 的所有可能的集合；$d^2(\bullet)$ 表示欧氏距离的平方；$\tilde{x}_1$ 和 $\tilde{x}_2$ 是通过合并接收信号和信道状态信息构造产生的两个判决统计，表示为

$$\tilde{x}_1 = h_1^* r_1 + h_2 r_2^* \tag{3.9}$$

$$\tilde{x}_2 = h_2^* r_1 + h_1 r_2^* \tag{3.10}$$

则统计结果可以表示为

$$\tilde{x}_1 = (|h_1|^2 + |h_2|^2)x_1 + h_1^* n_1 + h_2 n_2^* \tag{3.11}$$

$$\tilde{x}_2 = (|h_1|^2 + |h_2|^2)x_2 - h_1 n_2^* + h_2^* n_1 \tag{3.12}$$

由上述知，统计结果 $\tilde{x}_i(i=1, 2)$ 仅仅是 $x_i(i=1, 2)$ 的函数，因此，可以将最大译码准则式分为对于 $x_1$ 和 $x_2$ 的两个独立的译码算法，即

$$\hat{x}_1 = \arg\min_{\hat{x}_1\in S}(|h_1|^2 + |h_2|^2 - 1)|\hat{x}_1|^2 + d^2(\tilde{x}_1, \hat{x}_1) \tag{3.13}$$

$$\hat{x}_2 = \arg\min_{\hat{x}_2\in S}(|h_1|^2 + |h_2|^2 - 1)|\hat{x}_2|^2 + d^2(\tilde{x}_2, \hat{x}_2) \tag{3.14}$$

以上分析都基于一根接收天线的情形，对于有多根接收天线的系统，它与前者类似，只是形式上略有不同。

图 3.9 所示为使用 QPSK 调制的 Alamouti 方案的误比特率(BER)性能，$N_t$ 为发射天线数，$N_r$ 为接收天线数。在仿真过程中，假定每一根发射天线到接收天线的衰落都是相互独立的，并且接收机完全知道信道系数。为了便于比较，图中还显示了单发单收以及 1 发 2 收等方案的性能仿真。

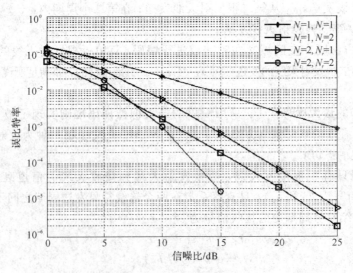

图 3.9  Alamouti 的误比特率性能

从图 3.9 中可以看出，2 发 1 收的 Alamouti 发送分集方案与单天线的无编码方案相比，其误比特性能有了极大提高，在误比特率 $10^{-2}$ 处，Alamouti 发送分集方案获得了大约 5 dB 的增益，相对于单根接收天线的 Alamouti 发送分集方案，2 根接收天线的 Alamouti

分集方案的性能得到提高，这是因为 2 根接收天线 Alamouti 分集方案存在接收分集。当然，从 1×1 的无分集结构，到 2×1、2×2 的分集结构，在性能不断改进的同时，系统发送端和接收端的设备复杂度也在不断增加。

**2. 多发射天线的 STBC**

Tarokh 等人在基于 Alamouti 研究成果的基础上，根据广义正交设计原理将 Alamouti 的方案推广到多个发射天线的情况。

大小为 $N$ 的实正交设计码字是一个 $N \times N$ 的正交矩阵，其中各项是 $\pm x_1$，$\pm x_2$，…，$\pm x_N$ 的其中之一。在数学上，正交设计中的问题被称为 Hurwitz - Radon 问题，并且在上个世纪初就被 Radon 完全解决。实际上，当且仅当 $N = 2，4，8$ 时，正交设计的码字才存在。

根据这一原理，我们可以给出发射天线数为 $N_t = 2，4，8$ 时的实传输矩阵。对于 $N_t = 2$ 根发射天线，传输矩阵为

$$\boldsymbol{X}_2 = \begin{bmatrix} x_1 & -x_2 \\ x_2 & x_1 \end{bmatrix} \tag{3.15}$$

对于 $N_t = 4$ 根发射天线，传输矩阵为

$$\boldsymbol{X}_4 = \begin{bmatrix} x_1 & -x_2 & -x_3 & -x_4 \\ x_2 & x_1 & x_4 & -x_3 \\ x_3 & -x_4 & x_1 & x_2 \\ x_4 & x_3 & -x_2 & x_1 \end{bmatrix} \tag{3.16}$$

对于 $N_t = 8$ 根发射天线，传输矩阵为

$$\boldsymbol{X}_8 = \begin{bmatrix} x_1 & -x_2 & -x_3 & -x_4 & -x_5 & -x_6 & -x_7 & x_8 \\ x_2 & x_1 & -x_4 & x_3 & -x_6 & x_5 & x_8 & -x_7 \\ x_3 & x_4 & x_1 & -x_2 & -x_7 & -x_8 & x_5 & x_6 \\ x_4 & -x_3 & x_2 & x_1 & -x_8 & x_7 & -x_6 & x_5 \\ x_5 & x_6 & x_7 & x_8 & x_1 & -x_2 & -x_3 & -x_4 \\ x_6 & -x_5 & x_8 & -x_7 & x_2 & x_1 & x_4 & -x_3 \\ x_7 & -x_8 & -x_5 & x_6 & x_3 & -x_4 & x_1 & x_2 \\ x_8 & x_7 & -x_6 & -x_5 & x_4 & x_3 & -x_2 & x_1 \end{bmatrix} \tag{3.17}$$

根据以上这些矩阵可以看出，发射天线数 $N_t$ 和传输这组码的时间周期 $p$ 都等于消息符号的长度。例如，当发射天线数为 4 时，编码器把 4 个符号作为输入并生成码序列，在 4 根天线和 4 个时间周期来发送这 4 个符号，该码字能实现完全码速率 1。

当 $N_t \leqslant 8$ 时，时间周期 $p$ 的最小值为

$$n_t = 2，\quad p = 2；\qquad n_t = 3，\quad p = 4$$

$$n_t = 4，\quad p = 4；\qquad n_t = 5，\quad p = 8$$

$$n_t = 6，\quad p = 8；\qquad n_t = 7，\quad p = 8$$

$$n_t = 8，\quad p = 8$$

正交原理构造出来的码字并不是唯一的。例如，当发射天线数为 3 时，其传输矩阵为

$$\boldsymbol{X}_3 = \begin{bmatrix} x_1 & -x_2 & -x_3 & -x_4 \\ x_2 & x_1 & x_4 & -x_3 \\ x_3 & -x_4 & x_1 & x_2 \end{bmatrix} \tag{3.18}$$

该码字也满足各行之间的正交性,所以说构造出来的这种码字也是满足条件的。对于天线数为 5、7 等其他的情况,构造的码字也不止一个。

前面的传输矩阵适用于实信号星座的情况,下面给出复信号星座的情况。

Alamouti 方案可以看做发射天线数为 2 的复信号空时分组码,其传输矩阵可以表示为

$$\boldsymbol{X}_2^C = \begin{bmatrix} x_1 & -x_2^* \\ x_2 & x_1^* \end{bmatrix} \tag{3.19}$$

该方案提供了完全分集 2、全速率 1 的传输。

对于 $N_t = 3, 4$ 的情况,其复传输矩阵为

$$\boldsymbol{X}_3^C = \begin{bmatrix} x_1 & -x_2 & -x_3 & -x_4 & x_1^* & -x_2^* & -x_3^* & -x_4^* \\ x_2 & x_1 & x_4 & -x_3 & x_2^* & x_1^* & x_4^* & -x_3^* \\ x_3 & -x_4 & x_1 & x_2 & x_3^* & -x_4^* & x_1^* & x_2^* \end{bmatrix} \tag{3.20}$$

$$\boldsymbol{X}_4^C = \begin{bmatrix} x_1 & -x_2 & -x_3 & -x_4 & x_1^* & -x_2^* & -x_3^* & -x_4^* \\ x_2 & x_1 & x_4 & -x_3 & x_2^* & x_1^* & x_4^* & -x_3^* \\ x_3 & -x_4 & x_1 & x_2 & x_3^* & -x_4^* & x_1^* & x_2^* \\ x_4 & x_3 & -x_2 & x_1 & x_4^* & x_3^* & -x_2^* & x_1^* \end{bmatrix} \tag{3.21}$$

该矩阵任意两行内积为 0,保证了结构的正交性。此时,4 个数据符号要在 8 个时间周期内传输,因此传输速率为 1/2。

空时分组码能够克服空时网格码复杂的问题。空时分组码将无线 MIMO 系统中调制器输出的一定数目的符号编码为一个空时码码字矩阵,合理设计的空时分组码能提供一定的发送分集度。空时分组码通常可通过对输入符号进行复数域中的线性处理而完成。因此,利用这一"线性"性质,采用低复杂度的检测方法就能检测出发送符号,特别是当空时分组码的码字矩阵满足正交设计时,如上面提到的 Alamouti 编码。

### 3.3.3 酉空时码

空时网格码、空时分组码和 3.4 节将要提到的分层空时码是在接收端能够获取信道状态信息(CSI)并采用相干检测的前提下获得的。接收端对 CSI 的估计,一般可通过发送端、接收端已知的特定"训练"信号来完成。但当信道衰落速度很快或者发送端天线数和(或)接收端天线数较多时,为保证信道估计所需达到的精度,必须增加"训练"信号的发送数目,这将明显降低系统的信息传输速率;另外,当发送端或接收端高速移动时,由于信道特性的快速变化,此时要精确地对信道进行估计是很困难的,有时甚至是不现实的。由此可见,研究发送端和接收端均不具备 CSI 情况下的空时编码方法具有很大的使用价值。Hughes、Hochwald 和 Thomas 等学者研究了接收端没有信道参数估计的盲空时块码;Hochwald 等根据信息论中瑞利衰落信道的信道容量推导出了酉空时码(USTC, Unitary Space - Time Codes),它要求发送码块为酉矩阵,接收端可以在信道状态未知的情况下进行最大似然译码。酉空时码编码器如图 3.10 所示。

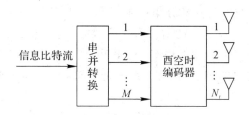

图 3.10　酉空时码编码器

在图 3.10 中，信息比特串/并转换为 $M$ 个并行的子比特流，酉空时调制器将 $M$ 个子比特流映射到复酉空时信号上，其元素由此在 $T$ 个符号间隔中从 $N_t$ 根天线上发送出去。这种情形下的解复用器的输入是一个编码序列。

### 3.3.4　差分空时码

当在接收端不能完成信道估计时，对酉空时信号的另一种选择是使用非相干技术进行译码，即差分空时编码（DSTC，Differential Space - Time Codes）方案，使用相干接收机方法进行译码。

差分空时码的思想来源于射频通信中的差分相移键控（DPSK）。假定信道响应从一个符号周期到下一个符号周期近似为常数，差分编码是将发送信息编码为两个连续符号之间的相位差。先发送参考符号，然后发送差分相移符号。接收端通过比较当前符号和前一符号的相位差进行译码。

2000 年，Hochwald 和 Hughes 先后提出差分酉空时调制和差分空时调制，差分酉空时调制引入一类对角矩阵，该矩阵对角线上的符号为 PSK 调制信号，即在任意时刻仅有一根天线是工作的。

2002 年，Hassibi 和 Hochwald 又提出了 Cayley 差分酉空时码，该方案使用 Cayley 变换，将高阶非线性 Stiefel Manifold 酉有矩阵映射为线性空间的 Skew - Hermitian 矩阵，对任意的发射天线和任意的码速率都能进行有效的编码和解码。

2003 年，Shao 提出一种新的差分空时分组码，该编码方案采用递归的结构，接收端采用 Viterbi 译码算法。由于递归结构引入的冗余信息可以提供编码增益，因此它相比于 Tarokh 和 Jafarkhani 提出的方案在误码性能上提升了 1.5 dB。

# 3.4　MIMO 空间复用技术

除 3.3 节介绍的空时分组码、空时网格码、酉空时码及差分空时码外，分层空时码是 MIMO 技术领域的另一个研究热点。在 MIMO 系统中，实现空间复用增益的方案主要是贝尔实验室的分层空时编码方案，即 BLAST，本节将对其做详细介绍。

MIMO 信道中的衰落特性可以提供额外的信息来增加通信中的自由度（degrees of freedom）。从本质上来讲，如果每对发射-接收天线之间的衰落是相互独立的，则可以产生多个并行的子信道。若在这些并行的子信道上传输不同的信息流，则可以提高传输数据速率，这被称为空间复用。需要特别指出的是，在高信噪比的情况下，传输速率是受自由度限制的，此时对于 $N_t$ 根发射天线和 $N_r$ 根接收天线，天线对之间是独立均匀分布的瑞利衰落。换而言之，空间复用技术与发送分集技术不同，它在不同的天线上发送的是不同的信息流，因而使容量随 min$\{N_t, N_r\}$ 的增加而线性增加。这种信道容量的增加不需要占用额外的带宽，也不需要消耗额外的发射功率，因此是提高信道和系统容量的一种非常有效的手段。其中贝尔实验室提出的 V-BLAST 系统是空间复用技术的典型应用，它使用了称为垂直分层空时码的技术。

分层空时码是朗讯科技贝尔(Bell)实验室 Foschini 最先提出的，所以人们在其英文缩写时都要加一个"B"，记为"BLAST"。BLAST 技术就其原理而言，是利用每对发射和接收天线上信号特有的"空间标识"，在接收端对其进行"恢复"。利用 BLAST 技术，如同在原有频段上建立了多个互不干扰、并行的子信道，并利用先进的检测技术，同时准确、高效地传送用户数据，其结果是极大提高前向和反向链路容量。BLAST 技术证明，在天线发送端和接收端同时采用多天线阵，更能够充分利用多径传播，达到"变废为宝"的效果，提高系统容量。理论研究已证明，在理想的信道条件下采用 BLAST 技术，系统频谱效率可以随天线个数呈线性增长，也就是说，只要允许增加天线个数，系统容量就能够得到不断提升。鉴于对于无线通信理论的突出贡献，BLAST 技术获得了 2002 年度美国 Thomas Edison(爱迪生)发明奖。

空间复用技术的基本原理如图 3.11 所示。发送端将输入的信息比特流分解为若干个并行子比特流，对各路独立地进行编码、调制与映射到其对应的发射天线上。在接收端采用特殊的处理技术，如迫零或迫零结合干扰消除等技术，将这些一起到达接收天线的信号实施分离，然后送到相应的解码器。其实质是将单路高信噪比信道分解为多路相互重叠的低信噪比信道并行传输，以达到空间复用的目的，从而提高频谱利用率。

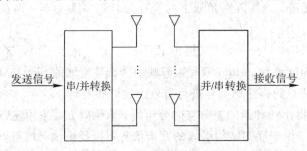

图 3.11　空间复用技术原理图

根据子数据流与天线之间的对应关系，空间复用系统大致分为三种模式：对角分层空时码(D-BLAST, Diagonal BLAST)、垂直分层空时码(V-BLAST, Vertical BLAST)以及螺旋分层空时编码(T-BLAST)。

### 3.4.1　D-BLAST

D-BLAST 最先由贝尔实验室的 Gerard J. Foschini 提出。原始数据被分为若干子流，每个子流之间分别进行编码，但子流之间不共享信息比特，每一个子流与一根天线相对应，但是这种对应关系周期性改变，如图 3.12 所示，它的每一层在时间与空间上均呈对角线形状，称为 D-BLAST。D-BLAST 的好处是，使得所有层的数据可以通过不同的路径发送到接收端，提高了链路的可靠性。其主要缺点是，由于符号在空间与时间上呈对角线形状，使得一部分空时单元被浪费，或者增加了传输数据的冗余。

在图 3.12 中，当数据发送开始时，有一部分空时单元未被填入符号（对应图中右下角空白部分），为了保证 D-BLAST 的空时结构，在发送结束肯定也有一部分空时单元被浪费。如果采用突发模式的数字通信，并且一个突发的数据长度大于 $M$（发射开线数目）个发送时间间隔，那么突发的数据长度越小，这种浪费越严重。它的数据检测需要一层一层进行，先检测 $c_0$、$c_1$、$c_2$，然后 $a_0$、$a_1$、$a_2$，接着 $b_0$、$b_1$、$b_2$……

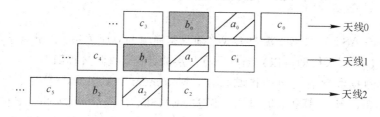

图 3.12 D-BLAST

由于 D-BLAST 复杂度较高，可处理的数据长度较短，而且边界的对角空时处理导致效率不高。

### 3.4.2 V-BLAST

V-BLAST 系统基本框图如图 3.13 所示，图中，$(x_1 \quad x_2 \quad \cdots \quad x_{N_t})$ 为发送端发送的数据，$(y_1 \quad y_2 \quad \cdots \quad y_{N_r})$ 为接收端接收到得数据，则 V-BLAST 系统输入和输出之间的关系可以表示为

$$y = Hx + n \tag{3.22}$$

其中，$H$ 为信道矩阵；$x$ 为发送的数据向量；$y$ 为接收到的数据向量；$n$ 为噪声。发送端将一个单一的数据流分成 $N_t$ 个子数据流，每个子数据流被编码成符号串，之后送到各自的发送端，发射器以 $1/T$ 符号每秒的速率工作，并且要求符号定时同步。每一个发射器本身是一个普通的 QAM 发射器，实际上，发射器组成集合是一个向量值发射器，其中的每个元素是从 QAM 星座集中选出的符号。

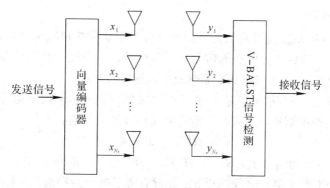

图 3.13 V-BLAST 系统基本框图

V-BLAST 采用一种直接的天线与层的对应关系，即编码后的第 $l$ 个子流直接送到第 $l$ 根天线，$l=1,2,\cdots,N_t$，不进行数据流与天线之间对应关系的周期改变。如图 3.14 所示，它的数据流在时间与空间上为连续的垂直列向量，称为 V-BLAST。

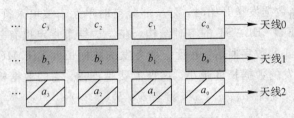

图 3.14　V - BLAST

由于 V - BLAST 中数据子流与天线之间只是简单的对应关系，因此在检测过程中，只要知道数据来自哪根天线即可以判断其是哪一层的数据，检测过程简单。

常用的检测技术有最大似然检测（ML，Maximum Likelihood）算法、迫零检测（ZF，Zero- Forcing detection）算法、最小均方误差（MMSE，Minimum Mean - Square Error）算法和排序的连续干扰抵消算法等。不论是哪种算法，最根本的目的就是如何根据接收信号和信道特性来确定每个接收天线的权值，从而最准确地估计出发送信号。

**1. 最大似然检测算法**

ML 算法是计算接收信号向量 $y$ 与所有可能的后处理向量（所有可能的发送信号向量 $x$ 与给定信道矩阵 $H$ 的乘积）之间的欧氏距离，并找到一个最小的距离。ML 检测将发送的信号向量 $x$ 估计为

$$\hat{x} = \arg\min_{x \in \Omega} \| y - Hx \|^2 \tag{3.23}$$

其中，$\Omega$ 表示在 $N_t$ 个发射天线中所有可能的星座点组合。假如所有可能传送的组合的概率都是相同的，ML 算法需要计算空间中所有星座点数的 $N_t$ 次方可能的 $x$，然后将选出的最小值作为最大似然解 $\hat{x}$。

ML 算法是在整个搜索空间中进行搜索，其检测性能是最优的。但是利用 ML 算法进行解码时，如果收、发双方天线数目多，同时对信号进行的是高阶调制，调制后星座空间更大，那么要搜索整个空间的复杂度也相应增加。最大似然检测器是无法在星座点数或者天线数目很高的情况下完成的，这就局限了 ML 算法的应用。

**2. 线性检测算法**

线性的 MIMO 检测通过对接收信号向量进行基于某种准则的线性滤波，分离不同发射天线上的发送信号，然后对分离后的信号进行独立检测。线性检测算法是最简单的次优检测算法，主要分为基于 ZF 和 MMSE 准则的两种线性检测算法。

（1）ZF 检测算法。ZF 检测算法基于最小二乘估计原理，所谓的迫零是把多个数据流之间的相互干扰完全抑制掉，从而得到所有期望信号的估计值：

$$\hat{x} = H^+ y = x + H^+ n \tag{3.24}$$

其中，$\hat{x}$ 为期望信号 $x$ 的估计值；$H^+ = (H^H H)^{-1} H^H$ 为信道矩阵 $H$ 的伪逆。由式（3.24）可以看出，虽然完全消除了信号之间的干扰，但没有考虑噪声的影响，还有可能放大噪声，而且因为矩阵 $(HH^H)^{-1}$ 中一个很小的特征值可能导致很大的误差，造成其性能的衰减。

（2）MMSE 检测算法。为了改善 ZF 检测算法的性能，在设计检测矩阵时可以将噪声的影响考虑进来，这就是 MMSE 检测算法。它在信号放大作用和抑制作用之间取了折中，使信号估计值与发送信号的均方误差最小，在接收端可以得到发送信号的估计量为

$$\hat{x} = (H^H H + \sigma_n^2 I)^{-1} H^H y \tag{3.25}$$

其中，$\sigma_n^2$ 为噪声方差；$\boldsymbol{I}$ 为单位阵。从式(3.25)可以看出，MMSE 检测算法同时考虑了噪声和干扰的影响，所以其性能会有所提高。

**3. 排序的连续干扰抵消算法**

V-BLAST 算法采用了结合检测顺序优化的逐层阵列加权合并与层间连续干扰抵消(SIC)方式进行接收处理。这种确定信号分量的检测顺序对于提高系统的总体性能有着非常重要的作用。根据不同的零化准则，它可分为 ZF-BLAST 检测方法和 MMSE-BLAST 检测方法。

ZF-BLAST 算法也称 ZF-SIC 算法，其基本思想是每译出一根发射开线上的信号，就要从总的接收信号中减掉该信号对其他信号的干扰，将信道矩阵对应的列迫零后再对新的信道矩阵求广义逆，依次循环译码。在该算法中，将每次检测符号的输出信噪比最大化，多空间子信道的相互干扰可以得到有效抑制，从而获得更好的性能。

ZF-BLAST 检测算法的检测流程描述如下：

① 初始化，$i=1$，$\boldsymbol{G}_1=(\boldsymbol{H})^+$。

② 排序 $k_i=\arg\min\limits_{j\notin\{k_1\ldots k_{i-1}\}}\parallel(\boldsymbol{G}_i)_j\parallel^2$。

③ 求加权矩阵 $\boldsymbol{W}_{k_i}$：$\boldsymbol{W}_{k_i}=(\boldsymbol{G}_i)_{k_i}$。

④ 获得判决统计量 $z_{k_i}$：$z_{k_i}=\boldsymbol{W}_{k_i}^{\mathrm{T}}y_{k_i}$。

⑤ 判决 $\hat{x}_{k_i}$：$\hat{x}_{k_i}=Q(z_{k_i})$。

⑥ 干扰消除：$y_{i+1}=y_i-\hat{x}_{k_i}\boldsymbol{H}_{k_i}$。

⑦ 将 $\boldsymbol{H}$ 的第 $k_1$　$k_2$　$\cdots$　$k_i$ 列置零后得到更新信道矩阵 $\boldsymbol{H}_{k_i}^-$，令 $\boldsymbol{G}_{i+1}=(\boldsymbol{H}_{k_i}^-)^+$。

⑧ $i=i+1$，跳至第②步。

在 ZF-BLAST 检测算法中，$(\boldsymbol{H})^+$ 为 $\boldsymbol{H}$ 的伪逆矩阵；$(\boldsymbol{G}_i)_j$ 表示 $\boldsymbol{G}_i$ 的第 $j$ 行；$\boldsymbol{W}$ 为加权矢量矩阵，$\boldsymbol{W}_{k_i}^{\mathrm{T}}$ 即对应第 $k_i$ 个迫零向量，满足 $\boldsymbol{W}_{k_i}^{\mathrm{T}}\boldsymbol{H}_{k_j}=\begin{cases}0 & j\neq i\\1 & j=i\end{cases}$；$Q(\alpha)$ 表示对估计值 $\alpha$ 的判决；$\boldsymbol{H}_j$ 表示 $\boldsymbol{H}$ 的第 $j$ 列，$k_1$　$k_2$　$\cdots$　$k_i$ 为此算法的检测顺序。

与 ZF-BLAST 检测方式一样，MMSE-V-BLAST(也称 MMSE-SIC)算法也是消除已检测出的信号对其他未检测出信号的干扰，它们检测流程基本一致，不同的是其加权矩阵 $\boldsymbol{G}_1=\boldsymbol{H}^{\mathrm{H}}(\boldsymbol{H}\boldsymbol{H}^{\mathrm{H}}+\sigma_n^2\boldsymbol{I}_M)^{-1}$，优先检测信干噪比(SINR)最大的信号支路。由于考虑了噪声的影响，MMSE-SIC 取得了比 ZF-BLAST 检测算法更好的性能。

由上述各算法的原理可知，ML 算法是搜索整个星座空间，对信号进行高阶调制时，调制星座点数增加，其计算复杂度也随着增大。ZF 算法只需在接收端乘一个滤波矩阵，求一次伪逆，计算复杂度比较低，但是噪声被放大，其性能理论上是不太理想的。MMSE 算法的滤波矩阵本身以接收信号与发送信号的均方误差最小为准则，与 ZF 算法相比，计算复杂度也不算高，其性能有所提升，但噪声同样被放大。基于连续干扰抵消(SIC)的 V-BLAST 算法是在 ZF 和 MMSE 基础上的，对比与 ZF 和 MMSE 性能有所改善，计算量与 ZF 和 MMSE 相比之多求几次滤波矩阵，复杂度也不算高，但是总的性能会受到先检测层信号的影响。

本节将对 V-BLAST 方案的进行仿真及性能分析。收/发天线数 $N_t=N_r=2$，QPSK 调制，信道为瑞利衰落信道，ML、ZF、ZF-SIC、MMSE 和 MMSE-SIC 几种算法的仿真结果如图 3.15 所示。

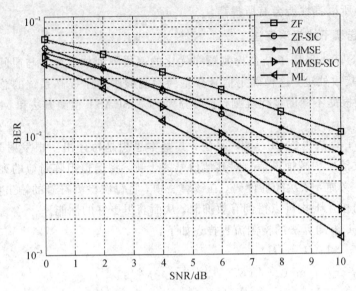

图 3.15　几种经典检测算法的性能

从图 3.15 中可以看到，在相同的信噪比(SNR)条件下，ML 算法的误码率性能是最好的，ZF 算法的误码率最高，MMSE 算法的误码性能居中。非线性检测算法是基于 ZF 与 MMSE 算法改进的，所以采用干扰抵消后算法的误码性能比未干扰抵消算法的要好。MMSE‐SIC 算法的误码率比 ZF‐SIC 算法的误码率要低。

### 3.4.3　T‐BLAST

考虑到 D‐BLAST 以及 V‐BALST 模式的优缺点，一种不同于 D‐BLAST 与 V‐BLAST 的空时编码结构被提出：T‐BLAST。它的层在空间与时间上呈螺纹(Threaded)状分布，如图 3.16 所示。

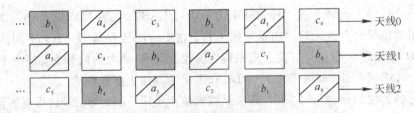

图 3.16　T‐BLAST 中数据子流与天线的对应关系

原始数据流被多路分解为若干子流之后，每个子流被对应的天线发送出去，并且这种对应关系周期性改变，与 D‐BLAST 系统不同的是，在发送的初始阶段并不是只有一根天线进行发送，而是所有天线均进行发送，使得单从一个发送时间间隔来看，它的空时分布很像 V‐BALST，只不过在不同的时间间隔中，子数据流与天线的对应关系周期性改变。更普通的 T‐BLAST 结构是这种对应关系不是周期性改变的，而是随机改变的。这样 T‐BLAST 不仅可以使得所有子流共享空间信道，而且没有空时单元的浪费，并且可以使用 V‐BLAST 检测算法进行检测。

分层空时码是最早提出的一种空时编码方式。其基本原理是将输入的信息比特流分解成多个比特流，独立地进行编码、调制并映射到多条发射天线上。在接收端，采用特殊的处理技术，将一起到达接收天线的信号进行分离，然后送到相应的解码器。分层空时码无法达到最大分集，其性能相对较差，可认为是一种空间复用技术。它的优点是速率变化比较灵活，速率随发射开线数线性增加，常与接近信道容量的二进制编码方式联合使用，如级联码，以提高编码性能。

# 3.5 MIMO 预编码技术

MIMO 系统可以成倍地提高系统容量，实现较高的频谱利用率，使其逐渐成为无线通信领域的研究热点之一。但由于其通信质量会受到多用户及多天线等引起的信道干扰(CCI)的影响，需在发送机和接收机两端采用必要的信号处理技术。预编码技术是以MIMO系统和空时编码技术为基础，逐步发展起来的一项多天线技术。它的基本思想是，通过矩阵运算把经过调制的符号信息流和信道状态信息进行有机结合，变换成适合当前信道的数据流，然后通过天线发送出去。预编码技术在简化接收机结构、降低通信误码率、消除用户间干扰等方面有着巨大的应用价值。

预编码可以分为开环预编码和闭环预编码。发送端在无法获知信道状态信息时，开环MIMO 传输技术可以被采用，以进一步提高系统性能。开环预编码技术主要通过采用空时编码、空频编码或者是传输多个数据流来提高系统的性能。开环 MIMO 传输技术的优点是容易实现，并且不会带来额外的系统开销。闭环预编码的基本原理是在发送端利用得到的信道状态信息(CSI)，设计预编码矩阵对发送信号进行预处理，降低数据流间的干扰。

预编码技术可以根据发送端将占用相同时域和频域资源的多条并行数据流发送给一个用户或多个用户，分为单用户 MIMO 预编码和多用户 MIMO 预编码；它也可以根据其中是否引入了非线性运算，分为线性预编码和非线性预编码。其中线性预编码又可以进一步划分为基于码本的预编码技术和基于非码本的预编码技术。

## 3.5.1 单用户 MIMO 预编码算法

单用户 MIMO 预编码的系统结构如图 3.17 所示，发送信号 $s$ 经过预编码器 $F$ 完成预编码，然后将预编码之后的信号 $x$ 通过天线发送出去；接收端对接收到的信号 $y$ 进行信号处理得到发送信号的检测值 $\bar{s}$。

图 3.17　单用户 MIMO 预编码系统示意图

从单用户 MIMO 预编码系统示意图中，可以得到收、发信号之间的关系为

$$y = HFs + n \qquad (3.26)$$

其中，$H$ 为信道矩阵；$n$ 为噪声。预编码器的设计就是求解最优的预编码矩阵 $F$，在不同的设计准则下，最优的预编码矩阵也不相同。下面首先介绍基于奇异值分解(SVD)的预编码，然后给出基于码本的预编码。

### 1. 基于 SVD 分解的预编码

假定 MIMO 系统中有 $N_t$ 个发射天线，$N_r$ 个接收天线，则信道矩阵 $H$ 为 $N_r \times N_t$ 矩阵，根据 SVD 理论，矩阵 $H$ 可以写成

$$H = U \sum V^H \tag{3.27}$$

其中，$U$ 和 $V$ 分别为 $N_r \times N_r$ 和 $N_t \times N_t$ 的酉矩阵，且有 $UU^H = I_M$ 和 $VV^H = I_N$（$I_M$ 和 $I_N$ 分别为 $N_r \times N_r$ 和 $N_t \times N_t$ 单位阵）；$\sum$ 是 $N_r \times N_t$ 非负对角矩阵，且对角元素是矩阵 $HH^H$ 的特征值的非负平方根。$HH^H$ 的特征值（用 $\lambda$ 表示）定义为

$$HH^H y = \lambda y, \quad y \neq 0 \tag{3.28}$$

其中，$y$ 是与 $\lambda$ 对应的 $N_r \times 1$ 维矢量，称为特征矢量。特征值的非负平方根也称为 $H$ 的奇异值，而且 $U$ 的列矢量是 $HH^H$ 的特征矢量，$V$ 的列矢量是 $H^H H$ 的特征矢量。矩阵 $HH^H$ 的非零特征值的数量等于矩阵 $H$ 的秩，用 $m$ 表示，其最大值为 $\min(N_r, N_t)$。则可以得到接收向量为

$$y = U \sum V^H Fs + n \tag{3.29}$$

引入几个变换 $\bar{s} = U^H y$，$x = Fs$，$F = V$，$n' = U^H n$，则发送信号 $s$ 的检测结果 $\bar{s}$ 可表示为

$$\bar{s} = \sum s + n' \tag{3.30}$$

对于 $N_r \times N_t$ 矩阵 $H$，秩 $m$ 的最大值 $\min(N_r, N_t)$，也就是说有 $m$ 个非零奇异值。

将 $\sqrt{\lambda_i}$ 代入式（3.30）可得

$$\begin{aligned} \bar{s}_i &= \sqrt{\lambda_i} s_i + n'_i, \quad i = 1, 2, \cdots, m \\ r'_i &= n'_i, \quad i = m+1, m+2, \cdots, N_r \end{aligned} \tag{3.31}$$

通过式（3.31）可以看出，等效的 MIMO 信道是由 $m$ 个去耦平行子信道组成的。为每个子信道分配矩阵 $H$ 的奇异值，相当于信道的幅度增益，因此，信道功率增益等于矩阵 $HH^H$ 的特征值。

图 3.18 给出了发射天线 $N_t$ 大于接收天线 $N_r$ 且 $m = N_r$ 情况下的等效 MIMO 信道示意图。

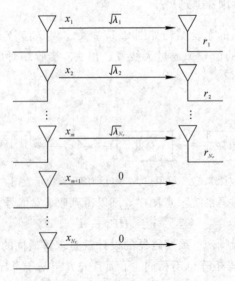

图 3.18　发射天线大于接收天线时的等效 MIMO 信道

因为子信道是去耦的，所以其容量可以直接相加。在等功率分配的情况下，运用香农容量公式可以估算出总的信道容量（用 $C$ 表示）为

$$C = W \sum_{i=1}^{m} \log_2 \left( 1 + \frac{P}{N\sigma^2} \right) \qquad (3.32)$$

其中，$W$ 为每个子信道的带宽；$P$ 为所有发射天线的总功率。

**2. 基于码本的预编码**

与非码本的预编码方式不同的是，在基于码本的预编码方案中，预编码矩阵通常是由接收端计算得到的。基于码本的预编码就是接收端和发送端共享同一个已知的码本集合，码本集合中包含多个预编码矩阵，接收端根据信道估计的信道矩阵以某一性能目标在码本集合中选择使系统性能更优的预编码矩阵，再将其码本序号反馈给发送端，发送端根据序号选择预编码矩阵进行预编码。由此，反馈信息只需要码本序号，大大减小了反馈量，节约了带宽，方便了操作。

常用的码本主要有格拉斯曼码本（Grassmanian Codebook）、基于 Householder 变换的码本和基于 DFT（离散傅立叶变换）的码本。其中，格拉斯曼码本的主要思想是最大化码字间的最小距离，以期达到更均匀量化整个信道空间。但这类方法以完全随机的信道为前提，没有充分考虑实际信道的分布。基于 Householder 变换的码本通过给定的码本向量和 Householder 变换得到预编码矩阵。而基于 DFT 码本的预编码矩阵是酉阵，备选矩阵数量大而且生成简单，码字正交性好，码本的算法和实现都比较简单，且能达到良好的性能。下面详细介绍基于 DFT 的预编码码本。

DFT 码本最初用于波束成形中，所有码本输入有相同的幅度，通过相位调整形成相应的波束。其生成的波束几乎在一个圆上均匀分布，且随着基站端天线数的增加，波束的半功率波束宽度（HPBW）会变得更窄。基于 DFT 的码本产生依据离散傅立叶变换，产生的各预编码矩阵中的向量两两正交，因此能够有效地抑制多用户 MIMO 系统中的用户间干扰。考虑 $W$ 为包含一系列酉矩阵的码本，码本的大小为 $L$，即

$$W = \begin{bmatrix} w_1, & w_2, & \cdots, & w_L \end{bmatrix} \qquad (3.33)$$

其中，$w_i$ 为码本中第 $i$ 个酉预编码矩阵。由酉矩阵的性质可知

$$w_i w_i^{\mathrm{H}} = w_i^{\mathrm{H}} w_i = I_{N_t} \qquad (3.34)$$

酉码本所有的码字都是酉矩阵，而且由线性代数的子空间理论可知，对于 $n$ 维向量的酉码本，其最多只可能包含 $n$ 个正交向量，基于 DFT 的码本通过抽取 DFT 矩阵的前几行组成一个新的矩阵，并在新的矩阵中抽取几个列向量构成所需的码字。$N$ 阶 DFT 矩阵为

$$\boldsymbol{B} = \frac{1}{\sqrt{N}} \begin{bmatrix} 1 & 1 & \cdots & 1 \\ 1 & W_{N,1} & \cdots & W_{N,N-1} \\ \vdots & \vdots & \ddots & \vdots \\ 1 & W_{N,1}^{N-1} & \cdots & W_{N,N-1}^{N-1} \end{bmatrix}_{N \times N}, \quad W_{N,k} = \exp\left( \mathrm{j}\, \frac{2k\pi}{N} \right), \, k = 1, 2, \cdots, N-1$$

$$(3.35)$$

如果基站发射天线数目为 $N_t$，所采用的码本大小为 $L$，则码本中包含 $L$ 个 $N_t \times N_t$ 的酉矩阵。

DFT 码本的生成过程如下：

① 生成 $L \times N_t$ 阶的 DFT 矩阵。

② 抽取 DFT 矩阵的前 $N_t$ 行，此时的列向量集合为

$$C = [c_1, c_2, \cdots, c_{N_t}] \tag{3.36}$$

③ 通过对列向量进行组合从而生成码本，其中第 $i$ 个酉矩阵可表示为

$$w_i = \frac{1}{\sqrt{N_t}}[c_i, c_{i+L}, \cdots, c_{i+(N_t-1)L}] \tag{3.37}$$

也可用公式表示 DFT 码本的构成过程。码本中的第 $i$ 个码字为

$$w_i = [v_i^1, v_i^2, \cdots, v_i^{N_t}] \tag{3.38}$$

其中，$v_i^m$ 是 $w_i$ 的第 $m$ 个列向量，则

$$v_i^m = \frac{1}{\sqrt{N_t}}[u_i^1, \quad u_i^{2,m}, \quad \cdots, \quad u_i^{N_t,m}]^T \tag{3.39}$$

$$u_i^{n,m} = \exp\left(\frac{2\pi(n-1)}{N_t}\left(m-1+\frac{i-1}{L}\right)\right) \tag{3.40}$$

例如，当取 $N_t = 2$，$L = 2$ 时，对应的码本空间大小为 2，该码本空间包含以下 2 个预编码矩阵：

$$\frac{1}{\sqrt{2}}\begin{bmatrix} 1 & 1 \\ 1 & -1 \end{bmatrix}, \quad \frac{1}{\sqrt{2}}\begin{bmatrix} 1 & 1 \\ j & -j \end{bmatrix} \tag{3.41}$$

对于配置有两根发射天线的单用户 MIMO 系统，LTE 规定的线性预编码矩阵的码本就是基于以上码本得出的。

在一个预编码通信系统中，除了设计出码本之外，还要根据一些接收端的判决准则正确选取码本中的最优码字，这样才能真正地提高系统性能，减小误码率。一般的选择准则包括基于性能的选取方式和基于量化的选取方式。基于性能的选取方式即系统根据某种性能指标，遍历码本空间中的预编码矩阵，以选择最优的预编码矩阵。常用的性能指标包括信干噪比、系统吞吐率、误码率、误块率等。而基于量化的选取方式即系统通过对信道矩阵的右奇异矩阵进行量化，遍历码本空间中的预编码矩阵，选择最匹配的预编码矩阵。该选择方式需要首先对信道矩阵进行 SVD 分解，再遍历码本空间，从中选取与该信道矩阵的右奇异矩阵误差最小的矩阵。

## 3.5.2 多用户 MIMO 预编码算法

传统的 MIMO 技术是基于点对点的单用户传输，在实际应用中，系统往往需要一个基站同时和多个用户进行通信，它比单用户 MIMO 更加复杂。在多用户 MIMO 下行链路中，基站将发送多个用户的多个数据流，每一个用户在接收到自己的信号之外还接收到其他用户的干扰信号。如果发送端能够准确地获知干扰信号，通过在发送端进行某种预编码处理，可使有干扰系统的信道容量与无干扰系统的信道容量相同。

对于下行链路的用户干扰消除情况，脏纸编码（DPC）作为典型的非线性预编码算法，可以提供较高的信道容量。其基本思想是假设发送端预先确知信道间的干扰，那么发送信号时可以进行预编码来补偿干扰带来的影响。由于脏纸编码方法的编码和解码比较复杂，而且需要知道完整的信道信息，因此在实际中实现起来比较困难。

常用的非线性预编码算法主要包括矢量预编码（VP）和模代数预编码（THP）。这两种预编码都在发送数据向量之前，非线性地叠加辅助向量，用以数据的传输特性。由于非线

性预编码的计算复杂度很高，因此，在实际应用中普遍采用更具实用价值且容易设计的线性预编码技术。常见的多用户线性预编码方法包括迫零（ZF）预编码和块对角化（BD）预编码。

考虑多用户 MIMO 预编码系统的下行链路，如图 3.19 所示。图中，基站有 $N_t$ 个天线用于发送经预编码处理的信号，系统中用户数为 $K$，用户 $k$ 有 $N_{r,k}$ 个接收天线。若所有用户接收到的信号矢量为 $\boldsymbol{y}$，则 $\boldsymbol{y}$ 可表示为

$$\boldsymbol{y} = \begin{bmatrix} \boldsymbol{y}_1 \\ \boldsymbol{y}_2 \\ \vdots \\ \boldsymbol{y}_K \end{bmatrix} = \begin{bmatrix} \boldsymbol{H}_1 \\ \boldsymbol{H}_2 \\ \vdots \\ \boldsymbol{H}_K \end{bmatrix} \begin{bmatrix} \boldsymbol{F}_1 & \boldsymbol{F}_2 & \cdots & \boldsymbol{F}_K \end{bmatrix} \begin{bmatrix} \boldsymbol{s}_1 \\ \boldsymbol{s}_2 \\ \vdots \\ \boldsymbol{s}_K \end{bmatrix} + \begin{bmatrix} \boldsymbol{n}_1 \\ \boldsymbol{n}_2 \\ \vdots \\ \boldsymbol{n}_K \end{bmatrix} \tag{3.42}$$

其中，$\boldsymbol{H}_k$ 为第 $k$ 个用户与基站间的信道矩阵；$\boldsymbol{F}_k$ 为第 $k$ 个用户的预编码矩阵。

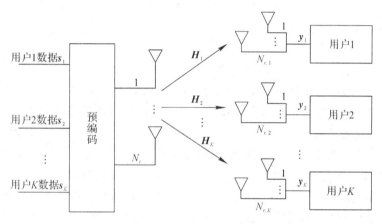

图 3.19 多用户 MIMO 预编码系统

MIMO 系统中最简单的预编码算法是迫零预编码算法，在迫零算法中，基站根据用户反馈的信道状态信息为用户计算预编码向量，使得传输给某个用户信号对其他用户构成了零陷，在基站侧就进行数据流的分离，尽可能地消除或降低多用户干扰。假设 $K$ 个用户所对应的下行多用户的空间信道矩阵为 $\boldsymbol{H} = \begin{bmatrix} \boldsymbol{H}_1^T & \boldsymbol{H}_2^T & \cdots & \boldsymbol{H}_K^T \end{bmatrix}^T$，那么在 ZF 准则下，将信道矩阵 $\boldsymbol{H}$ 的伪逆矩阵作为预编码矩阵，则有

$$\boldsymbol{F} = \boldsymbol{H}^H (\boldsymbol{H}\boldsymbol{H}^H)^{-1} \tag{3.43}$$

使得 $\boldsymbol{FH} = \boldsymbol{I}$，即信道完全对角化。通过预编码矩阵的作用可以得到均衡后的等效信道，从而能够在基站端将公共信道干扰全部消除。

块对角化（BD）预编码算法是多用户 MIMO 系统中普遍认可的一种有效的线性预编码方案。块对角化预编码基于迫零（ZF）思想，其基本思想是将等效全局信道矩阵转化为块对角化形式。经 BD 预编码后，系统每一个用户的有用信号都被映射到其他所有干扰用户的信道零空间内，从而完全消除多用户间的干扰。

定义矩阵 $\boldsymbol{H} = \begin{bmatrix} \boldsymbol{H}_1^T & \boldsymbol{H}_2^T & \cdots & \boldsymbol{H}_K^T \end{bmatrix}^T$，$\boldsymbol{F} = \begin{bmatrix} \boldsymbol{F}_1 & \boldsymbol{F}_2 & \cdots & \boldsymbol{F}_K \end{bmatrix}$，则 BD 预编码的基本思想是通过设计预编码矩阵 $\boldsymbol{F}$，使得 $\boldsymbol{HF}$ 分块对角化，即

$$\boldsymbol{HF} = \text{diag}(\boldsymbol{H}_1\boldsymbol{F}_1 \quad \boldsymbol{H}_2\boldsymbol{F}_2 \quad \cdots \quad \boldsymbol{H}_K\boldsymbol{F}_K) \tag{3.44}$$

因此，BD 预编码的关键问题是为用户 $k(k=1 \quad 2 \quad \cdots \quad K)$ 寻找恰当的预编码矩阵，使其

满足

$$H_i F_k = 0, \quad i \neq k \tag{3.45}$$

对于用户 $k$，将其所有干扰用户的信道矩阵级联，形成级联矩阵 $\overline{H}_k$ 为

$$\overline{H}_k = [\, H_1^{\mathrm{T}} \quad \cdots \quad H_{k-1}^{\mathrm{T}} \quad H_{k+1}^{\mathrm{T}} \quad \cdots \quad H_K^{\mathrm{T}} \,] \tag{3.46}$$

对 $\overline{H}_k$ 进行 SVD 分解，则有

$$\overline{H}_k = \overline{U}_k \overline{\Sigma}_k [\, \overline{V}_k^{(1)} \quad \overline{V}_k^{(0)} \,]^{\mathrm{H}} \tag{3.47}$$

其中，$\overline{V}_k^0$ 的 $(N - \mathrm{rank}(\overline{H}_k))$ 个正交列矢量是构成 $\overline{H}_k$ 零空间的标准正交基，这里的 $\mathrm{rank}(\cdot)$ 表示矩阵的秩。于是有

$$\overline{H}_k \overline{V}_k^0 = 0 \tag{3.48}$$

因此，由 $\overline{V}_k^0$ 的列矢量所构造的用户 $k$ 的预编码矩阵必然满足迫零约束条件。

进一步定义用户 $k$ 的等效信道 $H_{k,\mathrm{eff}} = H_k \overline{V}_k^0$，并对其进行 SVD 分解，可得

$$H_{k,\mathrm{eff}} = U_{k,\mathrm{eff}} \Sigma_{k,\mathrm{eff}} V_{k,\mathrm{eff}} \tag{3.49}$$

则用户的预编码矩阵表示为

$$F_k = \overline{V}_k^0 V_{k,\mathrm{eff}} P_k^{1/2} \tag{3.50}$$

其中，$P_k$ 为功率分配对角阵，相应地用户 $k$ 的接收矩阵为 $U_{k,\mathrm{eff}}$。

与 ZF 线性预编码方案相比，BD 方案在各个接收端配置有多根天线的情况下更有优势，因为块对角化 BD 方案并不是将接收端的每一根接收天线当做独立的"用户"进行预编码操作，而是利用处于其他接收端信道矩阵 $\overline{H}_k$ 零空间的预编码矩阵 $F_k$ 处理发给各个接收端的信号向量，将一个多用户 MIMO 信道转化成多个并行或正交的用户 MIMO 信道。因此，BD 预编码是一种适用于多用户 MIMO 系统的线性预编码方案。

预编码技术的应用形式灵活，具有广泛应用空间。当预编码应用于多天线分集系统时，可以帮助分集系统获得分集增益，从而提高系统的误码率性能；当预编码应用于多天线空间复用系统时，预编码技术可以通过使各发射天线上的信号彼此正交来抑制不同天线间的相互干扰，从而使系统的容量性能和频谱利用率得到提高。预编码技术还可以用于多用户系统，使得不同用户间的发送信号彼此正交，从而使系统可以获得更多的用户分集增益，进一步提高系统的数据传输速率。此外，预编码技术还可以与其他多天线技术相结合，进一步改善多天线系统的性能，如空频分组预编码技术、循环延迟分集预编码技术、空时分组预编码技术等。

## 3.6 MIMO 与 OFDM 技术的结合

OFDM 的主要优点是可以有效地对抗多径衰落，MIMO 技术能够在空间中产生独立的并行信道同时传输多路数据流，在不增加系统带宽的情况下提高频谱效率，有效地提高了系统的传输速率。而 MIMO 技术在利用多径效应的同时，也避免不了频率选择性衰落的影响。在频率选择性衰落的信道情况下，MIMO 在性能上的发挥则受到了一定程度上的限制，不如在平坦衰落的信道下能发挥那么大的优势。这时，可以通过 OFDM 将子信道变为平坦衰落，有效地对抗了频率选择性衰落，利用 OFDM 的这一特性，则可以在一定程度上弥补 MIMO 的不足。并且借助 MIMO 的分集，也可以对 OFDM 中不同信号的增益进行自适应调整，使 OFDM 也同时采用分集和复用两种方式进行发送和接收的灵活应用。这样，

将 MIMO 和 OFDM 两种技术相结合，就会达到两种效果：一种是实现很高的数据传输速率；另一种是通过分集实现很强的可靠性。所以 MIMO 与 OFDM 的结合有了广阔的应用空间。

MIMO - OFDM 技术通过在 OFDM 传输系统中采用阵列天线实现空间分集，提高了信号质量。它利用时间、频率和空间三种分集技术，对应三种 MIMO - OFDM 系统，即带空时分组码的 OFDM 系统（STBC - OFDM）、空频分组码的 OFDM 系统（SFBC - OFDM）和 V - BLAST - OFDM 系统，使无线系统对噪声、干扰、多径的容限大大增加。

MIMO - OFDM 系统在发送端使用多个发射天线，将输入数据经过一定的空时编码（STC）或者空频编码（SFC）之后，经 OFDM 调制再从多个天线同时发送出去。在接收端，各个接收天线接收到的信号经过一定的空时或空频处理，检测出原始信号。

STBC - OFDM 系统组成如图 3.20 所示。

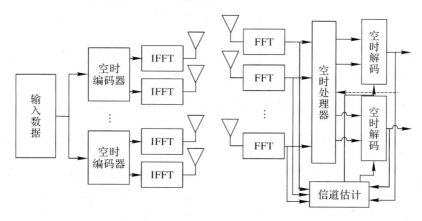

图 3.20　STBC - OFDM 系统组成框图

在图 3.20 中，输入数据指的是原始的比特流通过编码映射之后的数据，输入数据通过串/并变换之后进入空时编码器，空时编码之后的数据在各个天线上经过 OFDM 调制之后，同时发送出去，在接收端进行相反的操作（逆操作）即可。

SFBC - OFDM 系统与 STBC - OFDM 系统类似，主要区别为空频编码是在两个频率上实现编码的。在 SFBC - OFDM 系统中将信号调制、串/并转换之后就可以进行空频编码，编码之后的码字被分配到不同的发射天线上，分别进行 OFDM 调制，然后发送出去。

而 V - BLST - OFDM 系统只是在 V - BLST 系统中应用 OFDM 调制技术的一种组合系统，所以它的整个工作流程和 V - BLST 系统是相似的，其信号检测算法也和 V - BLST 一样。

OFDM 结合了 MIMO 技术之后，将原本对系统性能有害的多径衰落转变成对系统有用的因素，并可以通过空时编码或空频编码获得一定的多径分集。因此，MIMO - OFDM 系统性能相对单纯 OFDM 系统有了很大改善。

# 3.7　MIMO 其他相关技术

MIMO 信息理论的研究结论展现了 MIMO 系统广阔的应用前景，因此 MIMO 技术的研究工作得到了迅速发展。近年来 MIMO 相关技术的研究涉及各个方面，具体而言，它包括虚拟 MIMO 和认知 MIMO 等。

### 3.7.1 虚拟 MIMO

在 LTE 上行系统中，还支持一种特殊的 MIMO 技术——虚拟 MIMO。虚拟 MIMO 技术通过动态地将多个单天线发送的用户配成一对，以虚拟 MIMO 形式发送，如图 3.21 所示。

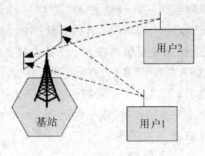

图 3.21　虚拟 MIMO

虚拟 MIMO 是一种多用户 MIMO，属于 SDMA 系统。因此两个用户配对后，虚拟 MIMO 的信道容量取决于其信道向量构成的信道矩阵。在虚拟 MIMO 中，具有较好正交性的用户可以共享相同的时频资源，从而显著提高了系统的容量。

虚拟 MIMO 主要涉及用户配对、功率分配和分组调度等方面的技术。

**1. 用户配对**

虚拟 MIMO 系统中，如何利用多用户的空间分集，来最大化系统吞吐量或效用函数是调度的关键之一，这就要求选择合适的用户配对形成虚拟 MIMO。下面介绍几种配对方法。

正交配对：选择信道正交性最大的两个用户进行配对。这种配对方法的优势在于计算复杂度比较低；其缺点是只考虑了 MIMO 信道矩阵自身的正交性，却没有考虑配对用户各自的信噪比，即没有考虑干扰、网络规划不当或某些地区深度衰落造成的性能影响。

随机配对：进行配对的用户随机生成，配对方式简单，计算量小，复杂度低；但是无法合理利用信道矩阵正交特性，从而无法达到最大的信道容量。

基于路径损耗和慢衰落排序配对：将用户路径损耗与慢衰落值的和进行排序，配对用户为排序后相邻的用户。这种配对方法较简单，复杂度低，在用户移动缓慢、路径损耗和慢衰落缓慢的情况下，用户需要重新配对的频率也会降低，而且因为配对用户路径损耗与慢衰落值的和相近，从而降低了用户产生"远近"效应的可能性。其缺点是进行配对的用户信道相关性可能比较大，导致配对用户之间的干扰比较大。

**2. 功率控制技术**

作为 LTE 系统上行关键技术之一，虚拟 MIMO 无线资源管理技术的研究正在逐步展开。在上行 LTE 系统功率控制技术中，由于小区内用户间相互正交，不存在用户间干扰，消除了像 CDMA 系统中"远近"效应的影响，因此无须采用快速功率控制，而是采用慢速功率控制来补偿路径损耗和阴影衰落，以削弱小区间的同频干扰。

**3. 分组调度**

调度是为用户分配合适的资源，系统根据用户设备的能力、待发送的数据量、信道质量信息(CQI)的反馈等因素对资源进行分配，并发送控制信令通知用户。虚拟 MIMO 分组调度算法在提高系统容量的同时，也带来了新的技术挑战。由于任意用户传输速率会受到与其配对传输的其他用户影响，在采用各种考虑到物理层传输效率的分组调度算法时，须遍历计算所有用户配对组合后的传输速率，并进行比较。这是一个组合优化问题，求解复杂度较高。

在经典的调度算法中，最大载干比调度算法的基本思想是根据基站相应接收信号的载干比预测值，对所有待服务移动设备排序，优先发送预测值高的。轮询调度算法（Round Robin)的主要思想是保证待调度用户的公平性，按照某种给定的顺序，所有待传的非空用户以轮询的方式接收服务，每次服务占用相等时间的无线通信资源。基于分数调度算法（Score - Based)考虑了信道的分布情况和用户的速率，尽量将信道分配给最难达到当前速率的用户，即分配给目前信道条件较好，获得当前衰落概率最小的用户。

虚拟 MIMO 技术可以大大提高系统吞吐量，但是实际配对策略以及如何有效地为配对用户分配资源的问题，都会对系统吞吐量产生很大的影响；而且只有在性能和复杂度两者之间取得一个良好的折中，虚拟 MIMO 技术的优势才能充分发挥出来。

## 3.7.2　认知 MIMO 技术

认知 MIMO 系统，是认知无线电技术与 MIMO 技术相结合的产物。J. Mitola 博士是最早提出认知无线电概念的，其核心思想是无线电设备具有学习能力，能与周围环境交互信息，通过感知以及利用获得的环境信息来自适应地调整自身参数，以提高其性能。

率先将认知无线电的概念引入到无线通信系统的频谱共享领域的是 S. Haykin。根据频谱不同的共享方式将认知无线电系统分为 underlay 和 interleave 两种。当采用 interleave 方式时，非授权用户需要检测授权用户频谱上未被使用的频谱空洞，并在频谱空洞发起通信，从而避开对授权用户的干扰。当采用 underlay 方式时，非授权用户可以在保证自身发送功率不会影响授权用户通信业务的前提下与授权用户共用频谱。由于 underlay 方式允许非授权用户与授权用户同时共用频谱，即使在授权用户信道处于繁忙状态时，非授权用户仍可以进行通信，因此相比 interleave 方式其具有更高的频谱效率。不过为了保护授权用户，对认知无线电系统的动态功率控制能力也提出了新的要求。为了进一步提高认知无线电系统的频谱效率，Rui Zhang 将多天线技术引入到认知无线电系统中，从而提出了认知 MIMO 系统的概念。根据认知 MIMO 系统网络拓扑的不同，认知 MIMO 系统分为认知 MIMO 点对点信道、认知 MIMO 干扰信道、认知 MIMO 多址接入信道以及认知 MIMO 广播信道等。

目前，认知 MIMO 系统研究的主要问题是如何在保证对授权用户系统干扰功率受限的条件下，通过功率控制提高非授权用户系统的传输速率。

## 本章小结

MIMO 通过在发送端和接收端配置多根天线，为提高频谱效率提供了巨大的潜力。本章详细阐述了 MIMO 技术的起源以及常见的 MIMO 技术。首先由无线移动通信的迅猛发展引出了 LTE 等系统采用 MIMO 的必要性；讲述了 MIMO 常用的分集技术和分集合并准则；重点阐述了 MIMO 空时编码技术中几种常用的空时码，给出了各种空时码的编码结构以及相应的检测或译码方法；然后阐述了单用户和多用户预编码算法；最后给出了近年来MIMO 研究所涉及的技术。

## 知识拓展  MIMO 信道模型

在早期 MIMO 信道模型研究中，为简化分析，通常假设天线阵列周围存在大量散射物，且天线单元间距大于半波长，不同天线的信道衰落是不相关的。在仿真和理论研究中，通常利用 3GPP 中的城区（TU）信道来模拟 MIMO 信道，如 TU3、TU50 等。各个 TU 信道是独立产生的，相互之间独立，即相关系数为零。

随着 MIMO 信道研究的发展和趋于成熟，人们发现随着 MIMO 信道相关性逐渐增强，MIMO 信道的容量将急剧下降。当信道存在相关性时，将早期 MIMO 技术研究成果应用于无线通信系统中时，性能将急剧降低甚至于不能正常工作。在现实环境中，存在很多具有相关性或相关性强的 MIMO 信道环境，所以在 MIMO 信道的研究中还要考虑接近实际信道环境的 MIMO 相关信道模型。

下面介绍两种常用的 MIMO 信道模型：独立同分布（IID，Independent Identically Distributed）复高斯信道模型和基于功率相关矩阵的随机 MIMO 信道模型。

### 1. 独立同分布复高斯信道模型

在理论上，如果传播环境中散射足够丰富，天线单元的间距足够大，那么 MIMO 信道的各子信道在统计上接近独立，并且分布也相同，因此，Foschini 等人提出了一种理想化的窄带信道模型，假定信道矩阵 $\boldsymbol{H}$ 各元素相互独立且都是服从均值为零、方差为 1 的复高斯分布，其信道矩阵具有许多重要特征，例如满秩的概率为 1、子信道相互独立等，因此它常被用于一些复杂信道建模的简化分析。

在实际上，由于天线单元间距有限以及散射传播稀少等原因，衰落子信道不总是独立的，因此还要考虑基于相关性的信道模型。

### 2. 基于功率相关矩阵的随机 MIMO 信道模型

基于功率相关矩阵的随机 MIMO 信道模型是 Kermoal 等人根据在 1.71 GHz 与 2.05 GHz 载频下分别对室内窄带与宽带信道测试结果提出的，其中 $N_r \times N_t$ 的 MIMO 系统信道模型为

$$\boldsymbol{H}(\tau) = \sum_{l=1}^{L} \boldsymbol{A}_l \delta(\tau - \tau_l) \tag{3.51}$$

其中，$\boldsymbol{H}(\tau) \in C^{N_r \times N_t}$ 是 $N_r \times N_t$ 的信道冲激响应矩阵；$L$ 是可分辨的多径数目；$\boldsymbol{A}_l$ 是时延为 $\tau_l$ 的复信道系数矩阵，具体表达为

$$\boldsymbol{A}_l = \begin{bmatrix} \alpha_{11}^{(l)} & \alpha_{12}^{(l)} & \cdots & \alpha_{1N_t}^{(l)} \\ \alpha_{21}^{(l)} & \alpha_{22}^{(l)} & \cdots & \alpha_{2N_t}^{(l)} \\ \vdots & \vdots & \vdots & \vdots \\ \alpha_{N_r 1}^{(l)} & \alpha_{N_r 2}^{(l)} & \cdots & \alpha_{N_r N_t}^{(l)} \end{bmatrix}_{N_r \times N_t} \tag{3.52}$$

它描述了在时延为 $\tau$ 时所考虑的两个天线阵列之间的线性变换，$\alpha_{n_t n_r}^{(l)}$ 是移动台的第 $n_r$ 根天线与基站的第 $n_t$ 根天线间的复传输系数，假定都服从均值为零的复高斯分布，且它们具有相同的平均功率 $P_l$。

$$P_l = E\{|\alpha_{n_t n_r}^{(l)}|^2\} \tag{3.53}$$

发送端与接收端的相关特性分别通过相应的功率相关矩阵 $\boldsymbol{R}^{TX}$ 与 $\boldsymbol{R}^{RX}$ 描述，其元素可分别

表示为

$$\rho_{n_{t1}n_{t2}} = \langle \, |h_{n_r n_{t1}}|^2 \, , \, |h_{n_r n_{t2}}|^2 \, \rangle, \quad \rho_{n_{r1}n_{r2}} = \langle \, |h_{n_{r1}n_t}|^2 \, , \, |h_{n_{r2}n_t}|^2 \, \rangle \tag{3.54}$$

其中，$\rho_{n_{t1}n_{t2}}$ 与 $\rho_{n_{r1}n_{r2}}$ 分别是发送端与接收端的功率相关系数，定义为

$$\rho = \langle a, b \rangle = \frac{E(ab) - E(a)E(b)}{\sqrt{[E(a^2) - E(a)^2][E(b^2) - E(b)^2]}} \tag{3.55}$$

其中，$E(\cdot)$ 代表取期望值。空间相关系数可以表示为发送端和接收端的相关系数的乘积形式，即

$$\rho_{n_{r2}n_{t2}}^{n_{r1}n_{t1}} = \langle \, |h_{n_{r1}n_{t1}}|^2 \, , \, |h_{n_{r2}n_{t2}}|^2 \, \rangle = \rho_{n_{t1}n_{t2}}\rho_{n_{r1}n_{r2}} \tag{3.56}$$

从而 MIMO 信道的相关矩阵可表示为两个相关矩阵的直积（Kronecker 积）形式，即

$$\boldsymbol{R}^{\mathrm{MIMO}} = \boldsymbol{R}^{\mathrm{TX}} \otimes \boldsymbol{R}^{\mathrm{RX}} \tag{3.57}$$

由 $\boldsymbol{R}^{\mathrm{MIMO}}$ 进行相应的矩阵分解得到一个对称映射矩阵 $\boldsymbol{C}$。$\boldsymbol{C}$ 即为 MIMO 信道的空间相关成形矩阵，即

$$\boldsymbol{R}^{\mathrm{MIMO}} = \boldsymbol{C}\boldsymbol{C}^{\mathrm{T}} \tag{3.58}$$

如果使用的是复数相关矩阵，则应对 $\boldsymbol{R}^{\mathrm{MIMO}}$ 作 Cholesky 分解；如果使用的是功率相关矩阵，则应对 $\boldsymbol{R}^{\mathrm{MIMO}}$ 作矩阵的平方根分解。最后，按照下式计算 MIMO 信道系数矩阵：

$$\mathrm{vec}(\boldsymbol{H}_l) = \overline{\boldsymbol{H}} = \sqrt{P_l}\,\boldsymbol{C}\boldsymbol{a}_l \tag{3.59}$$

其中，$\mathrm{vec}(\cdot)$ 是矩阵向量化操作，即将矩阵按列堆叠成一个列向量；$P_l$ 为移动台第 $n_r$ 根天线与基站的第 $n_t$ 根天线间的复传输系数 $\alpha_{n_r n_t}^{(l)}$ 的平均功率；$\boldsymbol{a}_l$ 是 $n_r n_t \times 1$ 的列向量，其元素为独立同分布的零均值复高斯随机变量。$\boldsymbol{a}_l$ 反映了 MIMO 信道的时频衰落特性。

## 思考题 3

3-1　与单天线系统比较，多天线 MIMO 系统的优势是什么？

3-2　对于不同种类的空时编码系统，接收端分别如何检测？

3-3　MIMO 空分复用系统中，天线间干扰如何消除？

3-4　MIMO 系统为什么要进行预编码？

3-5　试列举一些采用了 MIMO 技术的现有无线通信设备。

# 第四章 链路自适应及无线资源调度

如何在有限带宽上最大限度地提高数据传输速率是当前移动通信领域的研究热点。链路自适应技术在提高数据传输速率和频谱利用率方面有很强的优势。本章在分析信道状态信息的基础上，阐述了自适应信道编码技术、HARQ 技术，并在此基础上描述了 OFDM 和 MIMO 系统中的链路自适应技术。此外，本章还研究了多用户情况下的无线资源调度。

## 4.1 信道状态信息

链路自适应技术的基本思想是根据当前信道条件来自适应调节信号传输的参数。这种自适应技术已经被广泛地认为是无线通信系统中有效提高频谱利用率的重要手段之一。

传统意义上的链路自适应是针对时域而言的，可以调节的基本参数包括调制方式、编码方式等时域参数，这种情况下的链路自适应被称为自适应编码调制（AMC）。随着 OFDM 和 MIMO 技术的出现，链路自适应技术也从一维扩展到二维甚至多维，例如，OFDM 系统中根据信道情况和业务需求动态地为用户分配子载波数以及 MIMO 系统的空间比特映射。此外，从广义上讲，混合自动重传请求（HARQ）也是一种链路自适应技术。

链路自适应首先要定义信道质量指示变量来指示信道环境，这种信道质量指示变量也称为信道状态信息（CSI）。信道状态信息可以提供时域、频域或空间等维度上的信道特征，然后，发送端利用链路自适应算法，根据当前的信道环境调整各种各样的信号传输参数。因此，信道状态信息在链路自适应技术中有着举足轻重的作用。

信道状态信息就是通信链路的信道属性，在实际中它有很多表示方法。在无线通信领域，信道状态信息描述了信号在每条传输路径上的传输特性，如多径时延、多普勒频偏、阴影衰落及 MIMO 信道的秩等信息。信道状态信息可以使通信系统适应当前的环境，为高可靠性、高速率通信提供了保障。

一般情况下，接收端评估信道状态并将其量化反馈给发送端（在时分双工系统中，可以利用信道互易性进行信道估计）。因此信道状态信息可分为接收端信道状态信息（CSIR）和发送端信道状态信息（CSIT）。

从获取时间来看，信道状态信息可以分为瞬时信道状态信息和平均信道状态信息两种。瞬时信道状态信息是指信道即时状态，可视为数字滤波器的脉冲响应。它可以使发送端及时地调整发送信号，降低误码率，获得最优的传输性能。平均信道状态信息是指信道在一段时间内的统计特性。它包含了信道衰落的分布、平均信道增益以及空间相关性等。

信道状态信息的获得受限于信道变化的快慢。在快衰落系统中，信道在传输一个字符后就可能发生变化，此时用平均信道状态信息描述信道状态比较合理。在慢衰落系统中，信道在获得瞬时信道状态信息后传送一段时间的字符才可能发生变化，此时用瞬时信道状态信息可提高通信效率。

对于不同的双工方式，信道状态信息的获取方法也有所不同。由于时分双工（TDD）系统的上行和下行链路工作在相同频段，通信的任何一方可以利用信道互易性由接收信号测量的信道状况预测即将发送信号的信道状况。而在频分双工（FDD）系统中，上行和下行链路的信道特性不同，信道信息只能通过反馈获得。

在实际中，可以根据具体情况选择使用信道状态信息来实现链路自适应。为了降低实现复杂度，在实际无线通信中把信噪比或接收信号强度当做信道状态信息，并将其应用于链路自适应技术中。此外，误包率（PER，Packet Error Rate）也常作为信道质量好坏的指示，用来调整发送机的编码、调制以及发送功率等参数。下面简单介绍两种链路自适应方法的思路。

1）基于信噪比的链路自适应技术

基于信噪比的链路自适应技术的主要思路：接收端利用测量的信道状态信息和误比特率自适应门限来选择最佳传输模式，然后将最佳传输模式反馈给发送端。为了测量接收信噪比，首先要选择一个观测窗，该观测窗应足够短以保持信道恒定且无衰落，接收端在该观测窗内测量信噪比。利用高斯白噪声信道中的信噪比和误比特率的关系式，把接收端的信噪比映射为每种候选传输模式的误比特率。根据给定误比特率要求，选出满足要求的传输模式，再从中选择能够获得最大吞吐量的传输模式作为最佳传输模式。最后，接收机把选定的最优传输模式反馈给发送机。

如果观测窗内存在信道衰落，测量的信噪比是随机的，那么计算出的各候选传输模式的误比特率也是随机的。在这种情况下，接收机则需要计算观测窗内的平均误比特率才能确定自适应门限，这就必须要知道信噪比在该自适应窗口上的概率密度函数。在实际信道中，接收端信噪比的概率密度函数受很多因素的影响（如时域中的信道相干时间、观测时长、频域中的信道相干带宽、观测窗频宽等），要通过简单分析来描述这些因素比较困难，因此，可通过测量信噪比的 $k$ 阶矩来获取其密度函数的相关信息。例如，一阶矩反映了接收机接收功率的平均值；二阶矩反映了信道在自适应窗口内的时间、频域或空间选择性；更高阶矩会提供更多概率密度信息，但运算复杂度高。由于基于 $k$ 阶矩的链路自适应门限是接收端信噪比的多个统计量的函数，因此它与特定信道条件无关。

2）基于误包率的链路自适应

基于误包率的链路自适应通过跟踪接收的数据包错误的概率来选择最佳模式和参数。采用这种方式的发送机在所有候选模式下发送一定个数的训练分组，对于收到的所有训练数据包，接收机先把它们存储起来，训练过程结束后，再计算每个候选模式的训练数据的误包率，然后在满足条件的候选模式中选择吞吐量最大的传输模式反馈给发送机。这种链路自适应的方法运用了训练数据包，可直接获得候选模式的链路质量状况，不依赖理论上的 BER 曲线。但为了得到比较可靠的误包率的估计，必须发送一定数量的训练数据包，这样会使自适应的速度减慢。因此，基于误包率的链路自适应比较适合慢变信道。

# 4.2 自适应编码调制

自适应编码调制（AMC，Adaptive Modulation Coding）的系统框图如图 4.1 所示。

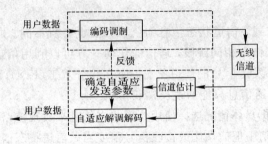

图 4.1  自适应编码调制系统框图

在自适应编码调制系统中，收/发信机根据用户瞬时信道质量状况和可用资源的情况选择最合适的链路调制和编码方式，从而最大限度地提高系统吞吐率。

矩形 QAM 信号星座是通过在两个相位正交的载波上施加两个脉冲振幅调制信号来产生的，它具有容易产生和相对容易解调的优点。虽然矩形 QAM 的误码性能没有达到最优，但是对于要达到的特定最小距离，该星座所需要的平均发射功率仅仅稍大于圆形 QAM 信号星座所需要的平均功率，因此当前的无线通信系统常常选择矩形 QAM 星座作为其调制方式。

常见的矩形 QAM 星座包括 4QAM（QPSK）、16QAM 以及 64QAM 等，每符号对应的比特数分别为 2、4 和 6 等，如图 4.2 所示。

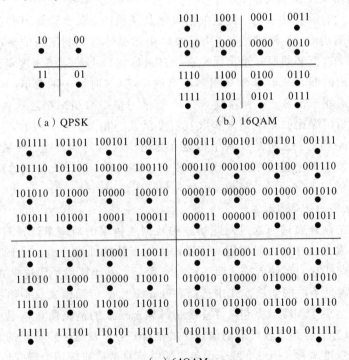

图 4.2  矩形 QAM 星座图

由于自适应调制系统是以接收端的瞬时信噪比为判断信道条件好坏的依据，因此需根据系统目标误比特率的要求将信道平均接收信噪比的范围划分为若干个区域，每个区域对应一种传输模式。这样，根据当前信道质量，即可进行传输模式之间的切换。在接收端选择最佳调制方式后，就可以反馈给发送端并重新配置解调译码器。

固定的信道编码方式在信道条件恶化时无法保证数据的可靠传输，在信道条件改善时又会产生冗余，造成频谱资源的浪费。自适应信道编码将信道的变化情况离散为有限状态（如有限状态马尔可夫信道模型），对每一种信道状态采用不同的信道编码方式，因此它可以较好地兼顾传输可靠性和频谱效率。

对于给定的调制方案，可以根据无线链路条件选择码速率。在信道质量较差的情况下使用较低的编码率，以提高无线传输的可靠性；在信道质量好时采用较高的编码率，以提高无线传输效率。自适应编解码可以通过速率匹配凿孔 Turbo 码来实现。

Turbo 码编码器通常由分量编码器、交织器以及删余处理和复接器等组成。图 4.3 给出了由两个分量码编码器组成的 Turbo 码编码框图。

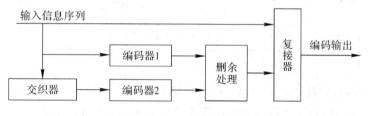

图 4.3　Turbo 码编码框图

在图 4.3 中，输入信息序列在被送入第一个分量码编码器的同时，还被直接送至复接器，输入序列经过交织器后的交织序列被送入第二个分量码编码器，两个分量码编码器的输入序列仅仅是码元的输入顺序不同。两个分量编码器的输出经过删余处理后，与直接送入复接器的序列一起经过复接构成输出编码序列。我们通过下面的例子来说明如何利用删余处理来实现不同码率的编码。

输入信息序列和两个编码器(编码器 1 和编码器 2)的输出如图 4.4 所示。

| 输入信息序列 | A | B | C | D | E | F | G | H | I | J | K | L |
|---|---|---|---|---|---|---|---|---|---|---|---|---|
| 编码器1输出 | a1 | b1 | c1 | d1 | e1 | f1 | g1 | h1 | i1 | j1 | k1 | l1 |
| 编码器2输出 | a2 | b2 | c2 | d2 | e2 | f2 | g2 | h2 | i2 | j2 | k2 | l2 |

图 4.4　输入信息序列和两个编码器的输出

图 4.5 给出了一种 3/4 码率 Turbo 码的生成方法，其基本思路是(从输入信息序列)一次读入三个信息位，然后交替地在两个编码器输出中选择校验位。因此，复接后的序列是由每三个信息位和一个校验位排列组成，这样就能实现 3/4 的码率。

用类似的方法，可以通过图 4.6 所示的生成方法得到 2/3 码率 Turbo 码。

不同的编码和调制方式组合成若干种调制编码方案(MCS, Modulation and Coding System)，供无线通信系统根据信道情况进行选择。拥有高质量的信道条件，将被分配级别较高的调制编码方案(例如 16QAM、3/4 Turbo 码)，这种调制编码方案的抗干扰性能和纠

图 4.5　一种 3/4 码率 Turbo 码的生成方法

图 4.6　一种 2/3 码率 Turbo 码的生成方法

错能力较差,对信道质量的要求较高,但是能够赢得较高的数据速率,提高链路的平均数据吞吐量。相反,信道衰落严重或存在严重干扰的噪声,将被分配级别较低,具有较强纠错能力,抗噪声干扰性能较好的调制编码方案(例如 QPSK,1/2 码率的 Turbo 码),以保证数据的可靠传输。

在实际应用中,当信号质量比较高(如用户靠近基站或存在视距链路)时,基站和用户可以采用高阶调制和高速率的信道编码方式通信,例如 64QAM、5/6 编码,可以得到高的峰值速率;而当信号质量比较差(如用户位于小区边缘或者信道深衰落)时,基站和用户则选取低阶调制方式和低速率的信道编码方案,例如 QPSK、1/3 编码速率,来保证通信质量。

# 4.3　HARQ 链路自适应技术

无线链路质量波动可能导致传输出错,这类传输错误在一定程度上可通过自适应编码调制予以解决。然而,接收机噪声以及不期望的干扰波动带来的影响是无法完全消除的。由于接收机噪声所产生的错误具有随机性,因此在无线通信中,用于控制随机错误的混合自动重传请求(HARQ, Hybrid Automatic Repeat reQuest)技术就变得非常重要了。HARQ 可以看做一种数据传输后控制瞬时无线链路质量波动影响的机制,为自适应编码调制技术提供补偿。

传统的自动重传请求(ARQ, Automatic Repeat reQuest)采用丢弃出错接收包并请求重传的方式。然而,尽管这些数据包不能被正确解码,但其中仍包含了有用信息,而这些信息会通过丢弃出错包而丢失。这一缺陷可以通过带有软合并的 HARQ 方式进行弥补。

在带有软合并的 HARQ 中,出错接收包被存于缓冲器中,它与之后的重传包进行合并,从而获得比其分组单独解码更为可靠的单一的合并数据包。对该合并数据包中信号进行纠错码的解码操作,如果解码失败则申请重传。

带有软合并的 HARQ 通常可分为跟踪合并(CC，Chasing Combining)与增量冗余(IR，Incremental Redundancy)两种方式。

跟踪合并每次重传为原始传输的相同副本，每次重传后，接收机采用最大比合并原则对每次接收的信道比特与相同比特之间的所有传输进行合并，并将合并信号发送到解码器。由于每次重传为原始传输的相同副本，跟踪合并的重传可以被视为附加重复编码。由于没有传输新冗余，因此跟踪合并除了在每次重传中增加累积接收信噪比外，却不能提供任何额外的编码增益。跟踪合并过程如图 4.7 所示。

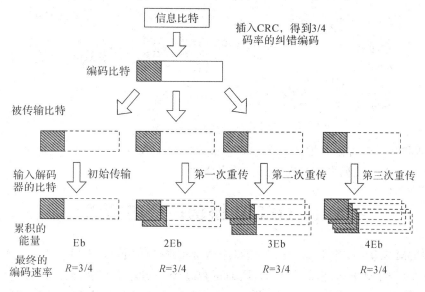

图 4.7　跟踪合并过程

在增量冗余(IR)方案中，每次重传并不需要带有与原始传输完全相同的内容；相反，$2R$ 方案将会产生多个编码比特集合，无论何时需要进行重传，每次传输一个集合的信息比特，通常采用与之前传输不同的编码比特集合。此外，每次重传并非必须包含与原始传输相同数目的编码比特，也可以在不同的重传中采用不同的调制方式。因此，增量冗余也可以被视为跟踪合并的扩展。通常，增量冗余基于低速率码并通过对编码器的输出进行打孔而实现不同的冗余版本。首次传输只发送有限编码比特，从而实现高速率码传输。重传时再发送额外的编码比特。

增量冗余方案如图 4.8 所示，假设基本的 1/4 速率码。将 1/4 码率的基本码划分成 3 个冗余版本，首次传输只发送冗余版本 1，从而得到 3/4 编码速率。一旦出现解码错误并请求重传时则发送额外的比特，即冗余版本 2，从而得到 3/8 编码速率。如果还不能正确解码，则第二次重传将发送剩余的比特(冗余版本 3)，则经过三次接收合并后的编码速率为 1/4。在这种方案中，除累积信噪比外，增量冗余的每次重传还会带来编码增益。与跟踪合并相比，增量冗余方案在初始编码速率较高时会带来更大的增益。

采用增量冗余方案时，首次传输所用编码需要在其单独使用以及与第二次传输编码合并时都能够提供良好性能，该要求在后续重传时也同样需要保持。由于不同的冗余版本通常是通过对低速率母码进行凿孔来产生的，因此删余矩阵的设计需要满足：高速率编码也可作为任何低速率编码的一部分。

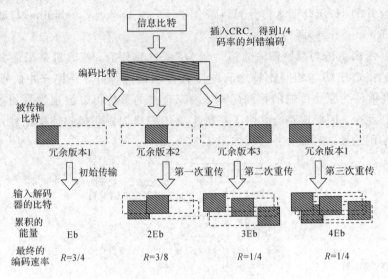

图 4.8　增量冗余的实例

无论采用跟踪合并还是增量冗余，带有软合并的 HARQ 都将通过重传间接地降低误码率，因此 HARQ 被视为间接的链路自适应技术。

# 4.4　OFDM 链路自适应技术

在 OFDM 系统中，将宽带信道看成多个窄带子载波的组合，不同子载波上的衰落是不同的。由于每个子载波带宽相对较窄，因而可视其经历的是平坦衰落，如果每个子载波的接收信噪比可以测得，那么在每个子载波内就可以根据窄带情况下的自适应调制技术进行调制，即对 OFDM 系统内不同的子载波采用不同的调制方案。为了进一步提高系统容量和频谱效率，还可以采用注水算法来优化 OFDM 各子信道上的功率分配以最大化系统容量，并在此基础上通过比特加载算法来实现 OFDM 系统的自适应调制。

## 4.4.1　注水算法及功率分配

平坦衰落信道的香农容量可以通过调整发送带宽和功率来获得，从信息论的角度出发，"注水"算法是最优的功率分配方法，其描述如下：

在 OFDM 系统中，假设每个子信道的传输特性近似理想，$H(f)$ 表示带宽为 $W$ 的信道传输函数，信道内存在功率谱密度为 $N(f)$ 的加性高斯白噪声。因此可以把带宽为 $W$ 的信道分为 $N = W/\Delta f$ 个子信道，其中 $\Delta f$ 表示子信道的带宽，而且应该满足如下条件：即 $|H(f)|^2/N(f)$ 在子信道频段内近似恒定。而且信道的发射功率满足：$\int_W P(f)\mathrm{d}f \leqslant P_{av}$，其中 $P_{av}$ 表示发送机的平均发射功率。

在 AWGN（高斯白噪声）信道中，信道容量可以表示为

$$C = W\log_2\left(1 + \frac{P_{av}}{WN_0}\right)$$

其中，$C$ 表示信道容量（b/s）；$WN_0$ 表示信道带宽内的加性高斯白噪声的功率；$P_{av}$ 表示平均发射功率。

**注意**，这里的 $P_{av}$ 没有考虑功率的传播损耗。

在多载波系统中，如果 $\Delta f$ 足够小，则子信道的容量可以表示为

$$C_i = \Delta f \log_2 \left( 1 + \frac{\Delta f P(f_i) \mid H(f_i)\mid^2}{\Delta f N(f_i)} \right) \tag{4.1}$$

因此总的信道容量可以表示为

$$C = \sum_{i=1}^{N} C_i = \Delta f \sum_{i=1}^{N} \log_2 \left( 1 + \frac{\Delta f P(f_i) \mid H(f_i)\mid^2}{\Delta f N(f_i)} \right) \tag{4.2}$$

如果 $\Delta f \to 0$，则可以利用积分来代替上述的求和：

$$C = \int_W \log_2 \left( 1 + \frac{P(f)\mid H(f)\mid^2}{N(f)} \right) \mathrm{d}f \tag{4.3}$$

实现信道容量的最大化，利用变分法将其转换为

$$\int_W \left( \log_2 \left( 1 + \frac{P(f)\mid H(f)\mid^2}{N(f)} \right) + \lambda P(f) \right) \mathrm{d}f \to \max \tag{4.4}$$

其中，$\lambda$ 为拉格朗日乘子。经过变换可以得到：

$$P(f) = \begin{cases} K - \dfrac{N(f)}{\mid H(f)\mid^2}, & f \in W \\ 0, & f \notin W \end{cases} \tag{4.5}$$

其中，$K$ 为常数。将式(4.5)代入功率的约束条件中，则可解出 $K$ 的值。

如果我们将式(4.5)中的 $\dfrac{N(f)}{\mid H(f)\mid^2}$ 看成等效噪声，那么其基本物理意义为：对于信道中等效噪声 $\dfrac{N(f)}{\mid H(f)\mid^2}$ 较小处，所分配的功率就较大，传输的信息较多；对于信道中等效噪声 $\dfrac{N(f)}{\mid H(f)\mid^2}$ 较大处，所分配的功率就较小，传输的信息较少。特别是当等效噪声达到一定程度时，由于信道传输特性十分恶劣，所分配的功率为 0，那么在该位置上就不会传输任何信息。如果将 $\dfrac{N(f)}{\mid H(f)\mid^2}$ 解释为单位深度的碗的底部，将容量为 $P_{av}$ 的水注入碗中，则水在碗中流动以达到容量，这就是最优功率分配的注水算法的解释，如图 4.9 所示。

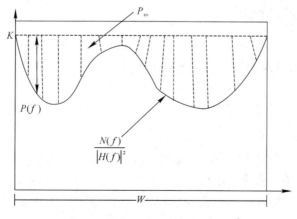

图 4.9　最优注水功率分配示意图

如果 $P_{av}$ 较小，就不能保证 $\dfrac{N(f)}{\mid H(f)\mid^2}$ 在 $W$ 范围内处处大于等于 $K$，如图 4.10 所示。此

时，最优的功率分配就是在可能的频谱范围内保证成立，而在其他地方使 $P(f)=0$，

即 $P(f)=\begin{cases} K-\dfrac{N(f)}{|H(f)|^2}, & f\in W \\ 0, & f\notin W \end{cases}$。

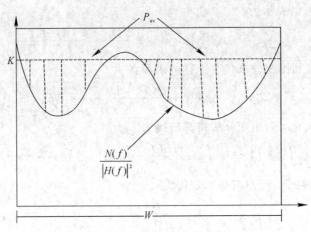

图 4.10　最优注水功率分配示意图（$P_{av}$ 较小时）

尽管从理论上来说，按"注水"原理分配功率和信息比特得到的性能最佳，但这种方法在实际中并不可行。首先，它的计算复杂度较高；其次，"注水"原理中每个子载波携带的信息比特数是一个任意数值，但由于受调制星座的限制，实际信道比特数和理论分配数可能不吻合，因此在实际系统中还需要根据信道状况不断调整子载波比特分配，从而使功率分布尽量逼近最佳功率分布。

值得注意的是，当 $\forall f\in W$，信道 $\dfrac{|H(f)|^2}{N(f)}$ 为常数时，所获得的信道容量最小。在这种情况下，信号发射功率 $P(f)$ 将保持恒定。也就是说，如果信道频率响应是理想的，即对 $\forall f\in W$，$H(f)=1$ 时，从信道容量最大化的角度来讲，最坏的噪声功率分布就是高斯白噪声分布。

### 4.4.2　OFDM 自适应调制

OFDM 系统自适应调制的主要思想：首先对每个子载波进行功率分配和比特加载，然后每个子载波上分配比特映射到调制信号的星座上。OFDM 自适应调制算法很多，比较经典的算法包括 Hughes - Hartogs 梯度分配算法（简称 Hughes - Hartogs 算法）、P. S. Chow 算法（简称 Chow 算法）、Fischer 算法。

#### 1. Hughes - Hartogs 算法

Hughes - Hartogs 算法是一种基于迭代的连续比特和功率分配算法，它的优化原则是在保证目标误比特率的前提下，用给定的发射功率使系统吞吐量最大化。在每次迭代中，它只分配 1 比特，该比特分配给只需要增加最少发射功率就能维持目标误比特率的子载波。迭代过程进行到所有的比特分配完毕为止。

Hughes - Hartogs 算法中的功率分配过程如下：

（1）在接收端测量等效噪声并乘以传输损耗因子，以计算发送端每一个载波的系统噪

声分量。这里,等效噪声和传输损耗因子的测量是通过发送端和接收端之间发送特定训练序列来确定的。

（2）对每一个载波,计算发送不同调制星座图所需的功率（其中调制星座图的星座点可以对应 0、2、4 和 6 比特等）。这一步的计算是用等效噪声乘以信噪比,这些信噪比是在给定的 BER（例如 $10^{-3}$）下,使用不同星座图发送数据所需的信噪比。这些信噪比有标准参考值可以使用。

（3）由上一步计算得到的所需发射功率,可以确定增加星座图复杂度所需的差额功率增量。这里,差额功率增量定义为相邻复杂度星座图所需发射功率之差除以相邻复杂度星座图的比特数之差。

（4）为每个信道建立一个两列的表格,分别列出所需差额功率增量和相邻星座图复杂度的比特数之差,它们的单位分别使用瓦特（Watts）和比特（bits）。该表称为差额功率增量列表。

（5）根据增加的差额功率,利用步骤（4）中的表来构造一个直方图。先对差额功率增量列表进行搜索并划分等级,然后对处于不同等级的子载波个数进行统计,得到一个统计直方图。这一步中有舍入操作,会产生一定的误差,但可以减少计算量。

（6）在总发射功率 $P_{av}$ 受限的情况下,对差额功率等级按从小到大进行功率分配,并计算可以分配的最大等级的差额功率增量。

（7）按照差额功率增量从小到大的顺序,将可用的发射功率和数据比特分配给相应的子载波,直到可用的发射功率全部分配完为止。一个子载波上分配的功率是该子载波上所有小于等于最大等级的差额功率增量之和。

**2. Chow 算法**

P. S. Chow 提出了一种实用的自适应比特分配算法（即 Chow 算法）,该算法根据各个子信道的信道容量来分配比特,它的优化准则是在维持目标误比特率的前提下使系统的频谱效率达到最优,是近似注水算法的次最优裕量最大化加载算法。该算法中所谓的"性能裕量"是指支持所需的最小比特率时系统可以忍受的附加干扰噪声数值。Chow 算法能够对有限粒度的比特加载,摒弃了大量的搜索和排序,降低了算法复杂度。该算法的不足之处在于其信号功率分配和支持的传输速率是直接相关的,没有优化的余地;另外,算法采用的标准是信道容量最大化,而实际的通信系统更关注如何以受限的发射功率实现所需速率的传输,同时保证可接受的最小化误比特率。

Chow 算法的主要实现步骤如下:

（1）计算各个子信道的信噪比 $SNR(i)$,$\forall i$,假设所有子载波上的信号能量都是归一化的。

（2）令初始信噪比裕量 $r_{margin}=0(dB)$,迭代次数 counter$=0$,已使用的子载波数 $N'$ 初始化为 $N$（其中 $N$ 为可用的子载波的最大数目）。

（3）依次计算各个子信道的信道容量 $b(i)$、$\hat{b}(i)$、diff$(i)$ 和使用的子载波数:

$$b(i) = \log_2\left(1 + \frac{SNR(i)}{\Gamma + r_{margin}(dB)}\right) \tag{4.6}$$

$$\hat{b}(i) = \text{round}(b(i)) \tag{4.7}$$

$$\text{diff}(i) = b(i) - \hat{b}(i) \tag{4.8}$$

若 $\hat{b}(i)=0$,则 $N=N-1$。

(4) 计算 $B_{total}=\sum\limits_{i=1}^{N}\hat{b}(i)$，若 $B_{total}=0$，则信道质量太差，完全不能使用。

(5) 按下式计算新的 $r_{margin}$：

$$r_{margin}=r_{margin}+10\,\log_{10}(2^{\frac{B_{total}-B_{target}}{N}}) \tag{4.9}$$

(6) counter＝counter＋1。

(7) 若 $B_{total}\neq B_{target}$，令已使用的子载波数 $N'$ 为 $N$，转到步骤(3)；否则转到步骤(8)。

若 $B_{total}>B_{target}$，在 $diff(i)$ 中找最小值，相应的 $\hat{b}(i)$ 减 1、$diff(i)$ 加 1，重复此步骤直至 $B_{total}=B_{target}$。

若 $B_{total}<B_{target}$，在 $diff(i)$ 中找出最大值，相应的 $\hat{b}(i)$ 加 1、$diff(i)$ 减 1，重复此步骤直至 $B_{total}=B_{target}$。

(8) 根据给定的比特分配调整每个子载波上的功率分配，使得各个子载波的 BER 等于给定的 BER。

(9) 对所有的子载波乘上一个比例因子，使得 $\varepsilon_{total}=\varepsilon_{target}$，即总的信号功率等于要求的信号功率。

**3. Fischer 算法**

与 Chow 算法不同，Fischer 算法不是以信道容量为依据进行比特分配的，它的优化准则是在系统总传输速率和发射功率确定的前提下，使系统的误比特率性能达到最优。由于系统的误比特率由最大的一个子载波误比特率决定，因此需要保证各子载波的误符号率相同，且同时达到最小值。Fischer 算法的计算量和复杂度均较低，适合于高速的数据传输，多用于离散多音调制(DMT)系统。但是该算法在速率适配过程中的迭代过程屏蔽了子载波信噪比的变化对于比特分配的激励作用，牺牲了一部分系统性能以减小算法复杂度，因此它仍然是一种次优算法。

假定目标比特速率为 $R_T$，目标发射功率为 $S_T$。此外，假定可以通过估计算法得到各个子载波上的噪声方差 $\sigma_i^2$，$i=1, 2, \cdots, N$(其中 $N$ 为子载波数)。

Fischer 算法具体步骤如下：

(1) 初始化：令已使用的子载波数 $N'=N$，激活的子载波集合 $\xi=\{1, 2, \cdots, N\}$。

(2) 计算 $\xi$ 中各个子载波可分配的比特数目 $R_i$，有

$$R_i=\frac{\left(R_T+\sum\limits_{l\in\xi}\log_2\sigma_l^2\right)}{N'}-\log_2\sigma_i^2,\ i=1, 2, \cdots, N \tag{4.10}$$

(3) 由于激活子载波上所分配的比特数一般情况下都不是整数，因此将 $R_i$ 按照四舍五入的规则量化为 $R_{Qi}$，量化误差为 $\Delta R_i=R_i-R_{Qi}$。

(4) 如果 $\sum\limits_{i\in\xi}R_{Qi}=R_T$，则转到步骤(6)；否则转到步骤(5)，对量化后的比特数目 $R_{Qi}$ 进行调整。

(5) 如果实际比特速率大于目标比特速率，即 $\sum\limits_{i\in\xi}R_{Qi}>R_T$，找到 $R_{Qi}>0$ 且 $\Delta R_i$ 最小的 $i$ 值，$R_{Qi}=R_{Qi}-1$，$\Delta R_i=\Delta R_i+1$；否则，找到 $R_{Qi}>0$ 且 $\Delta R_i$ 最小的 $i$ 值，$R_{Qi}=R_{Qi}+1$，$\Delta R_i=\Delta R_i-1$。转到步骤(4)。

(6) 计算每个激活的子载波上分配的发射功率 $S_i$：

$$S_i = \frac{S_T N_i 2^{R_{Qi}}}{\sum_{i \in \xi} N_l 2^{R_{Qi}}} \tag{4.11}$$

通过上述方法，就可以根据各子信道情况先为各子载波分配比特数，然后进行相应的功率分配，从而实现在满足一定速率和发射功率要求下的最小化误比特率。

# 4.5　MIMO 自适应调制技术

在 MIMO 系统中引入自适应调制能够提高频谱效率以及系统性能。MIMO 自适应调制算法的目标是在恒定速率或固定的误码率条件下，追求最小的发射功率；或者在一定发射功率和误码率要求的情况下，最大化数据速率。这里考虑在固定发射功率和误码率的前提下，通过分配发射功率达到最大化数据速率。

最常见的 MIMO 自适应调制技术是在 SVD 平行信道等效的基础上，在每个平行子信道上进行自适应调制。当采用 QAM 调制方式且信噪比（这里用 $\gamma$ 来表示）在 $0 \sim 30$ dB 范围内时，误比特率（$P_{BER}$）存在一个误差小于 1 dB 的上界

$$P_{BER} \leqslant 0.2 \exp\left(-\frac{1.6\gamma}{2^M - 1}\right) \tag{4.12}$$

此时 BER 和 SNR 的关系可以近似为

$$\gamma = \frac{2^M - 1}{\Gamma}, \quad M = 1, 2, 4, 6, \cdots \tag{4.13}$$

$$\Gamma = \frac{-1.6}{\ln(5 P_{BER})} \tag{4.14}$$

于是有

$$m_i = \log_2(1 + \Gamma \cdot \gamma_i) \tag{4.15}$$

$$C_w = \sum_{i=1}^{m} \log_2(1 + \Gamma \cdot \gamma_i) \tag{4.16}$$

其中，$m_i$ 为第 $i$ 根天线分配的比特数；$C_w$ 是归一化的信道容量，也即最大数据速率。该数据速率是连续的，而在实际的传输中，由于实际调制方式的限制，某一时刻实际的数据速率是离散的，因此需要对 $m_i$ 进行量化，量化后的数据速率为

$$R = \sum_{i=1}^{m} \text{round}(\log_2(1 + \Gamma \cdot \gamma_i)) \tag{4.17}$$

在特定 BER 条件下，容量最大化等价于数据速率的最大化。

如果接收端和发送端都能够获取信道状态信息，就可以利用注水算法进行功率分配，并将数据自适应调制后从天线发射出去，通过对不同的信道状况分配不同的功率使得数据速率最大化。基于注水算法的功率分配和比特加载算法描述如下：

（1）初始化，设第 $k$ 个时刻的总功率为 $P(k)=1$，$k=1$。

（2）根据 SVD 分解和注水算法得到每个子信道上分配的功率 $P_i(k)$，且有 $\sum_{i=1}^{r} P_i(k) = P(k)$，$r$ 为等效平行子信道数。

（3）对式 $m_i = \log_2(1 + \Gamma \cdot \frac{\lambda_i P_i(k)}{\sigma^2})$ 进行量化可得出每个子信道分配到的比特 $P_i(k)$。

（4）根据式（4.17）计算数据速率。

（5）$k=k+1$，$P(k)=1$，跳转至步骤（2），开始下一时刻的功率分配和比特加载。

与等功率分配算法相比，注水算法能够根据信道状况动态分配功率，尤其是在低信噪比时对系统性能会有很大的改善。但是由于量化的存在，每根天线都会有一定的剩余功率，利用这部分剩余功率进行重分配，可以进一步提高传输速率。基于剩余功率重分配的比特加载算法描述如下：

（1）初始化，设第 $k$ 个时刻定总功率为 $P(k)=1$，$k=1$。

（2）根据 SVD 分解和注水算法得到每个子信道上分配的功率 $P_i(k)$，且有 $\sum_{i=1}^{r} P_i(k) = P(k)$。

（3）对式 $m_i = \log_2 \left(1 + \Gamma \cdot \dfrac{\lambda_i P_i(k)}{\sigma^2}\right)$ 进行量化可得出每个子信道分配到的比特及所需的发射功率 $p_i(k)$。

（4）计算剩余功率 $\Delta p(k) = P(k) - \sum_{i=1}^{r} P_i(k)$。

（5）对 $\Delta p_i(k)$ 由小到大排序，$\Delta p_i(k)$ 是第 $i$ 个子信道上提高一个调制阶数所需要的功率。令 $l=0$。

（6）如果 $\Delta p(k) > \Delta p_l(k)$，$\Delta p(k) = \Delta p(k) - \Delta p_l(k)$，$l=l+1$，跳转步骤（7）；否则，跳转步骤（8）；

（7）如果 $l=r$，跳转步骤（4）；否则，跳转步骤（6）；

（8）$k=k+1$，跳转至步骤（2），开始下一时刻功率分配和比特加载。

基于剩余功率重分配的比特加载算法引入了功率重分配，使得浪费掉的功率变得很小，因此，它能够充分利用发射功率，从而大大提高了系统性能。

为了验证和比较以上几种算法在系统容量方面的性能，我们进行了 MATLAB 下的性能仿真，仿真结果如图 4.11 所示。仿真中发射天线数为 8、接收天线数为 4，采用独立同分布的瑞利信道模型；调制方式集合由 BPSK、QPSK、16QAM、64QAM 组成，即每符号分别包含 1、2、4、6 比特；目标误比特率为 $10^{-3}$；接收端采用 MMSE 算法，目标误比特率下的数据速率理论上限由 $R = \sum_{i=1}^{m} \left(\log_2 \left(1 + \Gamma \cdot \dfrac{1}{\sigma^2}(\lambda_i \mu - \sigma^2)^+\right)\right)$ 得到。

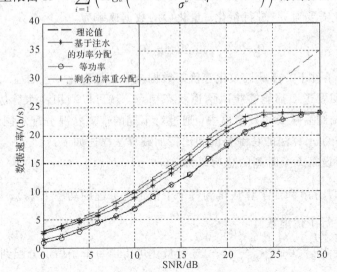

图 4.11　不同功率分配和比特加载算法的数据速率

# 4.6　多用户资源调度

## 4.6.1　常用多用户资源调度算法

多用户调度算法的功能是判决在什么时间为哪些用户分配无线资源，以便更好地完成通信。这种调度算法多是以保证多用户之间的公平性为前提的，同时需要确保不同类别的业务达到必需的服务质量（QoS, Quality of Service），而最终目标是近似达到小区最大吞吐量。常用的调度算法包括最大载干比算法、轮询调度算法、比例公平算法、最大加权时延优先算法和公平吞吐量算法。

### 1. 最大载干比算法

最大载干比（Max C/I）算法的基本思想是基站根据用户反馈的信道状态信息，依据用户的接收信号瞬时载干比值进行优先级排序，并按该优先级顺序选择用户，保证在任意时刻总是瞬时载干比值最好的用户得到服务。如果在某一时隙 $T$ 内有 $K$ 个用户需要进行数据服务，用户 $n$ 的载干比值为 $\xi(n)$，那么被服务的用户 $n^*$ 为 $n^* = \arg \max_{n=1,2,\cdots,K} (\xi(n))$。

这种调度方法可以有效利用系统资源，提升系统吞吐量，且实现方法简单。其缺点是没有考虑系统各用户间的公平性。在实际系统中使用这种调度算法时，某些信道条件较差的用户一直无法获得调度机会，造成用户"饿死"现象。

### 2. 轮询调度算法

轮询调度（RR）算法基本思想是按某种确定的顺序循环调度待服务用户，使得用户循环等时间占用系统无线资源。轮询调度算法以每个用户的服务优先级相等为调度基础，这种调度方式可以实现用户间的最佳公平机制，既可以保证用户间的长期公平性，也可以保证用户间的短期公平性。但是由于该算法不考虑用户的无线信道情况，对信道条件很差的用户和信道条件好的用户同等对待，因此很容易导致系统吞吐量的降低。一般认为轮询调度算法是系统性能较差的一种调度方式，以牺牲系统容量换取系统最大公平性能，这种算法适用于信道条件较为一致的系统中。

### 3. 比例公平算法

比例公平（PF）算法折中考虑了系统容量和用户调度的公平性，其基本思路是以用户瞬时传输速率和平均传输速率的比值为优先级，根据优先级的大小进行用户的调度。这种优先级计算的方法使信道条件越好的用户优先级越高，而在本次调度之前吞吐量越高的用户优先级越低，形成了信道条件和累计吞吐量之间的平衡，可以在提升系统容量的同时保证用户之间的公平性。同样，如果在某一时隙 $T$ 内 $K$ 个用户需要进行数据服务。那么用户 $n$ 服务优先级（比例公平因子）可以由公式 $\mathrm{PF}(n) = \dfrac{r_n}{R_n}$ 计算得到，其中 $r_n$ 为用户的瞬时速率，$R_n$ 为用户平均速率。

在比例公平算法中，对于一个长时间进行服务的用户，即使其瞬时速率仍然较大，但随着其吞吐量的提高，该用户的比例公平因子也会逐渐降低，服务优先级也会相应降低。而相对信道条件较差、瞬时速率较低的用户则可以获得被服务的机会。因此比例公平算法有效地调节了资源利用率和用户公平性之间的矛盾，在实际系统中得到了广泛的应用。

图4.12给出了比例公平算法的实现框图。

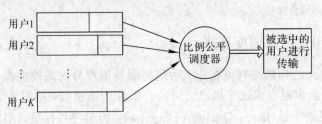

图4.12 比例公平调度算法

**4. 最大加权时延优先算法**

最大加权时延优先（M-LWDF，Modified Largest Weighted Delay First）算法是针对高速率业务流而提出的。该算法的主要思想是综合考虑分组数据包的时延和信道质量信息，其用户优先级的计算不仅和用户当前的信道质量有关，还和数据包的队列时延有关。其优先级计算公式是在比例公平算法的优先级计算公式中加入对队列分组时延的考虑。

**5. 公平吞吐量算法**

公平吞吐量调度算法是依据用户的吞吐量来确定用户优先级的，进而决定当前应该调度的用户。这样用户的优先级和吞吐量成反比，从而保证了吞吐量低的用户优先级高，可以优先调度，使得用户之间吞吐量平衡。公平吞吐量算法的目的是为所有用户提供相同的吞吐量，不用顾虑用户的位置、用户的信道质量以及用户的服务质量要求，即用户在基站附近和用户在小区边缘都可得到相同的吞吐量。

## 4.6.2 MIMO-OFDM 资源调度

**1. 多用户 OFDM 资源调度**

OFDM系统包含多个子载波，因此需要决定调度哪些用户进行数据的传输。与单载波系统类似，多载波系统中主要的调度算法也可以是最大载干比算法、轮询调度算法和比例公平算法。但是，与单载波系统的不同之处在于，多载波系统中每次进行多个用户的传输时，需要充分考虑用户在传输信道上的衰落特性，选择各个子信道上最优的或者较优的用户进行传输。多载波系统中的比例公平调度算法仍能够得到较优的系统多用户分集增益和用户数据传输速率间的平衡。多载波系统可以同时调度多个用户并行传输数据。而一个子信道为一个或者多个单载波的集合。因此在多载波系统中不仅有和单载波系统中相同的时域上的多用户调度，还有频域上的多用户调度。这就给调度算法提出了更高的要求，需要同时开发系统在时间和频率上的多用户分集，提高系统的数据传输速率。

除此之外，调度多个用户的算法还有机会调度算法和半正交调度算法。

机会调度（OS，Opportunity Scheduling）算法是遍历所有的待服务的用户，挑选可能的被调度用户组合并计算其系统和容量，选取出最大系统和容量的用户组通信。OS算法虽然能够使系统的容量性能得到最大化的满足，但当小区中需要被服务的用户数较多时，该算法的复杂度很高，从而大大降低了其实际使用范围。

半正交调度（SUS，Semi-orthogonal User Selection）算法是通过用户的信道矢量进行施密特正交化，在保证用户具有高信道增益的同时，使得通信用户的信道矢量具有一定的正交性，从而减小了多用户间的干扰。但该算法具有一定的局限性，即该算法通常仅用于用户配置单天线，因为施密特正交化操作只能针对矢量而言。因此，SUS 算法将无法利用多接收天线的分集增益，这也就是其一大缺陷和需要改进的地方。

**2. 多用户 MIMO - OFDM 资源调度**

与 OFDM 系统相比，MIMO - OFDM 系统不仅可以调度时域和频域资源，还增加了空域的自由度。此外，多用户 MIMO - OFDM 系统还可以充分利用机会调度和多用户分集带来的好处。多用户 MIMO - OFDM 系统的资源调度属于多维资源调度，充分利用各个维度上的自由度可以大大提高系统性能，但是相应的资源调度算法复杂度可能会很高，因此在实现中往往要考虑复杂度与系统性能间的折中。

假设系统中的发射天线数为 $N_t$，接收天线数为 $N_r$，系统的子载波数为 $N$，总的用户数为 $K$，图 4.13 给出了一种下行自适应多用户 MIMO - OFDM 系统实现方案简化框图。通过该框图，可以提取出用户 $k$ 的数据，$k=1, 2, \cdots, K$。

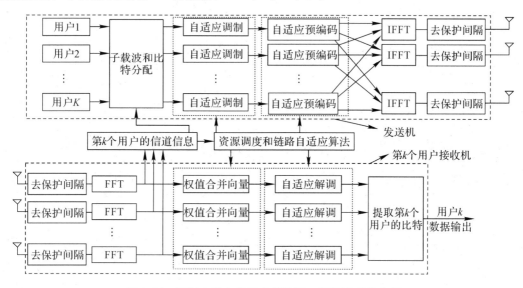

图 4.13　下行自适应多用户 MIMO - OFDM 系统实现

## 本章小结

移动通信系统常常采用链路自适应和资源调度技术来改善系统性能。链路自适应技术可以降低由于信道衰落带来的性能影响，资源调度可以提高资源利用率。本章在介绍信道状态信息的基础上，阐述了自适应信道编码技术、HARQ 技术。在此基础上，描述了 OFDM 和 MIMO 系统中的链路自适应技术。此外，还研究了多用户情况下的无线资源调度。与前面介绍的 OFDM 和 MIMO 技术一样，链路自适应技术同样是 LTE 提高性能的关键技术。

**思考题 4**

4-1　什么是链路自适应技术？链路自适应的依据是什么？

4-2　什么是信道状态信息？获取信道状态信息有什么途径？

4-3　什么是 AMC？其主要作用是什么？

4-4　什么是 HARQ？简述其工作过程。

4-5　简述注水算法的基本原理。

4-6　试述如何利用 SVD 分解将 MIMO 信道等效为平行子信道。

4-7　什么是比例公平算法？

# 第五章　LTE 物理层概述

在阐述 LTE 物理层实现过程之前，需要对 LTE 信道、帧结构以及双工模式等有一个初步的认识。本章将介绍 LTE 的工作频带和带宽分配，重点阐述传输信道、逻辑信道、物理信道以及它们之间的映射关系，此外，还将介绍 LTE 的帧结构和资源块，最后介绍 LTE 的双工模式。本章内容是后续进一步研究 LTE 技术规范的基础。

## 5.1　工作频带及带宽

### 5.1.1　LTE 频带划分

3GPP 在 LTE 相关技术规范 TS36.101 和 TS36.104 Rel-8 中定义了 LTE 的工作频带，其中频分双工(FDD)有 15 个频带，时分双工(TDD)有 8 个频带。编号 1～14 的频带和编号 17 的频带用作 LTE 对称频带，对应 FDD 模式；编号 33～40 的频带用作 TDD 的非对称频带，对应 TDD 模式。这些频带划分如表 5.1 所示。此外，3GPP 在 TS36.101 和 TS 36.104 Rel-12 中，还将编号 18～32 的频带划分给 FDD 模式，将编号 41～44 的频带划分给 TDD。

**表 5.1　3GPP 定义的 LTE 频带**

| 频带编号 | 上行范围/MHz | 下行范围/MHz | 双工模式 |
|:---:|:---:|:---:|:---:|
| 1 | 1920～1980 | 2110～2170 | FDD |
| 2 | 1850～1910 | 1930～1990 | FDD |
| 3 | 1710～1785 | 1805～1880 | FDD |
| 4 | 1710～1755 | 2110～2155 | FDD |
| 5 | 824～849 | 869～894 | FDD |
| 6 | 830～840 | 875～885 | FDD |
| 7 | 2500～2570 | 2620～2690 | FDD |
| 8 | 880～915 | 925～960 | FDD |
| 9 | 1749.9～1784.9 | 1844.9～1879.9 | FDD |
| 10 | 1710～1770 | 2110～2170 | FDD |

| 频带编号 | 上行范围/MHz | 下行范围/MHz | 双工模式 |
|---|---|---|---|
| 11 | 1427.9~1452.9 | 1475.9~1500.9 | FDD |
| 12 | 698~716 | 728~746 | FDD |
| 13 | 777~787 | 746~756 | FDD |
| 14 | 788~798 | 758~768 | FDD |
| 15 | 保留 | 保留 | FDD |
| 16 | 保留 | 保留 | FDD |
| 17 | 704~716 | 734~746 | FDD |
| 18 | 815~830 | 860~875 | FDD |
| 19 | 830~845 | 875~890 | FDD |
| 20 | 832~862 | 791~821 | FDD |
| 21 | 1447.9~1462.9 | 1495.9~1510.9 | FDD |
| 22 | 3410~3490 | 3510~3590 | FDD |
| 23 | 2000~2020 | 2180~2200 | FDD |
| 24 | 1626.5~1660.5 | 1525~1559 | FDD |
| 25 | 1850~1915 | 1930~1995 | FDD |
| 26 | 814~849 | 859~894 | FDD |
| 27 | 807~824 | 852~869 | FDD |
| 28 | 703~748 | 758~803 | FDD |
| 29 | — | 717~728 | FDD * |
| 30 | 2305~2315 | 2350~2360 | FDD |
| 31 | 452.5~457.5 | 462.5~467.5 | FDD |
| 32 | — | 1452~1496 | FDD * |
| 33 | 1900~1920 | 1900~1920 | TDD |
| 34 | 2010~2025 | 2010~2025 | TDD |
| 35 | 1850~1910 | 1850~1910 | TDD |
| 36 | 1930~1990 | 1930~1990 | TDD |
| 37 | 1910~1930 | 1910~1930 | TDD |
| 38 | 2570~2620 | 2570~2620 | TDD |
| 39 | 1880~1920 | 1880~1920 | TDD |
| 40 | 2300~2400 | 2300~2400 | TDD |
| 41 | 2496~2690 | 2496~2690 | TDD |
| 42 | 3400~3600 | 3400~3600 | TDD |
| 43 | 3600~3800 | 3600~3800 | TDD |
| 44 | 703~803 | 703~803 | TDD |

注:编号为 29 和 32 仅在 LTE - Advanced 的载波聚合情况下使用。

值得注意的是，在表 5.1 中，有些频带是部分或全部重合的，这是由国际电信联盟(ITU)在划分频带时遇到的区域差别造成的，同时，需要重合的频带可用来保证全球漫游。

表 5.2 给出了我国 LTE 频带划分情况。

**表 5.2　我国 LTE 频带划分**

| 运营商 | TDD | | FDD | |
| --- | --- | --- | --- | --- |
| | 频带/MHz | 带宽/MHz | 频带/MHz | 带宽/MHz |
| 中国移动 | 1880～1900 | 20 | | |
| | 2320～2370 | 50 | | |
| | 2575～2635 | 60 | | |
| 中国联通 | 2300～2320 | 20 | 1955～1980 | 25 |
| | 2555～2575 | 20 | 2145～2170 | 25 |
| 中国电信 | 2370～2390 | 20 | 1755～1785 | 30 |
| | 2635～2655 | 20 | 1850～1880 | 30 |

## 5.1.2　LTE 带宽分配

LTE 的空中接口采用以 OFDM 技术为基础的多址技术，采用 15 kHz 的子载波宽度，通过不同的子载波数目(72～1200)实现了可变的系统带宽(1.4～20 MHz)。同时，根据应用场景的不同(无线信道不同的时延扩展)，LTE 支持两种不同长度循环前缀的系统配置：常规循环前缀和扩展循环前缀，它们的长度分别约为 4.7 $\mu$s 和 16.7 $\mu$s。

LTE 的主要频谱结构是建立在含有 12 个子载波、总带宽为 180 kHz(12×15 kHz)的资源块(资源块的详细介绍参见 5.4 节)上。LTE 支持 1.4 MHz、3 MHz、5 MHz、10 MHz、15 MHz 和 20 MHz 等几种带宽，它们对应的资源块数量分别为 6、15、25、50、75 和 100。

表 5.3 给出了 LTE Rel - 8 中各频带所能支持的信道带宽的情况。

**表 5.3　LTE Rel - 8 各频带所支持的信道带宽**

| 频带 | 1.4 MHz | 3 MHz | 5 MHz | 10 MHz | 15 MHz | 20 MHz |
| --- | --- | --- | --- | --- | --- | --- |
| 1 | | | √ | √ | √ | √ |
| 2 | √ | √ | √ | √ | √* | √* |
| 3 | √ | √ | √ | √ | √* | √* |
| 4 | √ | √ | √ | √ | | √ |
| 5 | √ | √ | √ | √* | | |
| 6 | | | √ | √* | | |
| 7 | | | √ | √ | √# | √*# |

| 频带 | 1.4 MHz | 3 MHz | 5 MHz | 10 MHz | 15 MHz | 20 MHz |
|---|---|---|---|---|---|---|
| 8 | √ | √ | √ | √* | | |
| 9 | | | √ | √ | √* | √* |
| 10 | | | √ | √ | √ | √ |
| 11 | | | √ | √* | | |
| 12 | √ | √ | √* | | | |
| 13 | | | √* | √* | | |
| 14 | | | √* | √* | | |
| 15 | | | | | | |
| 16 | | | | | | |
| 17 | | | √* | √* | | |
| 33 | | | √ | √ | √ | √ |
| 34 | | | √ | √ | √ | |
| 35 | √ | √ | √ | √ | √ | √ |
| 36 | √ | √ | √ | √ | √ | √ |
| 37 | | | √ | √ | √ | √ |
| 38 | | | √ | √ | √# | √# |
| 39 | | | √ | √ | √ | √ |
| 40 | | | √ | √ | √ | √ |

注：√* 表示用户指定接收机灵敏度的要求；√# 表示在该带宽上，在 FDD/TDD 共存情况下，网络可以对上行传输带宽加以限制。

LTE 下行链路传输带宽为 10 MHz 时，子载波的间隔为 15 kHz，采样频率为 15.36 MHz，而子载波占用的数量为 601 个，其中包含了直流子载波。LTE 上行链路的这些配置与下行链路的相同。LTE 上/下行链路的特点是：10 MHz 带宽系统中采用 15 kHz 频率间隔，采用 1024 点的 FFT，系统包括 666 个子载波。1024 个子载波中的 358 个子载波已经超出 10 MHz 带宽之外，为不可用子载波。666 个数据子载波中用于数据传输的子载波为 601 个，其余的 65 个子载波为保护带宽（33/32 个子载波分别位于两侧）。

# 5.2　物理信道、传输信道、逻辑信道及其映射关系

LTE 无线接口分为三个协议层：物理层（L1 或层 1）、数据链路层（L2 或层 2）和网络层（L3 或层 3），如图 5.1 所示。L2 被进一步分为 3 个子层：分组数据汇聚协议（PDCP）层、无线链路控制（RLC）层和媒体接入控制（MAC）层。L3 包括无线资源控制层（RRC）和非接入

层(NAS)。其中,RRC 位于基站或用户设备中,负责接入层的控制和管理;NAS 位于移动管理实体内,主要负责对非接入层的控制和管理。RRC 层和 RLC 层可分为控制面和用户面,而 PDCP 层仅存在于用户面。

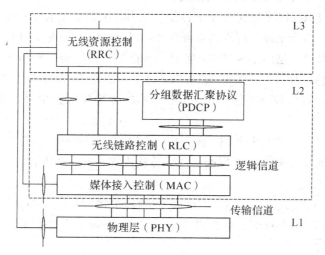

图 5.1　LTE 无线接口框架

　　物理层位于无线接口协议的最底层,由上行物理信道和下行物理信道组成。物理层通过传输信道为 MAC 层提供服务,而 MAC 层实现逻辑信道向传输信道的映射,通过逻辑信道为上层提供数据传送业务。逻辑信道描述了信息的类型,即定义了"传输的是什么";传输信道描述了信息的传输方式,即定义了"信息是如何传输的";物理信道则用于物理层具体信号的传输。

## 5.2.1　物理信道

### 1. 上行物理信道

　　LTE 定义的上行物理信道包括物理上行共享信道(PUSCH)、物理上行控制信道(PUCCH)、物理随机接入信道(PRACH)。这些上行物理信道用于承载源于高层的信息。此外,LTE 还定义了上行物理信号,这些信号在物理层使用,但不承载任何来自高层的信息,例如参考信号。

　　物理随机接入信道(PRACH)用于终端发送随机接入信号,发起随机接入的过程。随机信号由循环前缀、序列和保护间隔三部分组成,LTE 物理层支持五种随机接入信号格式。

　　物理上行控制信道(PUCCH)传输物理层上行的控制信息,可能承载的控制信息包括"上行调度请求"、"对于下行数据的 ACK/NACK 信息"和"信道状态信息反馈(包括 CQI/PMI/RI)"。PUCCH 信道在时频域上占用一个资源块的物理资源,采用时隙跳频的方式,在上行频带的两边进行传输。

　　物理上行共享信道(PUSCH)用于上行数据的调度传输,是 LTE 物理层主要的上行数据承载信道,可以承载来自上层的不同的传输内容(即不同的逻辑信道),包括控制信息、用户业务信息和广播业务信息。

### 2. 下行物理信道

　　下行物理信道包括物理下行共享信道(PDSCH)、物理广播信道(PBCH)、物理多播信道(PMCH)、物理控制格式指示信道(PCFICH)、物理下行控制信道(PDCCH)和物理 HARQ 指示信道(PHICH)。最小的下行传输资源粒子用 RE 表示。下行物理信道对应于一系列资源粒子的集合,用于承载源于高层的信息。

除下行物理信道外,LTE 还定义了下行物理信号,包括参考信号、同步信号。这些下行物理信号也对应于一系列物理层使用的资源粒子,但是它们不传递任何来自高层的消息。下行同步信号用于支持物理层的小区搜索,实现用户终端对小区的识别和下行同步。下行参考信号用于下行信道估计和相关解调等,还可以分为不同的类型,具体内容可参见8.6节。

(1) 物理广播信道(PBCH)用于广播小区基本的物理层配置信息,是一个承载传呼和其他控制信令的信道。

(2) 物理下行共享信道(PDSCH)用于下行数据的调度传输,是 LTE 物理层主要的下行数据承载信道,可以承载来自上层的不同的传输内容,包括寻呼信息、广播信息、控制信息和业务数据信息等。

(3) 物理控制格式指示信道(PCFICH)指示物理层控制信道的格式。在 LTE 中,物理下行控制信道(PDCCH)在每个子帧的前几个 OFDM 符号上传输,PCFICH 信道正是对这个数值进行了指示。

(4) 物理 HARQ 指示信道(PHICH)携带对上行数据传输的 HARQ 和 ACK/NACK 反馈信息。LTE 物理层 PHICH 信道的传输是以 PHICH 组的形式来组织的,1 个 PHICH 组内的多个 PHICH 信道占用相同的时频域物理资源,采用正交扩频序列的复用方式。1 个 PHICH 信道由 PHICH 组的 ID 和组内 ID 共同确定。

(5) 物理下行控制信道(PDCCH)是传输下行物理层控制信令的主要承载信道,承载的物理层控制信息包括上/下行数据传输的调度信息和上行功率控制命令的信息。PDCCH 信道的传输是以控制信道元素(CCE)的形式来组织的,1 个 CCE 由 9 个资源粒子组(REG)组成(即 $9\times4=36$ 个资源粒子)。根据所占用的 CCE 数目的不同,标准中定义了四种 PDCCH 格式,分别占用 1、2、4、8 个 CCE,相应的数值又称为 PDCCH 的"Aggregation Level"。PDCCH 信道需要以下所有的步骤:在编码位进行加扰;对加扰位进行调制,产生复值调制符号;把复值调制符号映射到一个或多个传输层;经过空间不同层次上的预编码后,复调制符号在不同天线端口进行发送;实现每一个天线端口要发送的复值调制符号与资源粒子的映射;在每一个天线端口产生复时域 OFDM 信号。在将来,可能会需要更多的控制信令、下行调度控制、上行调度控制以及每个用户的功率控制。一个物理控制信道可以在一个或多个控制信道单元传输,其中控制信道单元包括一组资源粒子,一个子帧内可以传输多个 PDCCH。

(6) 物理多播信道(PMCH)用于传输多媒体广播多播业务(MBMS, Multimedia Broadcast Multicast Service)。在该信道上,多个小区可能发送内容相同的信号,并由终端在接收时进行合并。而在小区内,PMCH 信道仅支持单天线端口的发送。

## 5.2.2 传输信道

### 1. 下行传输信道

下行传输信道包括四种信道:广播信道、下行共享信道、寻呼信道和多播信道。

(1) 广播信道(BCH):预先定义的固定传输格式,需要在整个小区的覆盖区域进行广播。

（2）下行共享信道（DL - SCH）：支持 HARQ、动态链路适配（如改变调制方式、编码方式和发射功率）；可以广播给整个小区，也可以支持波束赋型技术；支持动态和半静态资源分配；支持用户不连续接收等。

（3）寻呼信道（PCH）：支持用户不连续接收（DRX），由网络指示给终端 DRX 周期，需要在整个小区覆盖区域内广播该信道，该信道也可以承载其他控制信道或者业务信道。

（4）多播信道（MCH）：需要在整个小区覆盖范围区域内广播该信道；支持多个小区 MBMS 发射的多播广播单频网（MBSFN，Multicast Broadcast Single Frequency Network）合并；支持半静态资源分配。

**2. 上行传输信道**

上行传输信道包括上行共享信道和随机接入信道。

（1）上行共享信道（UL - SCH）：支持 HARQ；支持动态链路自适应（如改变调制方式、编码方式和发射功率）；支持波束赋型技术；支持动态和半静态资源分配。

（2）随机接入信道（RACH）：承载有限的用户上行控制信息，用于初始接入和没有上行授权时的数据发送；存在碰撞冲突；使用开环功率控制。

## 5.2.3　逻辑信道

与 3G 相比，为了提高系统效率，LTE 做了很多工作来简化逻辑信道和传输信道的数量及其映射关系。传输信道是根据其在空中接口所需传输的数据特性（例如自适应调制和编码）来区分的。MAC 层完成逻辑信道和传输信道之间的映射，以及不同用户终端上/下行业务的调度。逻辑信道是由承载的信息内容进行区分的，LTE 系统允许一个逻辑信道可以映射到几个不同的传输信道中的一个，不同的逻辑信道可以复用在一起形成一个组合的传输信道。

MAC 层根据不同种类的数据传输承载业务，每种逻辑信道类型可以根据所承载的信息内容来定义。基本上逻辑信道分为两类：控制信道和业务信道。控制信道用于传输控制面信息；业务信道用于传输用户面信息。

每个小区都有一个 MAC 实体。MAC 实体通常由几个功能块组成（如传输调度功能、每个用户的功能块、MBMS 功能、MAC 控制、传输块生成等）。透明传输模式仅适用于广播控制信道、公共控制信道和呼叫控制信道等。

**1. 控制信道**

控制信道只是被用来传送控制层面的信息，MAC 层控制信道包括如下五种信道：

（1）广播控制信道（BCCH，Broadcast Control Channel）：下行链路信道，用来广播系统控制信息。

（2）呼叫控制信道（PCCH，Paging Control Channel）：下行链路信道，当网络不知道用户所在的具体小区时，该信道用来给用户发送寻呼消息。

（3）公共控制信道（CCCH，Common Control Channel）：该信道用来在用户和网络之间传送控制信息，用户与网络之间没有 RRC 连接时使用该信道发送的信息。

（4）多播控制信道（MCCH，Multicast Control Channel）：点到多点的下行链路信道，该信道用来发送 MBMS 控制信息，该控制信息对应于 1 个或者几个多播业务信道

（MTCH）。该信道只用于用户接收 MBMS 业务。

（5）专用控制信道（DCCH，Dedicated Control Channel）：是一种终端和网络间点对点的双向控制信道。在 DCCH 中，控制信息只包括无线资源控制（RRC）和非接入层（NAS）信令，不包括应用层的控制信令。

**2. 业务信道**

业务信道只被用来传送用户层面的信息，MAC 层提供的业务信道包括如下两种信道：

（1）专用业务信道（DTCH，Dedicated Traffic Channel）：点到点双向信道，在用户与网络之间用来传送用户层面的专用信息。

（2）多播业务信道（MTCH，Multicast Traffic Channel）：点到多点下行链路信道，被用来发送 MBMS 的业务数据给用户终端。该信道只用于用户接收 MBMS 业务。

## 5.2.4 信道映射关系

上行物理信道和上行传输信道、上行逻辑信道的映射关系如图 5.2 所示。

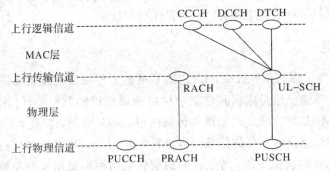

图 5.2 上行物理信道和上行传输信道、上行逻辑信道的映射关系

下行物理信道和下行传输信道、下行逻辑信道的映射关系如图 5.3 所示。

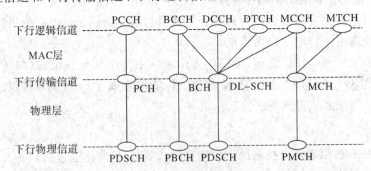

图 5.3 下行物理信道和下行传输信道、下行逻辑信道的映射关系

PCCH 和 BCCH 逻辑信道有着特殊的传输和物理特征，因此它们的传输信道和物理信道的映射也很特殊。BCCH 映射到 BCH 和 DL−SCH，这是因为系统信息由两部分构成：

（1）固定格式的重要系统信息，需要周期性地更新，这些信息映射到 PBCH。

（2）动态的系统信息，其重要性不如固定格式系统信息，带宽和重复周期比较灵活，这些信息映射到 DL−SCH。

另外，一些逻辑信道映射到传输信道时可以有多种选择。通常，在多小区 MBMS 业务中，MCCH 和 MTCH 映射到 MCH；而当 MBMS 业务只为单个小区服务时，MCCH 和

MTCH 映射到 DL - SCH。

其他的物理信道(PUCCH、PDCCH、PCFICH 和 PHICH)并不携带来自上层的数据(如 RRC 信令或用户数据)。这些信道只用于物理层传输和物理资源块有关的或是与 HARQ 有关的信息，因此，这些信道没有映射到任何一个传输信道。

RACH 也是一种特殊的传输信道，没有对应的逻辑信道。因为 RACH 只传输 RACH 前导信息，一旦网络允许终端接入并且为其分配了上行资源链路，就不再使用 RACH。

# 5.3　帧　结　构

在物理层规范中，除非特殊说明，各种域的时域大小表示为时间单位 $T_s$ 的倍数，该时间单位定义为 $T_s=1/(15\,000\times2048)$ s。那么一个无线帧的长度可以表示为 $T_f=307\,200\times T_s=10$ ms。

## 5.3.1　第 1 类帧结构

第 1 类帧结构适用于全双工和半双工的 FDD 模式。如图 5.4 所示，每个无线帧长 $T_f=307\,200T_s=10$ ms，一个无线帧包括 20 个时隙，序号为 0 到 19，每个时隙长 $T_{slot}=15360T_s=0.5$ ms。一个子帧定义为两个连续时隙，即子帧 $i$ 包括时隙 $2i$ 和 $2i+1$。

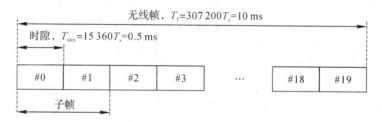

图 5.4　第 1 类帧结构

对于 FDD，在每 10 ms 的间隔内，10 个子帧既可用于下行链路传输也可用于上行链路传输。上行和下行传输按频域隔离。在半双工 FDD 操作中，用户设备不能同时发送和接收；而全双工 FDD 中没有这种限制。

LTE 还定义了传输时间间隔(TTI, Transmission Time Interval)。基本 TTI 周期是时隙周期的 2 倍(即 1 ms)，包括 14 个 OFDM 符号。对于下行链路来说，几个子帧可以合并成一个更长的 TTI，这样有可能降低高层协议开销(IP 分组分段、RLC - MAC 头等)。这种 TTI 周期可以通过高层信令用半静态的方式动态调整，或是由基站以更为动态的方式控制，例如改进 HARQ 过程。

## 5.3.2　第 2 类帧结构

第 2 类帧结构适用于 TDD 模式。如图 5.5 所示，每个无线帧长 $T_f=307\,200\cdot T_s=10$ ms，由两个长为 $153\,600\cdot T_s=5$ ms 的半帧组成。每个半帧由 5 个长为 $30\,720\cdot T_s=1$ ms 的子帧组成。也可以说，每个无线帧分为 8 个长度为 $30\,720\cdot T_s=1$ ms 的子帧以及 2 个包含 DwPTS(下行链路导频时隙)、GP(保护间隔)和 UpPTS(上行导频时隙)的特殊子帧。下行链路导频时隙、保护间隔和上行导频时隙的长度也为 $30\,720\cdot$

$T_s = 1$ ms。子帧 1 和 6 都包含下行链路导频时隙、保护间隔和上行导频时隙，其他子帧则由 2 个时隙构成。

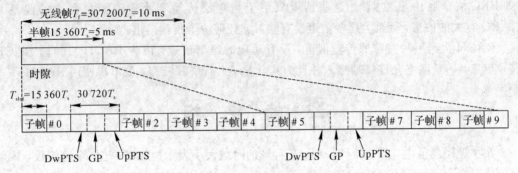

图 5.5　第 2 类帧结构

第 2 类帧结构支持的上行和下行配置参见表 5.4。表 5.4 中常规循环前缀和扩展循环前缀的配置参见表 5.6。

表 5.4　DwPTS/GP/UpPTS 的长度

| 特殊子帧配置 | 常规循环前缀（下行） | | | 常规循环前缀（上行） | | |
|---|---|---|---|---|---|---|
| | DwPTS | UpPTS | | DwPTS | UpPTS | |
| | | 常规循环前缀（上行） | 扩展循环前缀（上行） | | 常规循环前缀（上行） | 扩展循环前缀（上行） |
| 0 | $6592 \cdot T_s$ | | | $7680 \cdot T_s$ | | |
| 1 | $19\,760 \cdot T_s$ | | | $20\,480 T_s$ | | |
| 2 | $21\,957 \cdot T_s$ | $2192 \cdot T_s$ | $2560 \cdot T_s$ | $23\,040 T_s$ | $2192 \cdot T_s$ | $2560 \cdot T_s$ |
| 3 | $24\,144 \cdot T_s$ | | | $25\,600 T_s$ | | |
| 4 | $26\,336 \cdot T_s$ | | | $7680 \cdot T_s$ | | |
| 5 | $6592 \cdot T_s$ | | | $20\,480 T_s$ | $4384 \cdot T_s$ | $5120 \cdot T_s$ |
| 6 | $19\,760 \cdot T_s$ | $4384 \cdot T_s$ | $5120 \cdot T_s$ | $23\,040 T_s$ | | |
| 7 | $21\,952 \cdot T_s$ | | | — | | |
| 8 | $24\,144 \cdot T_s$ | | | — | | |

在 LTE 中，TDD 上/下行配置及切换点设置参见表 5.5。对一个无线帧中的每个子帧，"D"表示专用于下行传输的子帧；"U"表示专用于上行传输的子帧；"S"表示用于 DwPTS、GP 和 UpPTS 这三个域的特殊子帧。DwPTS 和 UpPTS 的长度是可配置的，但是 DwPTS、GP 和 UpPTS 总的长度为 1 ms，每个子帧 $i$ 由 2 个时隙 $2i$ 和 $2i+1$ 表示，每个时隙长为 $T_{slot} = 15\,360 \cdot T_s = 0.5$ ms。TDD 上行与下行共用天线，天线的接收与发射切换需要时间。为防止基站的发射干扰自身的接收，因此需要保护间隔（GP）。这种干扰只在下行到上行切换时存在，上行到下行切换就不再需要保护间隔了。

表 5.5　上/下行子帧切换点设置

| 上行—下行配置 | 下行—上行转换点周期 | 子帧号 | | | | | | | | | |
|:---:|:---:|:---:|:---:|:---:|:---:|:---:|:---:|:---:|:---:|:---:|:---:|
| | | 0 | 1 | 2 | 3 | 4 | 5 | 6 | 7 | 8 | 9 |
| 0 | 5 ms | D | S | U | U | U | D | S | U | U | U |
| 1 | 5 ms | D | S | U | U | D | D | S | U | U | D |
| 2 | 5 ms | D | S | U | D | D | D | S | U | D | D |
| 3 | 10 ms | D | S | U | U | U | D | D | D | D | D |
| 4 | 10 ms | D | S | U | U | D | D | D | D | D | D |
| 5 | 10 ms | D | S | U | D | D | D | D | D | D | D |
| 6 | 5 ms | D | S | U | U | U | D | S | U | U | D |

由表 5.5 可见，LTE 的 TDD 模式支持 5 ms 和 10 ms 的上行和下行切换周期。

如果下行到上行转换点周期为 5 ms，特殊子帧在子帧 1 和子帧 6 的两个半帧中都存在。

如果下行到上行转换点周期为 10 ms，特殊子帧只存在于第一个半帧中，子帧 6 只是一个普通的下行子帧。

子帧 0 和子帧 5 以及 DwPTS 总是用于下行传输。UpPTS 和紧跟于特殊子帧后的子帧专用于上行传输。

每帧对应的上行和下行链路子帧分配方式如下：

在 5 ms 切换周期情况下：1DL（下行链路）—3UL（上行链路）；2DL—2UL；3DL—1UL。1DL—3DL 表示 1 个半帧内有 1 个子帧用于下行传输，3 个子帧用于上行传输。其他分配方式的含义类似，不再一一描述。

在 10 ms 切换周期情况下：6DL—3UL；7DL—2UL；3DL—5UL。

在 5 ms 切换周期情况下，UpPTS、子帧 2 和子帧 7 预留为上行传输。

在 10 ms 切换周期情况下，DwPTS 在两个半帧中都存在，但是 GP 以及 UpPTS 只在第一个半帧中存在，在第二个半帧中的 DwPTS 长度为 1 ms。UpPTS 和子帧 2 预留为上行传输，子帧 5 到子帧 9 预留为下行传输。

特殊时隙 DwPTS 和 UpPTS 传输的具体内容如下所述：

1）下行链路导频时隙

（1）类似于普通下行链路子帧，DwPTS 中要发送下行链路控制信令，PDCCH 在 DwPTS 上占用 1 到 2 个 OFDM 符号。

（2）DwPTS 中还要发送下行参考信号。

（3）下行数据可以在 DwPTS 内传送，DwPTS 中发送的用户数据和其他下行链路子帧无关。

2）上行链路导频时隙

（1）当 UpPTS 长度为 2 个 SC-FDMA 符号时，该 UpPTS 时隙用来作为短随机接入信号或者是探测参考信号。SC-FDMA 的进一步描述参见 5.4.4 节和 7.3 节

（2）当 UpPTS 长度为 1 个 SC-FDMA 符号时，该 UpPTS 时隙用来作为探测参考信

号，支持下述三种探测参考信号(SRS)发送情况：

① 用户设备在第一个符号上发送探测参考信号(UpPTS＝1 或 2)；

② 用户设别在第二个符号上发送探测参考信号(UpPTS＝2)；

③ 两个符号都被一个用户设备用来发送探测参考信号(UpPTS＝2)。

(3) 在 UpPTS 时隙内不进行上行控制信令和数据的传输。

(4) 根据系统配置可分别独立激活或者关闭短随机接入和探测参考信号。用户设备只能使用 UpPTS 来发送探测参考信号或 RACH 信号。随机接入需要 UpPTS 具备 2 个 SC－FDMA 符号长度。当 UpPTS 时隙可以只分配一个 SC－FDMA 符号时，只能传送参考信号。

# 5.4  资源块及其映射

## 5.4.1  下行链路的时隙结构

在每个时隙发送的信号由 $N_{RB}^{DL} N_{sc}^{RB}$ 个子载波和 $N_{symb}^{DL}$ 个 OFDM 符号的资源格组成。图 5.6 给出了时频下行链路资源格的构成。$N_{RB}^{DL}$ 的数目由该小区的下行传输带宽决定，应满足 $N_{RB}^{min,DL} \leqslant N_{RB}^{DL} \leqslant N_{RB}^{max,DL}$。其中，$N_{RB}^{min,DL} = 6$，$N_{RB}^{max,DL} = 110$，分别对应下行传输的最小和最大带宽。

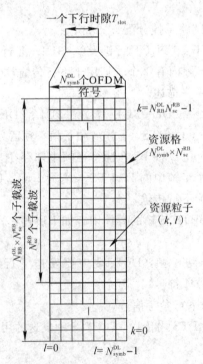

图 5.6  时频下行链路资源格的构成

一个时隙中 OFDM 符号的个数取决于循环前缀长度和子载波间隔。具体的对应关系参见表 5.6。

表 5.6　不同循环前缀对应的物理资源块参数

| 配　　置 | | $N_{sc}^{RB}$ | $N_{symb}^{DL}$ |
|---|---|---|---|
| 普通循环前缀 | $\Delta f = 15$ kHz | 12 | 7 |
| 扩展循环前缀 | $\Delta f = 15$ kHz | | 6 |
| | $\Delta f = 7.5$ kHz | 24 | 3 |

在多天线的传输情况下，每一个天线端口定义一个资源格。天线端口实际上可由单路物理天线端口和多路物理天线端口的组合来实现，并由相关的参考信号进行定义，即所支持的天线端口取决于小区的参考信号配置：

(1) 小区制定参考信号，与非移动广播单频网络发送有关，支持 1、2 或 4 天线配置，即需要分别实现序号 $p=0$，$p=\{0,1\}$ 和 $p=\{0,1,2,3\}$ 的情况。

(2) 多播广播单频网（MBSFN）参考信号与 MBSFN 发送相关，在天线端口 $p=4$ 时发送。

(3) 仅支持第 2 类帧结构的用户指定参考信号，在天线端口 $p=5$ 时发送。

天线端口 $p$ 上的资源格，资源格中的最小单元称为资源粒子（RE，Resource Element）。它在时域上为一个符号，在频域上为一个子载波，在一个时隙中由 $(k,l)$ 唯一标识，其中，$k=0$，$\cdots$，$N_{RB}^{DL}$，$l=0$，$\cdots$，$N_{symb}^{DL}$ 分别是频域和时域的索引。资源粒子 $(k,l)$ 对应一个复调制符号 $a_{k,l}$，天线端口 $p$ 的资源粒子 $(k,l)$ 的值用复数 $a_{k,l}^{(a)}$ 来表示。在一个时隙的物理信道或物理信号中不用于发送信息的资源粒子，其对应的复数值 $a_{k,l}$ 将需要置为 0。

## 5.4.2　物理资源块和虚拟资源块

资源块（RB，Resource Block）为空中接口物理资源分配单位，用于描述物理信道到资源粒子的映射。LTE 定义了两种资源块：物理资源块（PRB）和虚拟资源块（VRB）。

物理资源块是时域为 $N_{symb}^{DL}$ 个连续的 OFDM 符号，频域为 $N_{sc}^{DL}$ 个连续的子载波，由 $N_{symb}^{DL} \times N_{sc}^{DL}$ 个资源粒子组成。对于 15 kHz 子载波间隔和普通循环前缀的情况，1 个 RB 的大小为频域上连续的 12 子载波和时域上连续的 7 个 OFDM 符号，即频域宽度为 180 kHz 和时域长度为 0.5 ms，相当于一个时隙。一个时隙中资源粒子 $(k,l)$ 在频域的物理资源块编号为 $n_{PRB} = \left\lfloor \dfrac{k}{N_{sc}^{RB}} \right\rfloor$。

值得注意的是，基站是以 1 个传输时间间隔 TTI 即 2 个 PRB 作为调度的最小单位。下行物理资源块共包括 168 个资源粒子（RE），其中 16 个 RE 预留给参考信号使用，20 个 RE 预留给 PDCCH 使用，132 个 RE 可以被用来传输数据。

为了方便物理信道向空中接口时域物理信道的映射，在物理资源块之外还定义了虚拟资源块。虚拟资源块的大小与物理资源块相同，且虚拟资源块与物理资源块具有相同的数目，但虚拟资源块和物理资源块分别对应有各自的资源块序号。其中，物理资源块的序号按照频域的物理位置进行顺序编号；而虚拟资源块的序号是系统进行资源分配时所指示的逻辑序号，通过它与物理资源块之间的映射关系来进一步地确定实际物理资源的位置。基于虚拟资源块的资源分配如图 5.7 所示。虚拟资源块主要定义了资源的分配方式，长度为 1

个子帧的虚拟资源块是物理资源分配信令的指示单元。

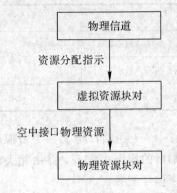

图 5.7 基于虚拟资源块的资源分配

此外，协议规定了两种类型的虚拟资源块：集中式和分布式。对两种类型的虚拟资源块，一个子帧中的两个时隙上的成对虚拟资源块共同分配到一个独立虚拟资源块号：$n_{VRB}$。

集中式 VRB 直接映射到 PRB 上，即资源块按照 VRB 进行分配并映射到 PRB 上，对应 PRB 的序号等于 VRB 序号，一个子帧中两个时隙的 VRB 将映射到相同频域位置的两个 PRB 上（即占用若干相邻的 PRB）；而分布式 VRB 采用分布式的映射方式，即一个子帧中两个时隙的 VRB 将映射到不同频域位置的两个 PRB 上（即占用若干分散的 PRB），并且 1 个子帧内的 2 个时隙也有着不同的映射关系，即具有相同逻辑序号的分布式 VRB 对将映射到两个时隙不同的 PRB 上，通过这样的机制实现"分布式"的资源分配。

集中式的 RB 连续占用 $N$ 个子载波，占用连续的频谱；分布式 RB 包含 $N$ 个分散的等间距的子载波。它主要是通过子载波映射来决定哪部分的频谱被用来发送数据，并在上端及（或）下端插入恰当数量的零比特。在每个 DFT 输出样本之间，有 $L-1$ 个零值被插入。$L=1$ 的映射被称为集中式，也就是 DFT 输出数据流被映射到一段连续分布的子载波上，在这种方式下，系统可以通过频域调度获得多用户增益，但是在频率选择分集方面会有一定的缺陷。为了弥补集中式分配方式的缺陷，通常采用跳频的方式进行数据发送，即在某一时刻只占用一部分连续频谱，下一时刻再占用另一部分频谱。通过跳频发送方式有效地改善了频率选择性和干扰随机性。$L>1$ 的映射被称为分布式，这种方式相对于前者可获得额外的频率分集增益，但是同时会导致同步误差以及多普勒频移等问题。

### 5.4.3 下行物理信道资源块映射

对于每一个用于下行物理信道发送的天线端口，复符号块 $y^{(p)}(0), \cdots, y^{(p)}(M_s^{(p)}-1)$ 应该从 $y^{(p)}(0)$ 开始以序列的形式映射到分配的虚拟资源块（VRB），从子帧的第一个时隙开始，按 $k$ 和 $l$ 依次递增的顺序映射到天线端口 $p$ 上没有保留用作其他目的的资源粒子 $(k, l)$。同时它还需要按照下列的标准映射到资源粒子 $(k, l)$：

（1）映射的物理资源块与分配的虚拟资源块相对应。

（2）映射的位置不用于 PBCH、同步信号或参考信号的传输。

以 FDD 系统为例，由于主/辅同步信号、导频信号、广播信息映射位置是固定的，控制格式指示信息的位置也是基本固定的，一般来说，先映射以上固定信息；再按照广播信息规定的混合自动请求重传（HARQ）指示信息位置，映射 HARQ 指示信息；然后在相应的控制符号内其他的 RE 上映射控制信息；最后把业务信息映射到剩余的 RE 上。所涉及的信道物理资源映射如下：

（1）参考信号的物理资源映射。

（2）同步信号的物理资源映射。

（3）PBCH 的物理资源映射。

（4）PCFICH 的物理资源映射。

（5）PHICH 的物理资源映射。

（6）PDCCH 的物理资源映射。

（7）PDSCH(PMCH)的物理资源映射。

PDSCH、PDCCH、PBCH 的映射都通过天线端口进行分层映射，分层映射的操作是一种在某个时刻实现符号子载波映射的中间步骤，把调制符号映射到给定天线上。

PDSCH 按照上面通用资源粒子映射的方法映射到资源粒子，以下情况除外：

① 如果不发送用户指定的参考信号，则 PDSCH 使用天线端口集合 $\{0\}$、$\{0，1\}$ 或 $\{0、1、2、4\}$ 进行发送。

② 如果发送用户指定的参考信号，则 PDSCH 使用天线端口 $\{5\}$ 进行发送。

PDCCH 映射方法是每一天线端口上发送复符号块，以 4 个为一组进行置换。复符号块循环偏移并生成序列。复符号块生成的序列从头开始依次映射到对应的物理控制信道的资源粒子。天线端口上未被保留的资源粒子 $(k, l)$ 的映射按照先 $k$ 后 $l$ 的顺序依次递增。在 PDCCH 仅适用天线端口 0 发送的情况下，参考信号可在天线端口 0 和天线端口 1 发送；其他情况下，参考信号可在 PDCCH 实际可用的天线端口发送。

PBCH 的映射是每一天线端口复符号块从子帧并 0 前 4 个连续的符号开始映射到物理资源块。不留作参考信号的发送资源粒子 $(k, l)$ 按照 $k$、$l$ 顺序，系统帧号(SFN)逐一递增。PBCH 的映射详见 6.3 节主信息块传输。

## 5.4.4　上行时隙结构和物理资源块映射

上行链路与下行链路类似，也采用资源格来描述其时频资源。资源格是由时域上连续的 $N_{symb}^{UL}$ 个 SC-FDMA 符号和频域上连续的 $N_{RB}^{UL} N_{sc}^{RB}$ 个子载波组成。$N_{RB}^{UL}$ 的值也是根据小区内上行链路的发送带宽配置来确定的，应满足 $6 \leqslant N_{RB}^{UL} \leqslant 110$。

时域中连续的 $N_{symb}^{UL}$ 个 SC-FDMA 符号和频域中连续的 $N_{sc}^{RB}$ 个子载波被定义为一个物理资源块；其相关的资源块参数如表 5.7 所示。

**表 5.7　物理资源块参数**

| 配置 | $N_{sc}^{RB}$ | $N_{symb}^{UL}$ | |
|---|---|---|---|
| | | 第一类帧结构 | 第二类帧结构 |
| 普通循环前缀 | 12 | 7 | 9 |
| 扩展循环前缀 | 12 | 6 | 8 |

上行链路中的一个物理资源块由 $N_{symb}^{UL} N_{sc}^{RB}$ 个资源粒子组成，对应时域的 1 个时隙和频域的 180 kHz。假定 TTI 为 1 ms，基本上行链路资源粒子为

（1）频域资源：12 个子载波＝180 kHz。

（2）符号：1（ms）×180（kHz）＝14 个 SC－FDMA 符号×12 个子载波＝168 个调制符号。

与下行链路相反，由于基于 DFT 的预编码把 PARP 的影响扩展到了多个调制符号上，具有较低的 PARP，因此没有定义不被使用的子载波详见 7.3 节。

每个上行子帧中存在 PUSCH 信道和 PUCCH 信道以及两种参考信号（探测参考信号与解调参考信号）。探测参考信号，位于相隔时隙的符号 0 上（即每个子帧发送一次探测参考信号），用来作为频率选择性调度的参考；解调参考信号位于每个时隙的符号 3 上，其作用是用于上行 PUSCH 解调中的信道估计。上行链路帧长度为 10 ms，包含 20 个时隙。每个时隙发送信号包含 $N_{symbol}^{UL}$ 个 SC－FDMA 符号，序号从 0 到 $N_{symbol}^{UL}-1$，在常规循环前缀情况下，$N_{symbol}^{UL}$ 的取值为 7。每个 SC－FDMA 符号承载多个复值调制符号 $a_{k,l}$ 数据，即资源粒子 $(k,l)$ 上的信息内容。其中 $k$ 为 SC－FDMA 符号 $l$ 的时间索引。

下面将对上行物理信道的映射进行描述：

PUSCH 映射是将复值符号块 $z(0),\cdots,z(M_{symb}-1)$ 乘以一个幅值因子 $\beta_{PUSCH}$，然后从 $z(0)$ 开始依次映射到分配给 PUSCH 的物理资源块上。如映射到所分配的物理资源块的资源粒子 $(k,l)$ 上，映射从一个子帧的第一个时隙开始，按顺序先增加 $k$ 再增加 $l$。用于传输 PUSCH 的资源粒子不能再用于传输参考信号，也不预留给探测参考信号传输。

如果不使用上行跳频，则用于传输的资源块 $n_{PRB}=n_{VRB}$，其中 $n_{VRB}$ 是上行调度授权的资源。如果上行跳频被激活并且使用预定义的跳频模式，则在特定时隙中用于传输的物理资源块需要按照给定的规则给出。

PUCCH 的映射则是将复值符号块 $z(i)$ 从 $z(0)$ 开始映射到分配的 PUCCH 发送的资源粒子，不用于发送参考信号的资源粒子 $(k,l)$ 的映射应该是从一个子帧中的某一个时隙开始，第一个子帧和第二个子帧的 $k$ 序号值应该不同，这是因为要在时隙边界产生跳频。

# 5.5　双工方式

时分双工（TDD）与频分双工（FDD）是两种不同的双工方式。时分双工采用时间来分离发送信道和接收信道，在时间上它的单方向资源是不连续的。因为在 TDD 的通信系统中，同一个频率载波在不同时隙下进行发送和接收，彼此之间需要利用一定的保护时间对不同时隙进行分离。频分双工则采用两个相对称的分离频率信道进行信号的接收与发送，这两个信道之间存在保护频段，用作保护间隔，确保分离发送和接收信道。与 TDD 不同的是，在时间上 FDD 的单方向资源是连续的，因为它采用的频率是对称且成对存在的，依靠频率对上行和下行链路进行分离。

## 5.5.1　时分双工方式

在时分双工方式中，发送和接收信号在相同的频带内，上行和下行信号通过在时间轴上不同的时间段内发送进行区分。时分双工方式如图 5.8 所示。

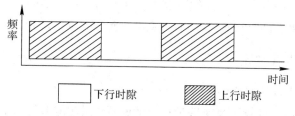

图 5.8　时分双工方式

时分双工方式信号可以在非成对频段内发送,不需要像频分双工方式所需的成对频段,具有配置灵活的特点。同时,由于上行和下行信号占用的无线信道资源可以通过调整上行和下行时隙的比例灵活配置,非常适合于3G和后3G(B3G)等以IP分组业务为主要特征的移动蜂窝系统。时分双工系统的上行和下行信号在相同的频段内发送,可以充分利用信道的对称性。这对于时分双工系统的信道估计、信号测量以及多天线技术的应用会带来明显的好处。近几年来随着TD-SCDMA产业的不断完善以及时分双工设备的成熟,同时考虑到为了满足日益丰富的业务需求,在后3G中对系统带宽要求更高,而满足要求的成对频谱越来越少,蜂窝移动通信领域加大了对时分双工系统的研究力度,时分双工方式将在后续的系统演进中扮演更为重要的角色。

## 5.5.2　频分双工方式

频分双工方式指的是蜂窝系统中上行和下行信号分别在两个频带上发送,上行和下行频带间留有一定的频段保护间隔,避免上行和下行信号间的干扰。频分双工方式如图5.9所示。

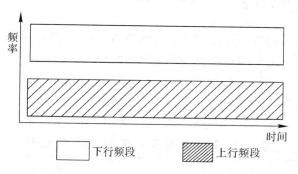

图 5.9　频分双工方式

频分双工使用上行和下行成对频段,信号的发送和接收可以同时进行,减少了上行和下行信号间的反馈时延。频分双工的发送信号特性使得其在功率控制、链路自适应、信道和干扰反馈等方面具有天然的优势。

在LTE系统中,频分双工(FDD)又可分为全双工FDD和半双工FDD。图5.9给出的是全双工FDD的模式,在实际应用中广泛使用。在半双工FDD中,基站仍然采用全双工的模式,用户设备接收和发送信号虽然在不同的频带上,采用成对频谱,但其接收和发送不能同时进行。半双工FDD可以降低用户设备成本,使其基带处理能力仅为全双工时的一半,射频部分用隔离度较低的开关或环行器来取代双工器,接收和发送共用天线。此外,对于一些传输速率要求比较低的业务,使用半双工FDD可以降低用户设备损耗,延长电池使用时间。

半双工 FDD 可用于机器间通信(MTC)或一键通业务(PTT)中。

### 5.5.3　双工技术特点对比

与 FDD 相比,TDD 具有许多优势:

(1)对于日渐稀缺的珍贵频率能够进行灵活配置,因此能够使用 FDD 无法利用的零散频段。

(2)拥有上/下信道一致性,部分射频单元可以被发送端和接收端所使用,从而有效降低设备成本。

(3)能够较好地支持非对称服务,通过调整上行和下行时隙转换点,很好地提高了下行时隙比例等。

不过,与 FDD 相比,TDD 仍然存在一些不足之处:

(1)TDD 通信系统收/发信道同频,导致系统内与系统间会存在同频干扰,需要预留保护带,导致整体频谱利用率随之下降。

(2)由于 TDD 发送时间较短,只有 FDD 的一半左右,从而必须提高发射功率来提高发送数据速率。

上行和下行时间配比是时分双工方式显著区别于频分双工方式的一个物理特点。频分双工方式依靠频率区分上行和下行,因此其单方向的资源在时间上是连续的;而时分双工方式依靠时间来区分上行和下行,所以其单方向的资源在资源上是不连续的,需要在上行和下行进行时间资源分配。上行和下行时间配比的范围可以从将大部分资源分配给下行的"9:1"到上行占用资源较多的"2:3",在实际使用时,网络可以根据业务量的特性灵活选择、配置。

LTE FDD 中用普通数据子帧传输上行探测导频;而在 TDD 系统中,上行探测导频可以在 UpPTS 上发送。另外,DwPTS 也可用于 PCFICH、PDCCH、PHICH、PDSCH 和 P-SCH 等信道传输。DwPTS 时隙中下行控制信道的最大长度为两个符号,且主同步信道固定位于 DwPTS 的第 3 个符号。

LTE 时分双工方式与 LTE 频分双工方式的比较如表 5.8 所示。

**表 5.8　LTE 频分双工与时分双工的比较**

| 相　同　点 | 不　同　点 |
| --- | --- |
| 高层信令,包括非接入层(NAS)和无线资源控制层(RRC)的信令 | TDD 采用同一频段分时进行上/下行通信;FDD 上/下行占用不同频段 |
| L2 用户面处理,包括 MAC、RLC 及 PDCP 等 | 采用的帧结构不同,FDD 上/下行子帧相关联,TDD 上/下行子帧数目是不同的;帧结构会影响无线资源管理和调度的实现方式 |
| 物理层基本机制,如帧长,调制、多址、信道编码、功率控制和干扰控制等 | 物理层反馈过程不同,TDD 可以根据上行参考信号估计下行信道 |
| 时分双工与频分双工的空中接口指标相同 | 下行同步方式不同,时分双工系统要求时间同步;频分双工在支持增强多播广播多媒体业务(eMBMS)时才需考虑 |

### 5.5.4　帧结构和链路的差异

　　TDD 与 FDD 是 LTE 系统定义下的两种双工方式，其帧结构存在较大的差异。在 TDD 模式下，每个 10 ms 无线帧被分为两个半帧，每个半帧长度为 5 ms，由一个特殊子帧以及 4 个数据子帧构成，具体包括 UpPTS、GP 和 DwPTS 等 3 个特殊时隙。而在 FDD 模式下，无线帧由 10 个长度为 1 ms 的无线子帧组成，每个子帧包含两个长度为 0.5 ms 的时隙。

　　LTE TDD 下行链路和 FDD 系统一样，也包含相同的六种下行物理信道。TDD 与 FDD 下行链路的主要区别如下：

　　(1) SCH(同步信道)：PSCH 位于 DwPTS 的第 3 个 OFDM 符号处，SSCH 位于子帧 0 的最后一个符号上，两者之间间隔 2 个符号长度。

　　(2) PRACH(物理随机接入信道)：短 PRACH 信道位于 UpPTS 时隙内，长 PRACH 信道位于普通子帧中。

　　(3) 探测参考信号(SRS)：UpPTS 根据其符合长度包含 1 或 2 个探测参考信号，探测参考信号也能在正常子帧中发送。

　　(4) 专用参考信号(DRS)：对于 TDD 用户来说，必须具备专用参考信号。

## 本章小结

　　LTE 采用的 OFDM、MIMO 等先进的传输技术为系统提供大量的时域、频域和空域资源，因此需要帧结构、参数设计和资源分配等技术的支持。本章给出了 LTE 的工作频带和带宽分配；重点阐述传输信道、逻辑信道、物理信道以及它们之间的映射关系；接着描述 LTE 的帧结构和资源块；最后给出了 LTE 的双工模式。本章内容是后续进一步研究 LTE 技术规范的基础。

### 知识拓展　LTE 信道模型

　　无线信道是研究无线通信技术的基础，任何无线技术要想运用到实际场景中都离不开无线信道模型。下面将介绍 3GPP 的空间信道模型(SCM)和 SCM 增强信道模型(SCM - E)。这两种模型广泛用于 LTE/LTE-Advanced 系统级和链路级仿真以及新技术验证中。

**1. SCM 信道模型**

　　空间信道模型(SCM, Spatial Channel Model)是 3GPP 提出的，即所谓的几何模型或者子径模型。它是在对散射体随机建模方法上发展起来的信道模型，主要用于 2 GHz 载频的室外环境。其基本原理是利用统计子径得到信道的统计特性，如角度扩展、时延扩展等。

　　SCM 信道建模可以分为三部分：选择仿真场景、确定用户参数和生成信道系数。下面我们分别对这三部分进行介绍。

**1) 选择仿真场景**

　　3GPP 定义了三种仿真场景：郊区宏小区、市区宏小区和市区微小区。信道的大尺度信息主要包括路径损耗、阴影衰落和天线辐射增益。SCM 路径损耗模型是基于场景构建的，在宏小区场景下采用修正的 COST231 Hata 模型，在微小区场景下采用 COST231 Walfish–Ikegami 模型。其中，微小区场景下有视距(LoS)和非视距(NLoS)两种路径损耗模型；而宏小区场景下只有 NLoS 的路径损耗模型。

(1) 宏小区路径损耗模型。宏小区场景下路径损耗模型采用修正的 COST231 Hata 模型，可以表示为

$$PL = (44.9 - 6.55\log h_{BS})\log \frac{d}{1000} + 45.5$$
$$+ (35.46 - 1.1 h_{MS})\log f_c - 13.82\log h_{BS} + 0.7 h_{ms} + C \tag{5.1}$$

其中，$h_{BS}$ 是基站的天线高度(m)；$h_{MS}$ 是用户的天线高度(m)；$f_c$ 是载波频率(MHz)；$d$ 是基站到用户的直线距离(m)；$C$ 是常数校正因子，在郊区宏小区场景中 $C=0$，在市区宏小区场景中 $C=3$ dB。

(2) 微小区路径损耗模型及阴影衰落。微小区 NLOS 场景采用 COST 231 Walfish-Ikegami NLoS 模型。假设基站天线高度为 12.5 m，建筑物高度为 12 m，建筑物间距为 50 m，街道宽度为 25 m，用户天线高度为 1.5 m，所有路径的方向为 30°，选择市中区域，得到微小区场景下的简化路径损耗模型为

$$PL = -55.9 + 38\log_{10} d + \left(\frac{24.5 + 1.5 f_c}{925}\right) \times \log_{10} f_c \tag{5.2}$$

其中，用户和基站的最小距离为 20 m，阴影衰落服从标准差为 10 dB 的对数正态分布。

在有 LoS 路径场景下，采用 COST 231 Walfish-Ikegami 市区峡谷模型，路径损耗为
$$PL = -35.4 + 26\log_{10} d + 20\log_{10} f_c \tag{5.3}$$
其中，最小距离 $d$ 为 20 m，阴影衰落服从标准差为 4 dB 的对数正态分布。

(3) 天线辐射增益。天线辐射增益表示信道特征方向对应的方位角下天线的增益。天线的辐射并不是全向均值的，而是要按照一定的形状辐射，3GPP 中规定三扇区小区中 SCM 信道天线辐射公式为

$$A(\theta) = -\min\left[12\left(\frac{\theta}{\theta_{3\,dB}}\right)^2, A_m\right], \quad -180 \leqslant \theta \leqslant 180 \tag{5.4}$$

其中，$\theta$ 表示每条子径到扇区中心线的角度，$\theta_{3\,dB} = 70°$，$A_m = 23$ dB。

2) 确定用户参数

用户参数生成大致分为 9 个步骤，根据所选择场景的不同，可分别生成随机时延、随机功率、随机离开角(AoD)、随机到达角(AoA)等用户参数。下面将给出用户参数生成的具体步骤：

(1) 根据基站和用户的位置，可分别确定基站的法线方向和用户的法线方向与 LoS 视距方向的夹角 $\theta_{BS}$ 和 $\theta_{MS}$。根据当前场景的路径损耗模型，通过基站和用户之间的距离计算得到路径损耗。用户天线阵列 $\Omega_{MS}$ 和运动方向 $\theta_v$ 都服从 $(0, 2\pi)$ 的均匀分布。

(2) 确定时延扩展 $\sigma_{DS}$、角度扩展 $\sigma_{AS}$ 和正态阴影衰落标准差 $\sigma_{SF}$ 的相关性，可通过以下步骤产生：

为了保证全相关矩阵式是半正定的，小区内 $\sigma_{DS}$、$\sigma_{AS}$ 和 $\sigma_{SF}$ 的相关性应满足：

$$\rho_{\alpha\beta} = DS \text{ 与 } AS \text{ 的相关系数} = +0.5$$
$$\rho_{\gamma\beta} = SF \text{ 和 } AS \text{ 的相关系数} = -0.6$$

$$\rho_{\gamma\alpha} = \text{SF 和 DS 的相关系数} = -0.6$$

小区内相关矩阵可表示为矩阵 $\boldsymbol{A}$ 的形式：

$$\boldsymbol{A} = \begin{bmatrix} 1 & \rho_{\alpha\beta} & \rho_{\gamma\alpha} \\ \rho_{\alpha\beta} & 1 & \rho_{\gamma\beta} \\ \rho_{\gamma\alpha} & \rho_{\gamma\beta} & 1 \end{bmatrix} \tag{5.5}$$

除了小区内存在相关性外，不同小区之间也存在相关性，其相关矩阵可表示为矩阵 $\boldsymbol{B}$ 的形式：

$$\boldsymbol{B} = \begin{bmatrix} 0 & 0 & 0 \\ 0 & 0 & 0 \\ 0 & 0 & \zeta \end{bmatrix} \tag{5.6}$$

小区间的相关性仅包括阴影衰落，其相关系数 $\zeta$ 为 0.5。

分别产生 3 个相互独立的高斯随机变量 $w_{n1}$、$w_{n2}$ 和 $w_{n3}$，同时对于所有的基站，产生 3 个相互独立的高斯随机变量 $\xi_1$、$\xi_2$ 和 $\xi_3$，因此具有相关性的 $\alpha_n$、$\beta_n$ 和 $\gamma_n$ 可通过相关矩阵 $\boldsymbol{A}$ 和 $\boldsymbol{B}$、向量 $[w_{n1} \quad w_{n2} \quad w_{n3}]$ 和向量 $[\xi_{n1} \quad \xi_{n2} \quad \xi_{n3}]$ 的表达式计算得到。

$$\begin{bmatrix} \alpha_n \\ \beta_n \\ \gamma_n \end{bmatrix} = \begin{bmatrix} c_{11} & c_{12} & c_{13} \\ c_{21} & c_{22} & c_{23} \\ c_{31} & c_{32} & c_{33} \end{bmatrix} \begin{bmatrix} w_{n1} \\ w_{n2} \\ w_{n3} \end{bmatrix} + \begin{bmatrix} 0 & 0 & 0 \\ 0 & 0 & 0 \\ 0 & 0 & \sqrt{\zeta} \end{bmatrix} \begin{bmatrix} \xi_1 \\ \xi_2 \\ \xi_3 \end{bmatrix} \tag{5.7}$$

其中，矩阵 $\boldsymbol{C}$ 中的元素 $c_{ij}$ 可表示为

$$\boldsymbol{C} = (\boldsymbol{A} - \boldsymbol{B})^{1/2} = \begin{bmatrix} 1 & \rho_{\alpha\beta} & \rho_{\gamma\alpha} \\ \rho_{\alpha\beta} & 1 & \rho_{\gamma\beta} \\ \rho_{\gamma\alpha} & \rho_{\gamma\beta} & 1-\zeta \end{bmatrix}^{1/2} \tag{5.8}$$

根据 $\alpha_n$、$\beta_n$ 和 $\gamma_n$ 分别产生时延扩展 $\sigma_{DS}$、角度扩展 $\sigma_{AS}$ 和正态阴影衰落标准差 $\sigma_{SF}$。

时延扩展 $\sigma_{DS,n} = 10^{(\varepsilon_{DS}\alpha_n + \mu_{DS})}$

角度扩展 $\sigma_{AS,n} = 10^{(\varepsilon_{AS}\beta_n + \mu_{AS})}$

正态阴影衰落标准差 $\sigma_{SF,n} = 10^{(\varepsilon_{SF}\gamma_n/10)}$

（3）生成小尺度衰落信息。SCM 信道规定每条链路有 6 条主径，每条主径有 20 条子径，其小尺度信道衰落模型如图 5.10 所示。

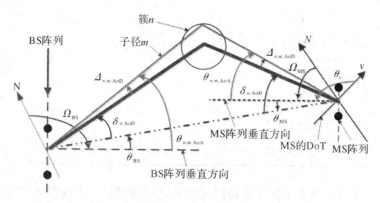

图 5.10　SCM 小尺度信道衰落模型示意图

图 5.10 给出了一条主径的示意图，粗线条表示链路的一条主径，细线条表示这条主径

的某一条子径。小尺度信息主要包括主径的构造和子径的构造。

① 主径的构造。主径的时延是随机产生的，满足：

$$\tau'_n = -r_{DS}\sigma_{DS}\ln z_n, \quad n = 1, 2, \cdots, 6 \tag{5.9}$$

其中，$r_{DS}$、$\sigma_{DS}$ 分别表示角度扩展和时延扩展参数（不同场景下为不同的定值）；$z_n$ 是服从 $U(0, 1)$ 的随机变量。

主径的功率也是随机产生的，满足：

$$P'_n = \exp\frac{(1 - r_{DS})(\tau'_n - \tau'_1)}{r_{DS}\sigma_{DS}} \cdot 10^{-\xi_n/10}, \quad n = 1, 2, \cdots, 6 \tag{5.10}$$

其中，$\xi_n$ 是均值为 0、方差为 3 dB 的高斯随机变量。6 条主径上的功率要归一化。

每条主径的离开角 AoD 是零均值的高斯随机变量，满足：

$$\delta'_n \sim \eta(0, \delta^2_{AoD}), \quad n = 1, 2, \cdots, 6 \tag{5.11}$$

其中，$\delta_{AoD}$ 是一个定值。按升序给每条主径分配 AoD，$|\delta'_{(1)}| < |\delta'_{(2)}| < \cdots < |\delta'_{(6)}|$。

每条主径的到达角 AoA 也是零均值的高斯变量，其方差与主径的功率有关，满足：

$$\delta_{n, AoA} \sim \eta(0, \delta^2_{AoA}), \quad n = 1, 2, \cdots, 6 \tag{5.12}$$

其中，$\delta_{n, AoA} = 104.12 \cdot (1 - \exp(-0.2175 \times |10\log_{10}P_n|))$。

② 子径的构造。每条主径上的 20 条子径都保持和该主径相同的时延，即一条主径是由 20 条子径信道叠加而成的。

20 条子径的角度扩展是固定的，如表 5.9 所示。

**表 5.9  不同场景下子径角度示意表**

| 子径数/$m$ | 基站端 2°角度扩展下子径相对其主径的离开角（宏小区）/(°) | 基站端 5°角度扩展下子径相对其主径的离开角（微小区）/(°) | 用户端 35°角度扩展下子径相对其主径的到达角/(°) |
|---|---|---|---|
| 1, 2 | ±0.0894 | ±0.2236 | ±1.5649 |
| 3, 4 | ±0.2826 | ±0.7064 | ±4.9447 |
| 5, 6 | ±0.4984 | ±1.2461 | ±8.7224 |
| 7, 8 | ±0.7431 | ±1.8578 | ±13.0045 |
| 9, 10 | ±1.0257 | ±2.5642 | ±17.9492 |
| 11, 12 | ±1.3594 | ±3.3986 | ±23.7899 |
| 13, 14 | ±1.7688 | ±4.4220 | ±30.9538 |
| 15, 16 | ±2.2961 | ±5.7403 | ±40.1824 |
| 17, 18 | ±3.0389 | ±7.5974 | ±53.1816 |
| 19, 20 | ±4.3101 | ±10.7753 | ±75.4274 |

表 5.9 展示了不同场景下所有子径固定的角度扩展情况。从表中可以看出，每条主径上的 20 条子径对称分布在主径的两边。因为微小区中散射环境比宏小区复杂，所以子径到其主径的角度就大；而用户端是全方向的散射，所以用户端子径到其主径的角度就明显比

基站端的要大。

由图 5.10、式(5.11)、式(5.12)和表 5.9 可得每条子径到天线阵列法线方向的离开角和到达角分别为

$$\theta_{n,m,\text{AoD}} = \theta_{\text{BS}} + \delta_{n,\text{AoD}} + \Delta_{n,m,\text{AoD}} \tag{5.13}$$

$$\theta_{n,m,\text{AoA}} = \theta_{\text{MS}} + \delta_{n,\text{AoA}} + \Delta_{n,m,\text{AoA}} \tag{5.14}$$

其中，$n$ 是主径指示；$m$ 是子径指示。

3) 生成信道系数

根据以上主径和子径的构造，我们可以得到每条主径上的信道系数：

$$h_{u,s,n}(t) = \sqrt{\frac{P_n \sigma_{\text{SF}}}{M}} \sum_{m=1}^{M} \begin{pmatrix} \sqrt{G_{\text{BS}}(\theta_{n,m,\text{AoD}})} \exp(\text{j}[kd_s \sin(\theta_{n,m,\text{AoD}}) + \phi_{n,m}]) \times \\ \sqrt{G_{\text{MS}}(\theta_{n,m,\text{AoA}})} \exp(\text{j}kd_u \sin(\theta_{n,m,\text{AoA}})) \times \\ \exp(\text{j}k \| v \| \cos(\theta_{n,m,\text{AoA}} - \theta_v)t) \end{pmatrix} \tag{5.15}$$

其中，$k = 2\pi/\lambda$；$d_s$ 和 $d_u$ 分别表示发送端和接收端天线到其标准天线的距离(一般标准天线都是最边上的天线)；$\phi_{n,m}$ 是子径的相位，满足 $U(0°, 360°)$；$G_{\text{BS}}$ 和 $G_{\text{MS}}$ 分别表示基站端天线的增益和用户端天线的增益(一般用户端天线的增益是全向均匀的，规定恒为 1)。

**2. SCM - E 信道模型**

由于 LTE/LTE - A 系统的系统带宽大大增加，因此适合 5 MHz 带宽的 SCM 信道已经不再适合作为 LTE/LTE - A 的标准模型，这样就要对 SCM 信道进行扩展，即为 SCM - E 信道模型。

SCM 信道用于 5 MHz 带宽，对子径的时延不敏感，一条主径上各条子径的时延相同，都是主径时延。SCM - E 信道带宽增加扩展到 100 MHz，系统对子径时延敏感，所以子径相对于主径的时延就需要考虑，则每条子径的总时延就是主径时延与子径相对于主径时延之和。这样就引入了中径的概念。

中径是若干条子径的集合。集合中每条子径的时延和角度扩展是相同的，且不同的集合中是不同的。中径定义了簇内的时延扩展，中径具有固定的时延和功率补偿，从而保持了 SCM - E 和 SCM 的后向兼容。因此，经过低通滤波的 SCM - E 冲激响应很接近于各自的 SCM 冲激响应。带宽扩展的结果是时延抽头的数量从 SCM 的 6 个增加到 18 或 24。中径的示意表如表 5.10 所示。

表 5.10 中径示意表

| 中径 | 正选曲线和功率的数量 | 时延 | 子径 |
| --- | --- | --- | --- |
| 1 | 10 | 0 | 1, 2, 3, 4, 5, 6, 7, 8, 19, 20 |
| 2 | 6 | 12.5 ns | 9, 10, 11, 12, 17, 18 |
| 3 | 4 | 25 ns | 13, 14, 15, 16 |

表 5.10 中总共有 3 条中径，第 1 条中径中包含 10 条子径，这 10 条子径的时延是相同的，和主径的时延一致；第 2 条中径包含 6 条子径，这 6 条子径的时延相同，都要比主径延迟 12.5 ns；第 3 条主径包含 4 条子径，这 4 条子径时延相同，都要比主径延迟 25 ns。通过划分中径，使得子径时延得以体现，符合了高带宽信道的要求。

**思考题 5**

5-1　LTE 常用带宽有哪些?

5-2　LTE 有定义了哪些物理信道?

5-3　给出物理信道，逻辑信道和传输信道的关系?

5-4　一个 LTE 资源块由多少个时频资源格组成?

5-5　LTE 有哪两种帧结构，分别适用于哪种双工模式?

# 第六章　LTE 小区搜索

> LTE 小区搜索通过若干下行信道实现，包括同步信道、广播信道和下行参考信号。本章首先描述小区搜索流程；然后介绍同步信号的时频结构，重点阐述同步序列设计，包括主同步信号序列和辅同步信号序列。此外，本章还介绍了同步信道和广播信道的发送分集。

## 6.1　小区搜索流程

若终端要接入到 LTE 系统，必须首先进行小区搜索过程。小区搜索过程就是终端与小区取得时间和频率同步，并检测小区标识的过程。终端只有在确定时间和频率参数后，才能实现对下行链路信号的解调，并传输具有精确定时的上行链路信号。LTE 小区搜索过程与 3G 系统的主要区别是，它能够支持不同的系统带宽（1.4～20 MHz）。

LTE 小区搜索通过若干下行信道实现，包括同步信道（SCH）、广播信道（BCH）和下行参考信号（RS）。随着功能的进一步划分，同步信道又可分成主同步信道（PSCH）和辅同步信道（SSCH）；广播信道又分为主广播信道和动态广播信道。需要说明的是，这些信道除了主广播信道外，在标准中并不是以正式的"信道"形式定义的。主同步信道和辅同步信道是纯粹的 L1 信道，不用来传送 L2/L3 控制信令，而只用于同步和小区搜索过程，因此也可以称为主同步信号和辅同步信号。动态广播信道最终是承载在下行共享传输信道（DL-SCH）中的，也没有以一个独立的信道形式出现。

SCH 用来获取帧同步信息和下行链路频率；BCH 承载小区/系统指定信息。实际中，终端至少需要获得下面的系统信息：

（1）小区的整个发送带宽。

（2）小区 ID。

（3）无线帧的同步信息。

（4）小区天线配置信息（发射天线数）。

（5）BCH 带宽的信息（可以定义多个 BCH 发送带宽）。

（6）与 SCH 或 BCH 有关的子帧 CP 长度信息。

在 LTE 系统中，需要识别 3 个主要的同步：第一，符号定时的捕获，通过它来确定正确的符号起始位置，例如设置 FFT 窗口位置；第二，载波频率同步，通过它来减少或消除频率误差的影响，其频率误差是由本地振荡器在发送端和接收端间的频率不匹配和终端移动导致的多普勒偏移造成的；第三，采样时钟同步。

### 6.1.1　小区搜索基本流程

终端与 LTE 网络能够进行通信之前，首先需要寻找网络中的一个小区并获取同步。然后需要对小区系统信息进行接收和解码，以便可以在小区内进行通信和其他正常操作。一旦系统信息被正确解码，终端就可以通过随机接入过程接入小区。LTE 随机接入过程将在第九章描述。

终端不仅需要在开机时进行小区搜索，为了支持移动性，还需要不停地搜索相邻小区，取得同步并估计该小区信号的接收质量（相邻小区的接收质量与当前小区有关），之后进行评估，从而决定是否需要执行切换（当终端处于连接模式）或小区重选（当终端处于空闲模式）。

LTE 的小区搜索过程可归纳为以下两种情况：

（1）初始同步：终端检测 LTE 小区并对所有需要登记的信息进行解码。例如，当终端接通或失去与服务区的连接时，需要进行初始同步。

（2）新小区识别：当终端已经接入 LTE 网络且检测到新的相邻小区时，执行新小区识别。在此情况下，终端向服务小区上报新小区相关的测量，准备切换。这种小区识别是周期性重复的，直到服务小区质量重新满足要求或终端移动到另一小区为止。

在上述两种情况中，同步过程采用了两种专门设计的物理信号，在每个小区上进行广播，它们分别是主同步信号（PSS, Primary Synchronization Signal）和辅同步信号（SSS, Secondary Synchronization Signal）。这两种信号的检测不仅使时间和频率同步，而且提供终端物理层小区标识（ID）和循环前缀长度，通知终端该小区所使用的是频分双工（FDD）还是时分双工（TDD）。

终端在初始同步过程中除检测同步信号外，还对承载 BCH 信息的物理广播信道（PBCH）进行解码，从而得到关键系统信息。终端在新小区识别过程中不必对物理广播信道进行解码，它只是基于来自新检测小区的参考信号进行信道质量等级测量，并上报给服务小区。

小区搜索和同步过程如图 6.1 所示，该图给出了终端每个阶段所确定的信息，其中，RSRP 表示参考信号接收功率（Reference Signal Received Power），RSRQ 为参考信号接收质量（Reference Signal Received Quality）。

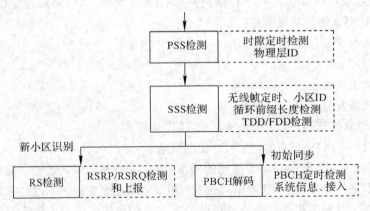

图 6.1　小区搜索和同步过程

LTE 一共定义了 504 个不同的 PDC(物理层小区标识)，在 TS36.211 中用 $N_{ID}^{cell}$ 表示，取值范围为 0～503，且每个小区标识对应一个特定的下行参考信号序列。所有物理层小区标识的集合被分成 168 个组($N_{ID}^{(1)}$，取值范围为 0～167)，每组包含 3 个小区标识($N_{ID}^{(2)}$，取值范围为 0～2)。

通过主同步信号(PSS)，终端可以得到该小区的 5 ms 定时并由此获知辅同步信号(SSS)的位置。此外，还可以获得小区组标识中的小区标识。然而此时终端还不能检测出小区组标识，只是把小区标识的可能数目从 504 降低到 168。一旦检测出主同步信号(PSS)，就可以获知辅同步信号(SSS)可能的位置，从而使终端可以获得帧定时及小区组标识(168 个可选项)信息。对于 PSS 所发现的 SSS 位置，存在两个不同可选项 FDD 和 TDD)，具体参见 6.2 节。

每个辅同步信号都可以携带 168 个不同的值以对应 168 个不同的小区组标识。此外，对一个子帧内的两个辅同步信号(如 SSS1 在子帧 0、SSS2 在子帧 5)中一系列有效的值是不同的，这意味着终端可以通过一个单独辅同步信号的检测，确定接收到的是 SSS1 还是 SSS2，从而可以确定帧定时。

一旦终端捕获到帧定时和物理层小区标识，就可以确定小区指定参考信号的结构信息，从而可以开始进行信道估计。之后，终端可以对携带基本系统信息的物理广播信道 PBCH 进行解码，获取主信息块(MIB)，包括公共天线端口数、系统带宽、系统帧号(SFN)、PHICH 配置等。最后，还要从 PDSCH 获得系统信息块(SIB)的信息。如果是识别相邻小区，终端并不需要解码 PBCH，而只需要基于最新检测到的小区参考信号来测量下行信号质量水平，以决定是进行小区重选还是切换。此时终端会通过参考信号接收功率(RSRP)将这些测量结果上报给服务小区，决定是否进行切换。

## 6.1.2　小区选择过程

小区选择是移动终端选择合适的小区并向其发起注册的过程。终端进行小区选择与重选即确定驻留在哪一个小区的过程。小区选择(重选)的过程中需要考虑每种使用无线接入技术(RAT)中每一个适用的频率、无线链路质量和小区状况等。

终端开机后，首先进行公用陆地移动通信网络(PLMN，Public Land Mobile Network)的选择。公用陆地移动通信网络是由政府或所批准的经营者，为公众提供陆地移动通信业务而建立和经营的网络。终端搜索载频信号，接收系统信息(系统信息将在 6.3.3 节详细描述)，在系统信息里检索出 PLMN 标识。

在选择 PLMN 之后，会进行小区选择，它的目的是使终端在开机后可以尽快选择一个信道质量满足条件的小区进行驻留。当驻留在一个小区后，终端定期确认是否有一个更好的小区，即小区重选。

小区选择过程可分为两种情况：初始小区选择和基于存储信息的小区选择。

初始小区选择是终端在没有关于载波的任何先验信息情况下的小区搜索，这时终端要在它所支持的可能存在 LTE 小区的几个中心频点上进行扫描，通过其自身能力找到一个合适的小区。在每一个载波频率上，终端只需要搜索信号最强的小区，当满足小区选择准则(S 准则)后，即可以选择该小区进行驻留。

基于存储信息的小区选择过程是终端已经存储了载波的相关信息情况下的小区选择，

例如终端保存了上次关机时的频点和运营商信息等。由于终端存储的载波相关信息可能包含一些小区参数信息，这可以从以前接收到的测量控制信息或者先前检测到的小区得到。一旦发现一个合适的小区，终端就会选择这个小区。如果存储相关信息的小区都不合适，终端将发起初始小区选择过程。

下面介绍小区选择准则以及小区驻留条件。

**1. 小区选择准则(S 准则)**

小区选择过程中，终端需要对将要进行选择的小区进行测量，以便进行信道质量评估，判断其是否符合驻留的标准。终端能正常驻留到一个小区的一个基本条件是该小区可以提供满足 S 准则的服务水平，即只有在一个小区的测量结果满足 S 准则时，才有可能成为小区选择和重选目标小区。

小区选择遵循的 S 准则如下：

$$S_{\text{rxlev}}>0 \quad 且 \quad S_{\text{qual}}>0 \tag{6.1}$$

其中：
$$S_{\text{rxlev}} = Q_{\text{rxlevmeas}} - (Q_{\text{rxlevmin}} + Q_{\text{rxlevminoffset}}) - P_{\text{compensation}} - Q_{\text{offsettemp}}$$
$$S_{\text{qual}} = Q_{\text{qualmeas}} - (Q_{\text{qualmin}} + Q_{\text{qualminoffset}}) - Q_{\text{offsettemp}}$$

上述各式中各参数的含义参见表 6.1。

**表 6.1　小区选择参数含义**

| | |
|---|---|
| $S_{\text{rxlev}}$ | 小区选择信号电平强度值/dB |
| $S_{\text{qual}}$ | 小区选择信号质量值/dB |
| $Q_{\text{offsettemp}}$ | 临时应用到小区的补偿值/dB |
| $Q_{\text{rxlevmeas}}$ | 小区实际测量计算所得的 RSRP(参考信号接收功率) |
| $Q_{\text{qualmeas}}$ | 小区实际测量计算所得的 RSRQ(参考信号接收质量) |
| $Q_{\text{rxlevmin}}$ | 小区规定的 RSRP 最小接收强度需求 |
| $Q_{\text{qualmin}}$ | 小区规定的 RSRQ 最小接收强度需求 |
| $Q_{\text{rxlevminoffset}}$ | 终端驻留在 VPLMN(访问公用陆地移动网)上搜索高优先级 PLMN(公用陆地移动网)时对 $Q_{\text{rxlevmin}}$ 进行的偏移，可以防止重选震荡 |
| $Q_{\text{qualminoffset}}$ | 需要在 $S_{\text{qual}}$ 估计中考虑的已告知的 $Q_{\text{qualmin}}$ 的补偿值，作为对于更高优先级的 PLMN 的一个周期性搜索的结果 |
| $P_{\text{compensation}}$ | 补偿值，max($P_{\text{emax}} - P_{\text{PowerClass}}$, 0)/dBm |
| $P_{\text{emax}}$ | 终端在小区中允许的最大上行发射功率/dBm |
| $P_{\text{PowerClass}}$ | 由终端能力决定的最大上行发射功率，即终端实际最大发射功率/dBm |

参数 $S_{\text{rxlev}}$ 和 $S_{\text{qual}}$ 为小区选择准则评估值，表示测量小区的服务质量。因为 RSRP 表示参考信号功率值，对于信号功率指示 $S_{\text{rxlev}}$，$Q_{\text{rxlevmeas}} - (Q_{\text{rxlevmin}} + Q_{\text{rxlevminoffset}})$ 表示下行接收信号质量，$P_{\text{compensation}}$ 表示上行发送信号质量，由此可知，$S_{\text{rxlev}}$ 是综合考虑了上行和下行信号

功率强度而评估出的可以表示小区可提供的服务质量的评估。RSRQ 作为综合考虑有用信号功率强度指示 RSRP 以及总接收功率(包括干扰和噪声影响)的信号质量度量值,可以提供比 RSRP 测量值更可靠的评估依据,所以 $S_{qual}$ 也表示小区服务水平。

**2. 小区驻留条件**

在 LTE 蜂窝通信系统中,当终端未驻留任何小区时(即开机或从网络覆盖区域外进入网络),终端要在所有支持的载频和无线接入技术(RAT)中搜索信号最强的小区,并选择该小区进行驻留。小区驻留必须满足以下条件:

(1) 小区属于所选的公用陆地移动网(PLMN)或者非接入层(NAS)提供的其他允许的 PLMN。

(2) 所选驻留小区不属于被禁止的漫游跟踪区域。

(3) 所选驻留小区不阻止。

(4) 所选驻留小区满足 S 准则。

以上 4 个条件包含在 PLMN 鉴定列表中的 SIB1(SIB 是系统信息块)、跟踪区域号码、小区选择参数和其他有关的参数中,终端通过这些参数判断最适合驻留的小区。仅当以上 4 个条件都满足时,被选中的小区才适合终端驻留。

终端物理层接收 SIB1 报告给无线资源控制层(RRC),通过 RRC 的计算,终端获得 $S_{rxlev}$ 的值,并且判断 $S_{rxlev}$ 的值是否大于 0,然后判断小区是否阻塞、是否属于禁止跟踪区域,PLMN 是否与非接入层指定的 PLMN 相对应。如果相应的条件满足,终端才会驻留在该小区。

**3. 小区重选**

当终端驻留到合适小区并停留时间达到特定值后,就可以进行小区重选。该过程是指终端通过监测邻区和当前小区的信号质量以选择一个最好的小区提供服务信号。在频率和无线接入技术间的小区重选主要是基于绝对优先级,因此终端首先评估基于优先级的所有无线接入技术的频率;然后,终端根据一定的排序准则及无线链路质量来比较在所有相关频率上的小区;最后,一旦重选小区,则终端就会根据小区选择准则和驻留条件验证该小区的可接入性。

# 6.2　同步信号时频结构

根据 6.1 节,同步信号用于小区搜索过程中用户终端对小区的识别和下行同步。LTE 物理层的同步信号主要包括主同步信号(PSS)和辅同步信号(SSS)。本节对 PSS 和 SSS 的时频结构进行详细描述。

对于 TDD 和 FDD 而言,主同步信号和辅同步信号的领域结构是完全一样的,但在帧中时域位置是不同的。

(1) 在 FDD 情况下,主同步信号在子帧 0 和 5 的第一个时隙的最后一个符号中发送;辅同步信号与主同步信号在同一子帧同一时隙发送,但辅同步信号位于倒数第 2 个符号中,比主同步信号提前 1 个符号。

(2) 在 TDD 情况下,主同步信号在子帧 1 和 6(即 DwPTS 内)的第 3 个符号内进行发送；而辅同步信号在子帧 0 和 5 的最后一个符号中发送，比主同步信号提前 3 个符号。

有几个原因造成了 FDD 和 TDD 情况下同步信号位置的不同。例如，若之前不知道所用的双工模式，可通过这些差异对其进行检测。

图 6.2 所示为 FDD 方式在时域上的主同步信号和辅同步信号帧和时隙结构；图 6.3 所示为 TDD 方式在时域上的主同步信号和辅同步信号帧的时隙结构。同步信号周期性进行传输，每个 10 ms 无线帧传输两次。

FDD 小区内，主同步信号总是位于每个无线帧第 1 和第 11 个时隙的最后一个 OFDM 符号上，使得终端在不考虑循环前缀长度下获得时隙边界定时。辅同步信号直接位于主同步信号之前。

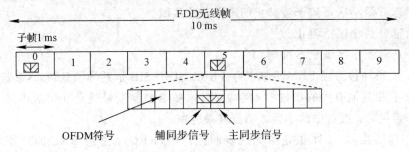

图 6.2　FDD 方式在时域上的 PSS 和 SSS 帧和时隙结构

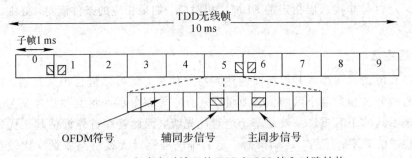

图 6.3　TDD 方式在时域上的 PSS 和 SSS 帧和时隙结构

假设信道相干持续时间远大于一个 OFDM 符号周期，上述这种设计可利用主同步信号和辅同步信号的相关性进行相干检测。

在 TDD 小区内，主同步信号位于每个无线帧第 3 个和第 13 个时隙上，从而辅同步信号比主同步信号提前 3 个符号；当信道相干时间远大于 4 个 OFDM 符号时间时，主同步信号和辅同步信号就可以进行相干检测。

辅同步信号的确切位置取决于小区所选择的循环前缀（CP）长度。在小区检测阶段，CP 长度对于终端来说是未知的，可以在两个可能的位置通过盲检查找到辅同步信号。

在特定小区里，主同步信号在每个发送它的子帧里是相同的，而每个无线帧里的两个辅同步信号对于每个无线帧会以指定的方式变化发送，从而使得终端可以识别 10 ms 无线帧的边界位置。

终端开机时并不知道系统带宽的大小，但它知道自己支持的频带和带宽。为了使终端能够尽快检测到系统的频率和符号同步信息，无论系统带宽大小为哪种情况（1.4 MHz、3 MHz、5 MHz、10 MHz、15 MHz、20 MHz），同步信号的传输带宽相同，都位于中心的

72 个子载波上，占用中心的 1.08 MHz 带宽。终端会在其支持的 LTE 频率的中心频点附近去尝试接收主同步信号和辅同步信号。图 6.4 给出了 20 MHz 带宽下小区搜索各步骤的频域位置。

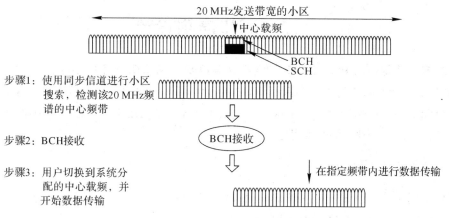

图 6.4　小区搜索各步骤的频域位置示意图

主同步信号 PSS 和辅同步信号 SSS 频域结构如图 6.5 所示。主同步信号和辅同步信号在中心 6 个资源块内传输，同步信号的频域映射不随系统带宽（从 6～110 个资源块的变化范围）变化，这使得终端可以在没有任何带宽分配的先验信息情况下与网络同步。主同步信号和辅同步信号都是由长度为 62 的序列组成的，映射到带宽中心（DC）周围的 62 个子载波上，这些子载波周围的直流载波未使用，这意味着每个同步序列末端的 5 个未使用资源粒子作用保护带。这种结构使得终端检测主同步信号和辅同步信号可使用 64 点 FFT，与使用中心 6 个资源块所有 72 个子载波相比，需要的采样速率更低。较短的同步序列也避免了在 TDD 系统中与上行链路参考信号相关性较高的可能性，这是因为该参考信号与辅同步信号是同一类型的序列。

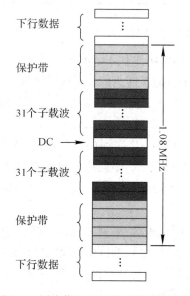

图 6.5　同步信号 PSS 和 SSS 频域结构

如果基站使用多天线技术，则任何子帧中的主同步信号和辅同步信号总是从相同的天线端口传输，但在不同子帧间的主同步信号和辅同步信号可以从不同的天线端口传输，这样可得到天线时间切换增益。

# 6.3　同步序列设计

在给定小区传输的 PSS 和 SSS 特定序列用以给终端指明物理层小区标识。如前所述，LTE 中有 504 个不同的物理层小区标识，被分为 168 组，每组 3 个标识。每组中的 3 个标识通常分配给同一基站控制下的小区。3 个主同步信号序列用来表示组内的小区识别，168 个辅同步信号序列用来表示组识别。

## 6.3.1　主同步信号序列

用作主同步信号（PSS）的序列 $d(n)$ 由频域 Zadoff – Chu 序列（简称 ZC 序列）产生：根序列为 $u$ 的 Zadoff – Chu 序列表示为

$$d_u(n) = \begin{cases} \exp\left(-j\dfrac{\pi un(n+1)}{63}\right), & n = 0, 1, \cdots, 30 \\ \exp\left(-j\dfrac{\pi u(n+1)(n+2)}{63}\right), & n = 31, 32, \cdots, 61 \end{cases}$$

其中用作主同信号的 Zadoff – Chu 根序列号 $u$ 参见表 6.2。

**表 6.2　主同步信号的根序号**

| $N_{ID}^{(2)}$ | 根序号 $u$ |
| --- | --- |
| 0 | 25 |
| 1 | 29 |
| 2 | 34 |

频域长度为 62 的 Zadoff – Chu 序列有 3 个取值，用于指示物理层小区组内的小区标识，每种序列对应一个 $N_{ID}^{(2)}$。某个小区的主同步信号对应的序列由该小区的物理层小区标识决定，即 $N_{ID}^{cell}/3$。不同的 $N_{ID}^{(2)}$ 对应不同的根值索引 $u$，进而决定了不同的 Zadoff – Chu 序列。

Zadoff – Chu 序列为 CAZAC 序列（Constant Amplitude Zero Auto – Corelation，恒包络零自相关序列）的一种，具有 CAZAC 序列的全部特性。它包括：

（1）恒包络特性，即长度不定的 ZC 序列峰值幅度是恒值。

（2）自相关特性，即任意长度的 ZC 序列经过非周期移位后，与未经过移位的 ZC 序列不相关。

（3）互相关特性，即两个不同的 ZC 序列之间的互相关和部分相关值约等于零。

（4）低峰均比特性，即任意 ZC 序列的峰值与此 ZC 序列的均值比值很低。

（5）傅立叶变换后仍然是 ZC 序列，即任意长度的 ZC 序列经过 DFT 或者 IDFT 后依然为 ZC 序列。

终端为了接收主同步信号，会使用指定的根值索引 $u$ 来尝试解码主同步信号，直到其

中某个根值索引 $u$ 成功解出主同步信号为止。这样，终端就知道了该小区的 $N_{ID}^{(2)}$。又由于主同步信号在时域上的位置是固定的，因此终端就可以得到该小区的 5 ms 定时。

## 6.3.2　辅同步信号序列

辅同步信号(SSS)序列是频域长度为 62 的二进制实数序列(频域实数序列对应时域对称的结构，可用自相关的方法进行搜索)，10 ms 无线帧中的两个辅同步符号采用不同的序列，包含 168 种组合，在主同步信道的基础上，指示 168 个物理层小区组标识。

采用 2 个长度为 31 的序列($0 \leqslant n \leqslant 30$)的交织连接，10 ms 中的两个辅同步时隙采用不同的序列，即

$$d(2n) = \begin{cases} s_0^{(m_0)}(n)c_0(n), & \text{时隙 0} \\ s_1^{(m_1)}(n)c_0(n), & \text{时隙 10} \end{cases}$$

$$d(2n+1) = \begin{cases} s_1^{(m_1)}(n)c_1(n)z_1^{(m_0)}(n), & \text{时隙 0} \\ s_0^{(m_0)}(n)c_1(n)z_1^{(m_0)}(n), & \text{时隙 10} \end{cases}$$

其中，$s_0$、$s_1$ 是一个预定义的 m 序列的两个循环移位，其循环移位的数值与 168 个小区组 ID 相关；$c_0$、$c_1$ 是一个预定义的 m 序列的两个循环移位，其循环移位数值与主同步信道所确定的 3 个小区组内 ID 相关；$z_1^{(m_0)}$、$z_1^{(m_1)}$ 是一个预定义的 m 序列的两个循环移位，其循环移位的数值与 168 个小区组 ID 相关。

每个辅同步信号序列由频域上两个长度为 31 的 BPSK 调制辅助同步码交错构成，即 SSC1 和 SSC2。SSS 序列映射如图 6.6 所示。

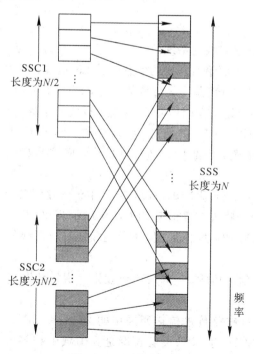

图 6.6　SSS 序列映射

辅同步信号是由两个长度为 31 的 m 序列交叉级联得到的长度为 62 的序列。在一个无线帧内，前半帧中辅同步信号的交叉级联方式与后半帧中辅同步信号的交叉级联方式相

反,这样的设计使得终端通过检测序列的顺序可以区分出该无线帧的起始位置。为了提高不同小区间的同步信号的辨识度,辅同步信号使用两组扰码进行加扰。第一组扰码由主同步序列索引号决定,并对两组辅同步序列进行共同加扰;第二组扰码由第一组辅同步序列决定,对处于奇数子载波上的辅同步序列进行二次加扰。经过两次加扰后的辅同步信号具有更好的相关特性,能够保证在正确检测出主同步信号后,更加精确地检测出辅同步信号。

## 6.3.3　系统信息

通过基本的小区搜索过程,终端可以同步到一个小区,并获得该小区的物理层小区标识,检测到小区帧定时。一旦完成这些操作,终端必须获得小区系统信息。这些信息被网络端不断重复广播,并且必须被终端所获取,以便进行接入以及在网络和特定小区内正常操作。系统信息包括有关下行链路和上行链路小区带宽的信息、TDD 模式情况下的上行和下行链路配置信息、有关随机接入传输和功率控制的相关参数等。

在 LTE 中,系统信息通过依赖于不同传输信道的两种不同机制进行发送:

(1) 有限数量的系统信息,对应所谓的主信息块(MIB),映射到广播信道(BCH),再由 BCH 映射到物理信道 PBCH 进行传送。

(2) 系统信息的主要部分,对应所谓的系统信息块(SIB),映射到下行共享信道(DL-SCH),再由 DL-SCH 映射到物理信道 PDSCH 进行传输。

需要注意的是,MIB 和 SIB 中的系统信息都对应到逻辑信道 BCCH(广播控制信道)中。因此,BCCH 可基于确切的 BCCH 信息映射到传输信道 BCHC(广播信道)和 DL-SCH(下行共享信道)。

### 1. 主信息块传输

如前所述,MIB 包含了有限的系统信息,主要是一些为了使终端能够读取通过下行共享信道提供的剩余系统信息而绝对需要的信息。更准确地说,MIB 包含下列信息:

(1) 有关上行链路和下行链路小区带宽的信息,MIB 中可用 4 比特来指示下行链路带宽。因此,每个频带最多可定义 16 种不同的带宽,以资源块数进行测量。

(2) 有关该小区 PHICH 配置的信息,终端必须获知 PHICH 配置信息以便能够接收 PDCCH(物理下行控制信道)上的 L1/L2 控制信令,而这是接收下行共享传输信道所必需的。

(3) 系统帧号(SFN),或者更准确地说,MIB 中包含除了 SFN 的最低 2 比特之外的高 8 比特。终端可以间接地从物理广播信道 PBCH 解码中获知 SFN 中的最低 2 比特信息。

BCH 对应的物理信道 PBCH 的处理,如信道编码和资源映射,与下行共享信道的相应处理有着显著的差别。

对应于 MIB 的广播信道传输块,每 40 ms 发送一次,因此 PBCH 传输时间间隔(TTI)为 40 ms。

不同于所有其他下行链路传输信道所采用的 24 比特 CRC 校验,BCH 采用 16 比特 CRC 校验。采用更短 PBCH 的 CRC 校验长度是为了减少相关的 CRC 开销,这是考虑到 PBCH 具有相对较小的传输块大小。

PBCH 采用与 PDCCH 控制信道相同的 1/3 速率尾比特卷积码。由于广播信道的传输块比其他信道小,因此广播信道采用卷积编码,而没有采用其他传输信道所使用的 Turbo

编码。对于这样的小传输块，尾比特卷积编码的性能要优于 Turbo 编码。

信道编码之后紧随的是速率匹配，实际上是对编码比特的重复以及比特级加扰。之后将四相相移键控(QPSK)应用到经过编码和加扰的 BCH 传输块。

PBCH 多天线传输仅限于发送分集，即 2 个天线端口情况下采用 SFBC 以及 4 个天线端口情况下采用基于 SFBC 的频率切换传输分集(FSTD，Frequency Switched Transmit Diversity)，即 SFBC/FSTD。实际上，如果小区内有 2 个可用天线端口，则必须对 BCH 采用 SFBC。类似地，如果有 4 个可用天线端口，则必须采用合并的 SFBC/FSTD。因此，通过对应用于广播信道的发送分集机制进行盲检测，就可获知小区内的小区特定天线端口数量以及 L1/L2 控制信令所采用的发送分集机制。

PBCH 的资源映射如图 6.7 所示。时域上，PBCH 映射到子帧 0 的第 2 个时隙内的前 4 个符号中，对于 TDD 和 FDD 都是相同的。频域上，PBCH 和同步信号一样，只占用 72 个中心子载波。在 TDD 模式下，广播信道紧跟在子帧 0 的主同步信号和辅同步信号之后。与同步信号不同的是，PBCH 两端没有留保护带。

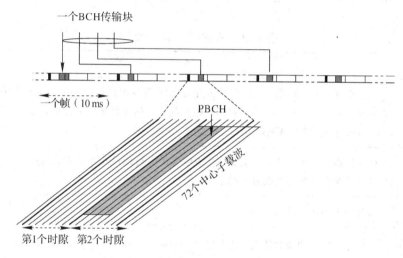

图 6.7　PBCH 传输信道的资源映射

将广播信道限制为 72 个中心子载波的原因在于，终端接收广播信道时可能还不知道下行链路小区带宽。当接收一个小区的 PBCH 时，终端可假设小区带宽等于最小可能的下行链路带宽(即对应为 72 个子载波的 6 个资源块)。被解码的 MIB 可以告知终端有关实际下行链路小区带宽的信息，并可据此调节接收机带宽。

显然，编码后 PBCH 映射到的资源粒子数要远大于 PBCH 传输块大小，这意味着需要对 PBCH 传输进行大规模的重复编码或等效为巨大处理增益。这种巨大处理增益是必要的，这是由于相邻小区应该也能够对该 PBCH 进行接收和解码，从而意味着很低的接收机信号与干扰噪声比。同时，许多终端可以在更好的信道状态下接收 PBCH。这样，这些终端就不再需要接收在 PBCH 传输块上传播的所有 4 个子帧，以保障获得为正确解码传输块所需的足够能量。相反，在只接收很少或可能只有一个子帧时，PBCH 传输块就可以被解码。

从初始小区搜索开始，终端只是获得了小区帧定时，因此，在接收 PBCH 时，终端不知道一个特定 PBCH 传输块被映射到哪 4 个符号。终端必须在四种可能的定时位置尝试对 PBCH 进行解码。如果 CRC 校验正确则表示解码成功，移动终端就可以间接确定 40 ms 定时并检测出系统帧号(SFN)最低 2 比特。这就是为什么这 2 比特不需要直接包含在主信息块中的原因。

此外,PBCH 在资源映射时要把 port0 - 3 的小区参考信号的资源粒子(RE)空出来。PBCH 在发送时会根据不同的天线数对添加的 CRC 进行加扰,因此对 PBCH 解码时可以得到对应的天线数。

**2. 系统信息块**

如前所述,广播信道(PBCH)上的 MIB 只包含了有限的系统信息。而系统信息的主要部分被包含在通过下行共享信道(DL - SCH)传输的不同系统信息块中。一个子帧中有关下行共享信道的系统信息是否出现,是通过被标记为特别系统信息 RNTI(SI - RNTI)的相关 PDCCH 传输来进行指示的,类似于 PDCCH 提供了对于"普通"下行共享信道传输的调度分配,这个 PDCCH 也指示了系统信息传输所采用的传输格式和物理资源(资源块集合)。

LTE 在其 Rel - 8 中定义了从 SIB1 到 SIB11 的 11 种不同系统信息块,在 Rel - 9~12 中又定义了 SIB12 至 SIB17,而这些 SIB 的特征是通过包含在其中的信息类型所体现的,如表 6.3 所示。

表 6.3 系统信息块含义

| 系统信息块 | 含 义 |
|---|---|
| SIB1 | 包含小区运营商的信息,以及是否存在关于哪些用户可以接入小区的限制等;此外,还包含 TDD 模式下的上/下行链路子帧分配及特殊子帧配置方面的信息,以及有关其余 SIB(SIB2 及更多)时域调度方面的信息 |
| SIB2 | 包含终端接入小区所需的信息。其中包含了上行链路小区带宽、随机接入参数以及上行链路功率控制相关参数方面的信息 |
| SIB3 | 包含关于小区重传的信息 |
| SIB4~8 | 包含相邻小区的相关信息,其中包含了同载波上相邻小区、不同载波上相邻小区、相邻非 LTE 小区(如 WCDMA/HSPA、GSM)以及 CDMA2000 小区的相关信息 |
| SIB9 | 包含家庭基站 HeNB 名称 |
| SIB10、SIB11 | 包括地震和海啸警报 ETWS 的主要和次要通知信息 |
| SIB12 | 包含运营商警告 CMAS 信息 |
| SIB13 | 包含获得和一个或者更多 MBSFN 区域有关的 MBMS 控制信息 |
| SIB14 | 包含扩展接入限制 EAB 参数 |
| SIB15 | 包含当前或者相邻小区的 MBMS 服务区特性(SAI) |
| SIB16 | 包含有关 GPS 定时和协同世界时间的消息 |
| SIB17 | 包含 LTE 和 WLAN 之间通信转换的消息 |

与 MIB 类似，SIB 也是被重复广播的。某一特定 SIB 的传输频率决定了终端在接入小区时能够多么快地获取相关系统信息。总之，序号低的 SIB 在时间上要求更严格，因此低序号 SIB 被传输得更为频繁。SIB1 每 80 ms 传输一次，而高序号 SIB 的发送周期比较灵活，对不同网络可以是不同的。

SIB2 第一次传输在无线帧的子帧♯5（第 6 个子帧）中，满足 SFN mod 8＝0。重传在其他所有无线帧的子帧♯5 中，满足 SFN mod 2＝0。

除 SIB1 以外，SIB 被映射到一个或多个系统信息（SI）消息上，SI 对应下行共享信道上传输的实际传输块，可以在相同 SI 上复用，且遵循以下限制：

（1）映射到相同 SI 的 SIB 带有相同的传输周期。例如，带有发送周期为 320 ms 的两个 SIB 可以被映射到相同的 SI，而一个带有 160 ms 发送周期的 SIB 必须映射到不同的 SI。

（2）映射到一个 SI 的信息比特总数不能超过一个传输块所能传输的极限。

需要注意的是，给定 SIB 的发送周期在不同网络中可能是不同的。例如，不同运营商可能对需要传输的不同类型的相邻小区信息带有不同的需求。此外，能够填入一个传输块的信息量可能非常大，这取决于具体配置场景，如小区带宽、小区大小等。

总体上说，SIB 到 SI 的映射是灵活的，并且在不同网络中甚至同一网络中可能是不同的。图 6.8 所示为一个 SIB 到 SI 映射实例的示意图。图中，SIB2 被映射到 SI‑1 并带有 160 ms 的发送周期；SIB3 和 SIB4 被复用到 SI‑2 并带有一个 320 ms 的发送周期；而 SIB5 也需要 320 ms 的发送周期但被映射到了一个独立的 SI（SI‑3）；最后，SIB6、SIB7 和 SIB8 被复用到 SI‑4 并带有一个 640 ms 的发送周期。有关具体 SIB 到 SI 映射以及不同 SI 的发送周期方面的信息在 SIB1 中提供。

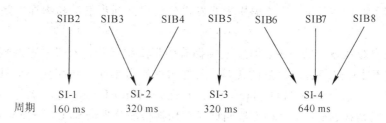

图 6.8　SIB 到 SI 映射实例

考虑到不同系统信息消息更为具体的传输情况，SIB1 的传输与其他 SI 的传输是不同的。

SIB1 的传输灵活性有一定的限制。更准确地说，SIB1 总是在子帧♯5 内传输的，其发送带宽、资源块集合以及其他传输格式方面的信息是可以变化的，具体信令是在相关联的 PDCCH 上进行传输的。

SI 在下行共享传输信道上的调度更为灵活，原则上每个 SI 可以在定义好起点和长度的时间窗内的任何子帧中传输。每个 SI 时间窗的起点和长度是在 SIB1 中提供的，如图 6.9 所示。需要注意的是，SI 不需要在时间窗内的连续子帧上传输。时间窗内系统信息是否出现，是通过 PDCCH 之上的 SI‑RNTI 指示的，该 SI‑RNTI 还同时提供了频域调度以及与系统信息传输相关的其他参数。

由于不同 SI 具有不同的非交叠时间窗，因此终端知道正在接收的是什么 SI，而无需对每个 SI 进行特别指示。

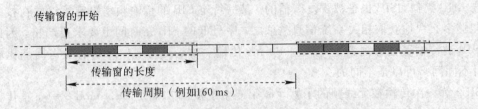

图 6.9　SI 传输的时间窗

在相对小的 SI 和相对大的系统带宽情况下，一个子帧对于所有的 SI 传输可能是足够的；而在其他情况下，可能需要多个子帧来传输一个 SI。在后者情况下，并非是将每个 SI 分割为多个足够小的块进行独立的信道编码，并在独立子帧内传输，而是将整个 SI 进行信道编码后映射为多份，并且不要求在连续子帧内传输。

与广播信道情况类似，信道条件好的终端可以在只接收了编码 SI 映射子帧之一后就对整个 SI 进行解码，而位于较差位置的终端需要在接收更多子帧后才对该 SI 进行正确解码。该方法具有两个优点：

（1）与广播信道解码类似，信道条件好的终端需要接收较少子帧，这意味着可以降低终端功率消耗。

（2）与 Turbo 编码相比，采用更大码块会带来更大的信道编码增益。

# 6.4　SCH/ BCH 发送分集

同步信道和物理广播信道是用于初始小区搜索的信道，必须具有很高的鲁棒性，因此在基站装备多天线的条件下，应考虑用天线发送分集提高同步信道和物理广播信道的链路性能。

天线切换是分集技术的一种，即发送端拥有多根发射天线，依照一定的规律，如时间或者频率，在天线中进行数据信息的传输。若把时间当做不同天线切换的标准，这种方法就叫做时间切换传输分集（TSTD，Time Switched Transmit Diversity）；若把不同子载波当做不同天线进行切换的标准，这种方法叫做频率切换传输分集（FSTD，Frequency Switched Transmit Diversity）。图 6.10 所示为这两种切换方式的示意图，其中天线数为 2。

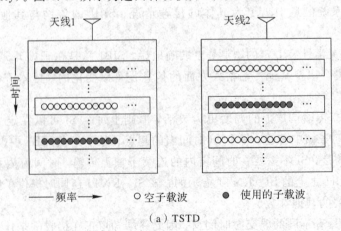

（a）TSTD

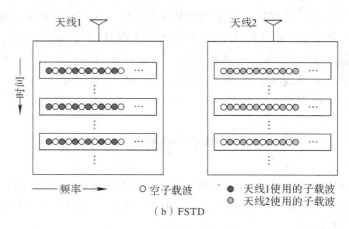

图 6.10　天线切换分集示意图

将以上两种不同的天线切换方式写成以下公式

$$\begin{bmatrix} s_1 & 0 \\ 0 & s_2 \end{bmatrix}$$

该式表明若时刻 $t$（或频率 $f$），天线 1 上发送 $s_1$，天线 2 传输为空；在时刻 $t+1$（或频率 $f+1$），在天线 2 上传输符号 $s_2$，天线 1 上不传输任何信息。同理，此技术可以扩展到基站配置多根天线的情况。

同步信道是终端开机首先检测的物理信道，所以在检测同步信道时终端没有系统的任何先验信息，终端必须在不知道小区天线数量的情况下接收同步信道。如果针对同步信道采用发送分集发送，必须采用那些不需要知道天线数量就可以正确解调的分集技术，如时间切换发送分集（TSTD）、频率切换发送分集（FSTD）、循环延迟分集（CDD）和预编码向量切换（PVS）。

图 6.11 给出了 SCH 预编码向量在时域中的切换模式，此处仅仅使用了两个预先编码矢量权值，SCH 符号在每个无线帧中发送两次，为了实现时域分集，不同的 SCH 对应的预先编码矢量权值可以是不同的。在此方案中，尽管已定的预编码向量模式的区间被设置为 10 ms，但这个区间还可以扩展到几十毫秒。

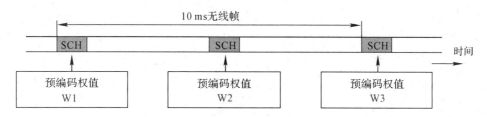

图 6.11　SCH 的预编码向量切换模式

如果基站的天线配置是通过物理广播信道（PBCH）广播的，其发送也只能使用上述不依赖天线数量先验信息的分集技术。但是，如果天线配置信息是通过其他信道，如同步信道或参考信号指示，则物理广播信道也可以采用需要天线数量先验信息的分集技术，如基于"块码"（Block Codes）的发送分集。

由于发送分集方案可以在 PBCH 接收之前通过 SCH 序列告知终端，因此任何开环发送分集均可用在广播信道的发送过程中。

在多天线情况下，LTE 确定主同步信道和辅同步信道采用预编向量切换技术进行发送分集操作。这种技术不需要指示同步信道用几个天线端口（Antenna Port）发送，以及在哪个天线端口上发送。可以明确的是，主同步信道和辅同步信道一定会在相同的天线端口上发送。而 PBCH 在 2 天线或 4 天线情况下是基于 SFBC 的方式发送的，具体来说，在 2 天线情况下采用 SFBC 的方式发送，在 4 天线情况下采用 SFBC+FSTD 的方式发送。

## 本 章 小 结

LTE 小区搜索过程包括下行时间和频率的同步、小区物理 ID 的检测和 OFDM 信号的循环前缀长度的检测。完成这些操作后，终端就可以开始读取服务小区的广播信道中的系统信息，进行进一步操作。

本章主要描述了小区搜索过程与原理，给出了初始搜索和新小区识别过程中每步获得的信息，介绍了小区搜索用到的主同步信号和辅同步信号以及同步信号映射到时域和频域上的位置，同时对系统信息的结构和传输过程进行了描述。最后介绍了 SCH/BCH 发送分集方案。终端在完成小区搜索过程之后，将获得所在小区的下行同步信息和与位置有关的特定标识号，以作为后续接入过程的重要参数。

### 思考题 6

6-1　试述小区搜索的基本过程。

6-2　给出 TDD 模式下 PSS/SSS 的时域和频域结构。

6-3　什么是 Zadoff-Chu 序列，它用作 PSS 时的频域形式是什么？

6-4　什么是 MIB？什么是 SIB？它们分别包含哪些信息？

6-5　说明 PBCH 在 4 发射天线时采用什么分集方式？请给出相应的图示。

# 第七章　物理层上行传输过程

本章以 LTE 物理层上行传输为研究对象，首先介绍上行物理信道的分类和上行信道编码技术；然后介绍单载波频分多址接入技术（SC-FDMA），详细阐述了物理层上行共享信道（PUSCH）、上行控制信道（PUCCH）、上行参考信号（RS）的传输过程；介绍了时间提前量估计和上行链路定时；最后介绍了 LTE 的上行链路自适应和资源调度技术。

## 7.1　上行传输概述

由第五章可知，LTE 定义了三种上行物理信道：物理上行共享信道（PUSCH）、物理上行控制信道（PUCCH）和物理随机接入信道（PRACH）。PUSCH 用于上行链路共享数据传输；PUCCH 在上行链路的预留频带发送，用来承载上行链路发送所需的确认/非确认（ACK/NACK）消息、信道质量指示（CQI）消息及上行发送的调度请求；PRACH 主要用于随机接入网络的过程。此外，上行传输还包括上行参考信号。PRACH 将在第九章进行介绍，本章重点讲述 PUSCH、PUCCH 以及上行参考信号。

## 7.2　上行信道编码

对于来自上层的各个传输信道的数据和物理层自身的控制信息，物理层将按照规定的格式进行一系列信道编码相关的处理，通常的过程包括码字循环冗余校验码（CRC，Cyclic Redundancy Check）计算、码块分割、码块 CRC 计算、码块信道编码、码块交织、速率匹配、码块连接以及向物理层信道映射的过程。传输块物理层信道编码的过程如图 7.1 所示。

**1. 循环冗余校验码（CRC）计算**

循环码作为线性分组码中最重要的子类，编码简单并且检错能力强。检错码是通过增加被传送数据的冗余量方式，将校验位同数据一起发送，接收端则通过校验和比较来判断数据是否无误，从而提高传输的可靠性。LTE 物理层提供了四种循环冗余校验（CRC，Cyclic Redundancy Check）的计算方法，分别用于不同信息的处理过程，其中包括两种长度为 24 比特的 CRC 计算方法、一种长度为 16 比特的 CRC 计算方法和一种长度为 8 比特的 CRC 计算方法。

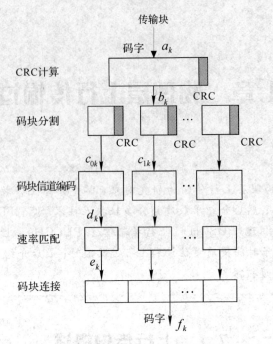

图 7.1  传输块物理层信道编码的过程

长度为 24 比特的 CRC 用于下行共享信道(DL-SCH)、寻呼信道(PCH)、多播信道(MCH)和上行共享信道(UL-SCH)等传输信道信息的处理过程。定义了两种计算多项式,其中式(7.1a)用于整码字的 CRC 计算;式(7.1b)用于分码块的 CRC 计算。

$$\begin{cases} g_{\text{CRC24A}}(D) = (D^{24} + D^{23} + D^{18} + D^{17} + D^{14} + D^{11} + D^{10} + D^{7} + D^{6} + D^{5} + D^{4} + D^{3} + D + 1) \\ \qquad\qquad\qquad\qquad\qquad\qquad\qquad\qquad\qquad\qquad\qquad\qquad\qquad\qquad (7.1a) \\ g_{\text{CRC24B}}(D) = (D^{24} + D^{23} + D^{6} + D^{5} + D + 1) \qquad\qquad\qquad (7.1b) \end{cases}$$

长度为 16 比特的 CRC 用于广播信道(BCH)和下行控制信息(DCI)的处理过程,对应的计算多项式的定义为

$$g_{\text{CRC16}}(D) = (D^{16} + D^{12} + D^{5} + 1) \qquad\qquad\qquad (7.2)$$

长度为 8 比特的 CRC 用于上行控制信息(UCI)在物理上行共享信道(PUSCH)中传输时可能需要的 CRC 操作,对应的计算多项式为

$$g_{\text{CRC8}}(D) = (D^{8} + D^{7} + D^{4} + D^{3} + D + 1) \qquad\qquad\qquad (7.3)$$

如图 7.2 所示。

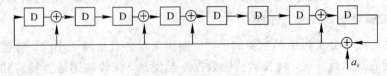

图 7.2  CRC 计算($g_{\text{CRC8}}$)

## 2. 码块分割

传输信道中的 1 个传输块对应于物理层的 1 个码字,码字是物理层进行信道编码等相关操作的单位。

当收到来自传输信道的 1 个传输块后,物理层将其对应为 1 个码字,首先对整个码字

进行 CRC 计算,得到添加 CRC 比特后的码字数据流。考虑到信道编码(如 Turbo 码)的性能与处理时延等因素,LTE 标准中定义了最大的编码长度为 6144,即如果添加 CRC 比特后的码字数据流的长度大于 6144,那么需要对码字进行分割,将一个码字分割为若干个码块,对每个码块再添加相应的 CRC 比特(使用 24 比特长度 CRC 的式(7.1b)),然后以码块为单位进行信道编码,以满足信道编码最大长度的限制,如图 7.3 所示。

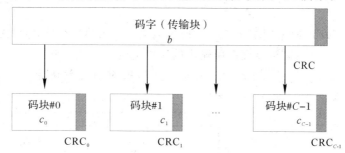

图 7.3　码块分割

LTE 物理层采用 Turbo 编码的内交织器对数据的长度有一定的要求,LTE 标准中以列表的方式给出了所支持的数值,因此,在分块过程中,可能需要进行一定的填充,以保证每一个码块的长度符合内交织器的要求。

**3. 信道编码**

LTE 物理层支持的信道编码方法包括块编码、截尾卷积编码和 Turbo 编码。由于 Turbo 编码具有良好的译码性能,因此 LTE 中大部分物理信道的数据信息采用 Turbo 编码。由于卷积码译码复杂度较低以及其低码长时的性能情况,因此截尾卷积编码被用作广播信道以及物理层上行和下行控制信息主要的信道编码方法。另外,采用了块编码作为一些长度较短的信息的信道编码方法,包括物理控制格式指示信道(PCFICH, Physical Control Format Indicator Channel)、物理混合自动重传指示信道(PHICH, Physical Hybrid ARQ Indicator Channel)和 PUCCH 中的物理层控制信息。

1) 截尾卷积编码

信道编码采用截尾卷积编码时,$D=K$。编码器的多项式长度为 7,码率限制为 1/3,其结构如图 7.4 所示。

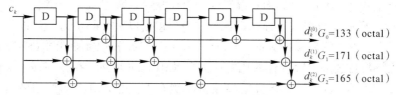

图 7.4　截尾卷积编码

移位寄存器的初始值设置为比特流的最后 6 位信息比特,目的是保证移位寄存器的初始状态和最终状态相同。假设输入编码器数据 $c_k$ 的长度为 $K$,将移位寄存器的初始状态记作 $s_0$, $s_1$, $s_2$, $\cdots$, $s_5$,则 $s_i = c_{(K-1-i)}$。

2) Turbo 编码

LTE 物理层采用传统的由 2 个并行子编码器和 1 个内交织器组成的 Turbo 编码方法。与 WCDMA 中的 Turbo 码方案相比较,LTE 中的 Turbo 码方案采用了相同的子编码器结构，状态数目为 8；而对内交织器算法进行了主要的改动，LTE 中采用了二次置换多项式（QPP，Quadratic Permutation Polynomial）交织器，主要目的是解决原有的交织器在分块译码的数据读取过程中可能出现冲突的问题，以更好地支持并行的译码器结构。

假设 Turbo 编码器的码率为 1/3，输入编码器的数据 $c_k$ 的长度为 $K$，编码输出 3 个分量码（$d_k^{(0)}$、$d_k^{(1)}$、$d_k^{(2)}$），由于受到 Turbo 码总共 12 个尾比特的影响，每个分量码的长度为 $D=K+4$。

LTE 物理层 Turbo 码采用基于二次置换多项式算法的内交织器，假设输入内交织器的比特流为 $c_0, c_1, \cdots, c_{K-1}$，经过交织后输出的比特流为 $c_0', c_1', \cdots, c_{K-1}'$，如图 7.5 所示，它们满足对应关系 $c_1' = c_{\Pi(i)}$，交织前、后元素序号的对应关系满足二次多项式 $\Pi(i) = (f_1 i + f_2 i^2) \bmod K$，$i = 0, 1, \cdots, K-1$。

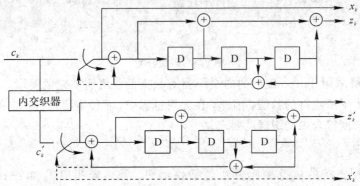

图 7.5　Turbo 编码

上行物理信道采用 Turbo 编码来保证传输的可靠性。Turbo 编码巧妙地结合了卷积码和随机交织器，在实现随机编码思想的同时，通过交织器实现了由短码构造长码的方法，并采用软输出迭代译码来逼近最大似然译码。可见 Turbo 编码充分利用了香农信道编码定理的基本条件，能够得到接近香农极限的性能。

**4. 速率匹配**

在速率匹配的过程中，对上述信道编码后形成的比特流进行选取，可形成不同的编码速率，以匹配于最终实际使用的物理资源。在这个过程中，以信道编码的每个码块为单位进行速率匹配的操作。下面以 Turbo 编码为例介绍速率匹配过程。

对 Turbo 编码后的数据进行速率匹配的过程，包括以每个码块为单位进行"3 个分量码的子码块交织"、"形成循环缓冲区（Circular Buffer）"以及"按照冗余版本（RV，Redundancy Version）和比特数目选取本次发送的比特序列"，如图 7.6 所示。在循环缓冲区形成的过程中，对于下行发送的情况，还需要根据终端接收缓存的大小，对实际使用的循环缓冲区大小进行限制。

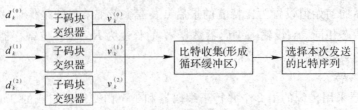

图 7.6　Turbo 码的速率匹配

1）子块交织

在子块交织器中，采用块交织的方式对 Turbo 编码输出的 3 个分量分别进行交织。设定块交织器的列数为 32，然后根据交织长度 $D$ 确定块交织器的行数。

在子块交织的过程中，分量码的比特序列逐行地写入块交织器中，在这个过程中，可能需要在序列的开始部分进行必要的填充，使得序列能够充满块交织器。在完成序列的写入后，对块交织器以列为单位进行顺序转换，最后逐列地读出块交织器中的比特信息，由此形成了交织后的序列（其中包括填充比特）。

对于第 3 分量码（即第 2 校验码）采用了与前两个分量码不同的交织公式，添加了 1 位的偏移量，这样可以避免在速率匹配的过程中，对应于同一个信息比特的两个校验比特被同时打孔，起到保持编码信息对偶互补性的作用。

2）形成循环缓冲区（Circular Buffer）

Turbo 编码的 3 个分量码（包括 1 个系统码和 2 个校验码）各自经过子块交织之后形成了 3 个数据流 $v_k^0$、$v_k^1$、$v_k^2$，将这三个数据流按照给定的规则进行连接，收集到一个循环缓冲器中，即形成循环缓冲区。收集的顺序为，最先插入的是系统比特，随后是第 1、第 2 校验位交叉插入。

3）选择本次发送的比特序列

在每次数据发送过程中，根据本次混合自动重传请求传输中所对应的冗余版本和比特数目选取本次发送的比特序列。其中冗余版本的数值描述了比特序列在循环缓冲区中的起始位置。

值得注意的是，为了获得更好的信道编码性能，各冗余版本的起始位置中，冗余版本为零的数据序列不包含所有 Turbo 系统分量码（系统码）的信息比特，另外还包含了一部分校验码的信息比特。在确定起始位置之后，根据比特数目从循环缓冲区中选取用于本次发送的比特序列。从这个过程中将去掉进行子块交织时所加入的填充比特。

**5. 码块连接**

在完成以码块为单位的信道编码和速率匹配的过程之后，将对 1 个码字内所有的码块进行串行连接，形成码字（即传输块）所对应的传输序列，如图 7.7 所示。

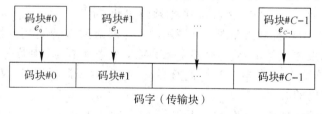

图 7.7 码块连接

# 7.3 SC – FDMA

为了降低用户设备发送时的峰均比（PAPR），上行链路发送的基本方案是单载波频分多址接入（SC – FDMA）。SC – FDMA 也使用循环前缀（CP）来保证上行链路用户间的正交性，并且能够在接收端支持有效的频域均衡。这种产生频域信号的方法有时也称为离散傅立叶变换扩展正交频分复用（DFT – SOFDM, Discrete Fourier Transform Spread

Orthogonal Frequency Division Multiplex)，如图 7.8 所示。这种方法与下行链路 OFDM 方案具有高度的一致性，可以和 OFDM 方案使用很多相同的参数，例如时钟频率等。

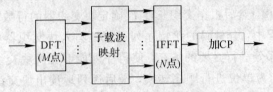

图 7.8　SC - FDMA 处理过程

　　SC - FDMA 与 OFDM 最大的区别是在 IFFT 前做了预处理，对信号进行 DFT 扩展，这样系统发送的是时域信号，避免了 OFDM 发送频域信号带来的 PAPR 问题，提高用户设备的功率，延长电池寿命，降低设备成本。

　　在图 7.8 所示系统中，DFT 点数 $M$ 远小于 IFFT 点数 $N$，$N$ 与可用子载波数有关。SC - FDMA 信号以 $N/M$ 的速率过采样，信号以 $M$ 为周期，相位累加的影响被平均到 $N$ 个点上，结果等效于使用 $\sin x/x$ 脉冲成型的单载波过采样，因此称为单载波频分多址接入。

　　子载波映射通过在高端或低端插入适当的 0 来决定使用哪一部分频谱来发送数据。在每一个 DFT 的输出中插入 $L-1$ 个 0 样点。当 $L=1$ 时，子载波映射相当于集中式发送，即 DFT 的输出映射到连续子载波上发送；当 $L>1$ 时，采用的是分布式发送，可以认为是一种在集中式发送的基础上获取额外频率分集的方案。虽然上行链路原来也计划使用分布式映射，但 LTE 标准已经决定仅使用集中式映射，频率分集可以通过 TTI 内和 TTI 间的跳频来实现。子载波映射及其频谱如图 7.9 所示。

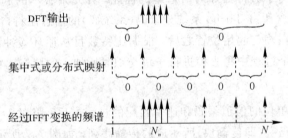

图 7.9　子载波映射及其频谱

　　每一个 SC - FDMA 符号按照图 7.9 所示的方法映射到 $N$ 个可用的物理子载波。

　　每一个时隙的发送信号由 $N_{\text{symb}}^{\text{UL}}$ 个 SC - FDMA 符号来描述，其序号从 0 到 $N_{\text{symb}}^{\text{UL}}-1$。每一个 SC - FDMA 符号包含多个复调制符号 $a_{u,l}$，表示资源元素 $(u,l)$ 的值，其中 $u$ 是 SC - FDMA 符号 $l$ 内的时间序号。

　　对于第 1 类帧结构来说，所有 SC - FDMA 符号的大小相同。第 1 类帧结构的上行时隙结构如图 7.10 所示。

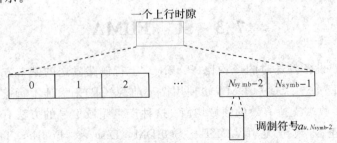

图 7.10　上行链路时隙格式(第 1 类帧结构)

对于第 2 类帧结构来说，SC－FDMA 符号 1 和 $N_{\text{symb}}^{\text{UL}}-2$ 是短 SC－FDMA 符号，用来承载上行链路解调参考信号。第 2 类帧结构的上行链路时隙结构如图 7.11 所示。

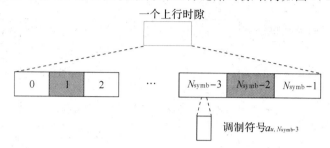

图 7.11 上行链路时隙格式（第 2 类帧结构）

一个时隙的 SC－FDMA 符号数取决于由高层配置的循环前缀长度，如表 7.1 所示。

表 7.1 上行链路资源块参数

| 配置 | $N_{\text{sc}}^{\text{RB}}$ | $N_{\text{symb}}^{\text{UL}}$ | |
|---|---|---|---|
| | | 第 1 类帧结构 | 第 2 类帧结构 |
| 常规循环前缀 | 12 | 7 | 9 |
| 扩展循环前缀 | 12 | 6 | 8 |

在第 2 类帧结构的情况，长符号块用于控制信令和数据的发送，而短符号块用作参考信号（相干解调和信令/数据发送的导频符号）。

在一个时隙的 SC－FDMA 符号应该按照 $l$ 递增的顺序进行发送。在一个上行链路时隙的 SC－FDMA 符号 $l$ 中，时间连续信号 $s_l(t)$ 为

$$s_l(t)=\sum_{k=-\lfloor N_{\text{RB}}^{\text{UL}} N_{\text{sc}}^{\text{RB}}/2\rfloor}^{\lceil N_{\text{RB}}^{\text{UL}} N_{\text{sc}}^{\text{RB}}/2\rceil-1} a_{k^{(-)},l}\cdot e^{j2\pi(k+1/2)\Delta f(t-N_{\text{CP},l}T_s)} \tag{7.4}$$

$0\leqslant t\leqslant(N_{\text{CP},l}+N)\times T_s$，其中 $k^{(-)}=k+\lfloor N_{\text{RB}}^{\text{UL}} N_{\text{UL}}^{\text{RB}}/2\rfloor$。变量 $N=2048$，$\Delta f=15\ \text{kHz}$。

表 7.2 列出了 $N_{\text{CP},l}$ 的值，可以用于上述两种帧结构。注意一个时隙内的不同 SC－FDMA符号可能具有不同的循环前缀长度。对于第 2 类帧结构，由于最后一部分用于保护间隔，因此 SC－FDMA 符号不完全填充所有上行链路子帧。

表 7.2 SC－FDMA 参数

| 配置 | 循环前缀长度 $N_{\text{CP},l}$ | | 保护间隔（GI） |
|---|---|---|---|
| | 第 1 类帧结构 | 第 2 类帧结构 | |
| 常规循环前缀 | 160，$l=0$<br>144，$l=1,2,\cdots,6$ | 224，$l=0,2,\cdots,8$ | 288 |
| 扩展循环前缀 | 512，$l=0,1,\cdots,5$ | 512，$l=0,1,\cdots,7$ | 256 |

# 7.4 PUSCH 传输过程

LTE 物理上行共享信道（PUSCH）的基带处理过程包括加扰、调制映射、层映射、预编

码、资源映射以及 SC－FDMA 信号产生等，具体处理流程如图 7.12 所示。

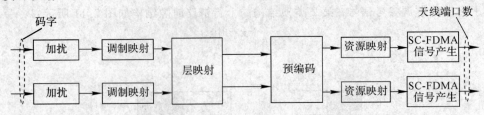

图 7.12　上行物理共享信道基带处理流程

### 1. 加扰

在一个子帧的物理上行共享信道上传输比特块 $b(0), \cdots, b(M_{\text{bit}}-1)$，其中 $M_{\text{bit}}$ 为一个子帧中 PUSCH 上传输的比特数，在调制之前需要使用一个用户指定的扰码序列 $c(i)$ 进行加扰，生成加扰后的比特块 $\tilde{b}(0), \cdots, \tilde{b}(M_{\text{bit}}-1)$，其中 $M_{\text{bit}}$ 是物理上行链路共享信道发送的比特数。

### 2. 调制

对于 PUSCH，可以使用 QPSK、16QAM 或 64QAM 调制方式将加扰比特 $\tilde{b}(0), \cdots, \tilde{b}(M_{\text{bit}}-1)$ 调制成复值符号块 $d(0), \cdots, d(M_{\text{symb}}-1)$。

### 3. 层映射

每个码字的复值符号块被映射到第一、二层。码字 $q$ 的复制符号块 $d(0), \cdots, d(M_{\text{symb}}-1)$ 被映射到 $x(i)=\begin{bmatrix} x^{(0)}(i) & \cdots & x^{(\nu-1)}(i) \end{bmatrix}^{\text{T}}$，$i=0, 1, \cdots, M_{\text{symb}}^{\text{layer}}-1$，$\nu$ 是层的数目，$M_{\text{symb}}^{\text{layer}}$ 是每层的调制符号数目。

层映射分单天线发射和空间复用两种方式下的层映射，不同的发射模式，其码流数、层数以及映射关系各有不同。

（1）单天线发射。单天线发射时，码字个数为 1，映射层数为 1，层映射函数为 $x^{(0)}(i)=d^{(0)}(i)$，$M_{\text{symb}}^{\text{layer}}=M_{\text{symb}}^{(0)}$，即将输入直接输出。

（2）空间复用。空间复用时，最多允许两个码字，映射层数 $\nu$ 须满足 $\nu \leqslant P$，由上层调度器给出具体数目，其中 $P$ 为基站侧天线端口数目，可为 2 或 4。具体映射规则如表 7.3 所示。表中单码字映射到 2 层的情况只适用于天线端口数目为 4。

#### 表 7.3　空间复用方式时的层映射

| 映射层数 | 码字数目 | 码字到层的映射 $i=0, 1, \cdots, M_{\text{symb}}^{\text{layer}}-1$ | |
|---|---|---|---|
| 1 | 1 | $x^{(0)}(i)=d^{(0)}(i)$ | $M_{\text{symb}}^{\text{layer}}=M_{\text{symb}}^{(0)}$ |
| 2 | 2 | $x^{(0)}(i)=d^{(0)}(i)$<br>$x^{(1)}(i)=d^{(1)}(i)$ | $M_{\text{symb}}^{\text{layer}}=M_{\text{symb}}^{(0)}=M_{\text{symb}}^{(1)}$ |
| 2 | 1 | $x^{(0)}(i)=d^{(0)}(2i)$<br>$x^{(1)}(i)=d^{(0)}(2i+1)$ | $M_{\text{symb}}^{\text{layer}}=\dfrac{M_{\text{symb}}^{(0)}}{2}$ |
| 3 | 2 | $x^{(0)}(i)=d^{(0)}(i)$<br>$x^{(1)}(i)=d^{(1)}(2i)$<br>$x^{(2)}(i)=d^{(1)}(2i+1)$ | $M_{\text{symb}}^{\text{layer}}=M_{\text{symb}}^{(0)}=\dfrac{M_{\text{symb}}^{(1)}}{2}$ |
| 4 | 2 | $x^{(0)}(i)=d^{(0)}(2i)$<br>$x^{(1)}(i)=d^{(0)}(2i+1)$<br>$x^{(2)}(i)=d^{(1)}(2i)$<br>$x^{(3)}(i)=d^{(1)}(2i+1)$ | $M_{\text{symb}}^{\text{layer}}=\dfrac{M_{\text{symb}}^{(0)}}{2}=\dfrac{M_{\text{symb}}^{(1)}}{2}$ |

**4. 预编码**

预编码分为单天线发射预编码和空间复用预编码两种。设层映射模块的输出为 $x(i)=\left[x^{(0)}(i)\ \cdots\ x^{(\nu-1)}(i)\right]^{\mathrm{T}}$，映射的层数为 $\nu$，天线端口数为 $P$。预编码后的输出为 $y(i)=\left[\cdots\ y^{(p)}(i)\ \cdots\right]^{\mathrm{T}}$，$i=0,1,\cdots,M_{\mathrm{symb}}^{\mathrm{ap}}-1$，$p$ 为天线端口索引，$M_{\mathrm{symb}}^{\mathrm{ap}}=M_{\mathrm{symb}}^{\mathrm{layer}}$，其中上标 ap 表示天线端口。不同的预编码过程如下：

（1）单天线发射。单天线发射时无需预编码，即

$$y^{(p)}(i)=x^{(0)}(i),\ (i=0,1,\cdots,M_{\mathrm{symb}}^{\mathrm{ap}}-1,\ M_{\mathrm{symb}}^{\mathrm{ap}}=M_{\mathrm{symb}}^{\mathrm{layer}}) \tag{7.5}$$

（2）空间复用。空间复用时，与层映射相同，它支持基站侧 2 或 4 天线配置，对应的天线端口数分别为 $p\in\{20,21\}$ 或 $p\in\{40,41,42,43\}$。按以下模式进行预编码：

$$\begin{bmatrix} y^{(0)}(i) \\ \vdots \\ y^{(P-1)}(i) \end{bmatrix}=\boldsymbol{W}(i)\cdot\begin{bmatrix} x^{(0)}(i) \\ \vdots \\ x^{(\nu-1)}(i) \end{bmatrix} \tag{7.6}$$

其中，$\boldsymbol{W}(i)$ 是 $P\times\nu$ 阶的预编码矩阵，$i=0,1,\cdots,M_{\mathrm{symb}}^{\mathrm{ap}}-1$，$M_{\mathrm{symb}}^{\mathrm{ap}}=M_{\mathrm{symb}}^{\mathrm{layer}}$。预编码矩阵 $\boldsymbol{W}(i)$ 的值根据基站和用户码本配置进行选择。

当 $P=2$（即基站侧配置 2 天线时），对应的天线端口是 $p\in\{20,21\}$，预编码码本可按表 7.4 进行设置。

**表 7.4　两天线配置时预编码码本**

| 码本索引 | 层数 $\nu$ | |
|---|---|---|
| | 1 | 2 |
| 0 | $\dfrac{1}{\sqrt{2}}\begin{bmatrix}1\\1\end{bmatrix}$ | $\dfrac{1}{\sqrt{2}}\begin{bmatrix}1&0\\0&1\end{bmatrix}$ |
| 1 | $\dfrac{1}{\sqrt{2}}\begin{bmatrix}1\\-1\end{bmatrix}$ | $\dfrac{1}{2}\begin{bmatrix}1&1\\1&-1\end{bmatrix}$ |
| 2 | $\dfrac{1}{\sqrt{2}}\begin{bmatrix}1\\j\end{bmatrix}$ | $\dfrac{1}{2}\begin{bmatrix}1&1\\j&-j\end{bmatrix}$ |
| 3 | $\dfrac{1}{\sqrt{2}}\begin{bmatrix}1\\-j\end{bmatrix}$ | － |
| 4 | $\dfrac{1}{\sqrt{2}}\begin{bmatrix}1\\0\end{bmatrix}$ | |
| 5 | $\dfrac{1}{\sqrt{2}}\begin{bmatrix}0\\1\end{bmatrix}$ | |

当 $P=4$（即基站侧配置 4 天线时），对应的天线端口为 $p\in\{40,41,42,43\}$，当层数 $\nu$ 不同时，$\boldsymbol{W}(i)$ 的值也不同，表 7.5～表 7.8 分别对应 $\nu=1$、$\nu=2$、$\nu=3$、$\nu=4$ 时的预编码码本。

**表 7.5　4 天线配置时预编码码本($\nu=1$)**

| 码本索引 | 层数 $\nu=1$ | | | | | | | |
|---|---|---|---|---|---|---|---|---|
| 0～7 | $\frac{1}{2}\begin{bmatrix}1\\1\\1\\-1\end{bmatrix}$ | $\frac{1}{2}\begin{bmatrix}1\\1\\j\\j\end{bmatrix}$ | $\frac{1}{2}\begin{bmatrix}1\\1\\-1\\-1\end{bmatrix}$ | $\frac{1}{2}\begin{bmatrix}1\\1\\-j\\-j\end{bmatrix}$ | $\frac{1}{2}\begin{bmatrix}1\\j\\1\\-1\end{bmatrix}$ | $\frac{1}{2}\begin{bmatrix}1\\j\\j\\1\end{bmatrix}$ | $\frac{1}{2}\begin{bmatrix}1\\j\\-1\\-j\end{bmatrix}$ | $\frac{1}{2}\begin{bmatrix}1\\j\\-j\\-1\end{bmatrix}$ |
| 8～15 | $\frac{1}{2}\begin{bmatrix}1\\-1\\1\\1\end{bmatrix}$ | $\frac{1}{2}\begin{bmatrix}1\\-1\\j\\-j\end{bmatrix}$ | $\frac{1}{2}\begin{bmatrix}1\\-1\\-1\\1\end{bmatrix}$ | $\frac{1}{2}\begin{bmatrix}1\\-1\\-j\\j\end{bmatrix}$ | $\frac{1}{2}\begin{bmatrix}1\\-j\\1\\-1\end{bmatrix}$ | $\frac{1}{2}\begin{bmatrix}1\\-j\\j\\1\end{bmatrix}$ | $\frac{1}{2}\begin{bmatrix}1\\-j\\-1\\j\end{bmatrix}$ | $\frac{1}{2}\begin{bmatrix}1\\-j\\-j\\1\end{bmatrix}$ |
| 16～23 | $\frac{1}{2}\begin{bmatrix}1\\0\\1\\0\end{bmatrix}$ | $\frac{1}{2}\begin{bmatrix}1\\0\\-1\\0\end{bmatrix}$ | $\frac{1}{2}\begin{bmatrix}1\\0\\j\\0\end{bmatrix}$ | $\frac{1}{2}\begin{bmatrix}1\\0\\-j\\0\end{bmatrix}$ | $\frac{1}{2}\begin{bmatrix}0\\1\\0\\1\end{bmatrix}$ | $\frac{1}{2}\begin{bmatrix}0\\1\\0\\-1\end{bmatrix}$ | $\frac{1}{2}\begin{bmatrix}0\\1\\0\\j\end{bmatrix}$ | $\frac{1}{2}\begin{bmatrix}0\\1\\0\\-j\end{bmatrix}$ |

**表 7.6　4 天线配置时预编码码本($\nu=2$)**

| 码本索引 | 层数 $\nu=2$ | | | |
|---|---|---|---|---|
| 0～3 | $\frac{1}{2}\begin{bmatrix}1&0\\1&0\\0&1\\0&-j\end{bmatrix}$ | $\frac{1}{2}\begin{bmatrix}1&0\\1&0\\0&1\\0&j\end{bmatrix}$ | $\frac{1}{2}\begin{bmatrix}1&0\\-j&0\\0&1\\0&1\end{bmatrix}$ | $\frac{1}{2}\begin{bmatrix}1&0\\-j&0\\0&1\\0&-1\end{bmatrix}$ |
| 4～7 | $\frac{1}{2}\begin{bmatrix}1&0\\-1&0\\0&1\\0&-j\end{bmatrix}$ | $\frac{1}{2}\begin{bmatrix}1&0\\-1&0\\0&1\\0&j\end{bmatrix}$ | $\frac{1}{2}\begin{bmatrix}1&0\\j&0\\0&1\\0&1\end{bmatrix}$ | $\frac{1}{2}\begin{bmatrix}1&0\\j&0\\0&1\\0&-1\end{bmatrix}$ |
| 8～11 | $\frac{1}{2}\begin{bmatrix}1&0\\0&1\\1&0\\0&1\end{bmatrix}$ | $\frac{1}{2}\begin{bmatrix}1&0\\0&1\\1&0\\0&-1\end{bmatrix}$ | $\frac{1}{2}\begin{bmatrix}1&0\\0&1\\-1&0\\0&1\end{bmatrix}$ | $\frac{1}{2}\begin{bmatrix}1&0\\0&1\\-1&0\\0&-1\end{bmatrix}$ |
| 12～15 | $\frac{1}{2}\begin{bmatrix}1&0\\0&1\\0&1\\1&0\end{bmatrix}$ | $\frac{1}{2}\begin{bmatrix}1&0\\0&1\\0&1\\-1&0\end{bmatrix}$ | $\frac{1}{2}\begin{bmatrix}1&0\\0&1\\0&-1\\-1&0\end{bmatrix}$ | $\frac{1}{2}\begin{bmatrix}1&0\\0&1\\0&-1\\-1&0\end{bmatrix}$ |

**表 7.7　4 天线配置时预编码码本($\nu=3$)**

| 码本索引 | 层数 $\nu=3$ | | | |
|---|---|---|---|---|
| 0～3 | $\frac{1}{2}\begin{bmatrix}1&0&0\\1&0&0\\0&1&0\\0&0&1\end{bmatrix}$ | $\frac{1}{2}\begin{bmatrix}1&0&0\\-1&0&0\\0&1&0\\0&0&1\end{bmatrix}$ | $\frac{1}{2}\begin{bmatrix}1&0&0\\0&1&0\\1&0&0\\0&0&1\end{bmatrix}$ | $\frac{1}{2}\begin{bmatrix}1&0&0\\0&1&0\\-1&0&0\\0&0&1\end{bmatrix}$ |

| 码本索引 | 层数 $\nu=3$ | | | |
| --- | --- | --- | --- | --- |
| $4\sim7$ | $\dfrac{1}{2}\begin{bmatrix}1&0&0\\0&1&0\\0&0&1\\1&0&0\end{bmatrix}$ | $\dfrac{1}{2}\begin{bmatrix}1&0&0\\0&1&0\\0&0&1\\-1&0&0\end{bmatrix}$ | $\dfrac{1}{2}\begin{bmatrix}0&1&0\\1&0&0\\1&0&0\\0&0&1\end{bmatrix}$ | $\dfrac{1}{2}\begin{bmatrix}0&1&0\\1&0&0\\-1&0&0\\0&0&1\end{bmatrix}$ |
| $8\sim11$ | $\dfrac{1}{2}\begin{bmatrix}0&1&0\\1&0&0\\0&0&1\\1&0&0\end{bmatrix}$ | $\dfrac{1}{2}\begin{bmatrix}0&1&0\\0&0&1\\0&0&1\\-1&0&0\end{bmatrix}$ | $\dfrac{1}{2}\begin{bmatrix}0&0&1\\0&0&1\\1&0&0\\1&0&0\end{bmatrix}$ | $\dfrac{1}{2}\begin{bmatrix}0&0&1\\0&0&1\\0&1&0\\-1&0&0\end{bmatrix}$ |

表 7.8　4 天线配置时预编码码本 $(\nu=4)$

| 码本索引 | 层数 $\nu=4$ |
| --- | --- |
| 0 | $\dfrac{1}{2}\begin{bmatrix}1&0&0&0\\0&1&0&0\\0&0&1&0\\0&0&0&1\end{bmatrix}$ |

### 5. 资源映射

为了满足发射功率 $P_{\mathrm{PUSCH}}$ 的要求，复值调制符号块 $y(0)，\cdots，y(M_{\mathrm{symb}}-1)$ 首先需要乘以一个幅度缩放因子 $\beta_{\mathrm{PUSCH}}$，然后从 $y(0)$ 序列开始依次映射到分配给物理上行共享信道 (PUSCH) 传输的资源块上。映射从一个子帧的第一个时隙开始，映射到分配的物理资源块的资源粒子 $(k，l)$ 上，优先考虑维度 $k$，然后考虑维度 $l$，每个维度逐渐增加。用于传输物理上行共享信道 (PUSCH) 的资源粒子不能再用于传输参考信号，也不预留给探测参考信号 (SRS) 使用。

如果不能使用上行跳频，则用于传输的资源块 $n_{\mathrm{PRB}}=n_{\mathrm{VRB}}$，其中 $n_{\mathrm{VRB}}$ 是上行调度授权的资源。如果上行跳频被激活并且使用预定义的跳频模式，则在时隙 $n_{\mathrm{s}}$ 中用于传输的物理资源块需要按照给定的规则给出。

# 7.5　PUCCH 传输过程

物理上行控制信道 (PUCCH) 传输上行物理层控制信息，承载的上行控制信息 (UCI，Uplink Control Information) 包括"上行调度请求"、"对下行数据的确认/非确认 (ACK/NACK) 信息"和"信道状态信息 (CSI) 反馈"（包括信道质量信息 (CQI，Channel Quality Indicator)、预编码矩阵指示 (PMI，Pre-coding Matrix Indicatior) 或者秩指示 (RI，Rank Indicator)）。对于同一个用户设备来讲，物理上行控制信道永远不会和物理上行共享信道使用相同的时频资源传输。

物理上行控制信道在时频域上占用 1 个资源块对的物理资源，采用时隙跳频方式，在上行频带的两边进行传输，如图 7.13 所示，而上行频带的中间部分用于上行共享信道的传输。

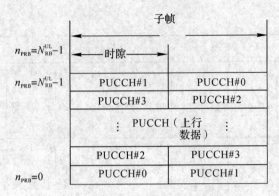

图 7.13  PUCCH 的传输方法

根据所承载的上行控制信息的不同，LTE 物理层支持不同的物理上行控制信道格式，采用不同的调制方法，PUCCH 格式有六种，如表 7.9 所示。

**表 7.9  上行物理控制信道格式**

| PUCCH 格式 | 发送的上行控制信息 | 调制方式 | 每帧的比特数($M_{bit}$) |
|---|---|---|---|
| 1 | 调度请求 | $N/A$ | $N/A$ |
| 1a | ACK/NACK | BPSK | 1 |
| 1b | ACK/NACK | QPSK | 2 |
| 2 | CQI | QPSK | 20 |
| 2a | CQI+ACK/NACK | QPSK+BPSK | 21 |
| 2b | CQI+ACK/NACK | QPSK+QPSK | 22 |

所有物理上行控制信道格式在每一个符号中都要使用一个循环移位序列，从而产生不同 PUCCH 格式的循环移位值。循环移位序列随着符号数和时隙数的变化而改变。PUCCH 物理资源取决于两个参数 $N_{RB}^{(2)}$ 和 $N_{cs}^{(1)}$，其中，$N_{RB}^{(2)}$ 表示每个时隙中预留给格式 PUCCH 2/2a/2b 传输的资源块数目；$N_{cs}^{(1)}$ 表示格式 2/2a/2b 与格式 1/1a/1b 混合传输时，格式 1/1a/1b 使用的循环移位数目，$N_{cs}^{(1)}$ 范围是 $\{0, 1, \cdots, 7\}$。如果 $N_{cs}^{(1)}=0$，则表示没有资源块支持 PUCCH 格式 2/2a/2b 与格式 1/1a/1b 的混合传输。一个时隙中最多只有一个物理资源块支持 PUCCH 格式 1/1a/1b 和格式 2/2a/2b 混合传输。

根据不同格式 PUCCH 的特点，它们在频域的分布情况如图 7.14 所示。其中，PUCCH 2/2a/2b 承载的是信道状态的反馈信息，在系统配置中，这一部分资源的数量是相对固定的，通过高层信令进行半静态的指示，$N_{RB}^{(2)}$ 指示了用于 PUCCH 2/2a/2b 传输的资源块对的数目。PUCCH 1/1a/1b 承载的是调度请求信息和对下行数据的确认符号（ACK）信息，资源数量是动态变化的，与小区中发送的下行数据的数量相关，因此将这一部分资源放置在稍靠近频率中心的位置，以方便将系统剩余的频率资源用于上行共享信道（PUSCH）的传输。

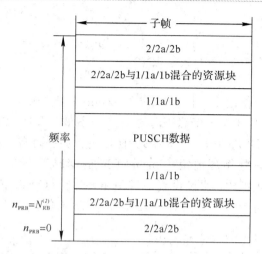

图 7.14 不同格式 PUCCH 信道在频域的分布情况

在所占用的一个资源块对的时频域资源中，PUCCH 1/1a/1b 和 PUCCH 2/2a/2b 都采用码分的方式复用多个信道，因此当配置的 PUCCH 2/2a/2b 信道数量所占用的资源不是资源块对整数倍时，在 PUCCH 2/2a/2b 和 PUCCH 1/1a/1b 频域的交界处将出现它们在某一个资源块对内以码分的方式混合传输的情况。容易看出，该混合资源块对的位置为 $N_{RB}^{(2)}$。

在 PUCCH 格式 1/1a/1b 和 PUCCH 格式 2/2a/2b 混合传输资源块对中，使用 Zadoff - Chu 序列的循环移位(Cyclic Shift)进行区分。将 Cyclic Shift 分成两个区域，例如：

(1) 从 Cyclic Shift=0 到 Cyclic Shift=$N_{AN}$−1 用于 PUCCH 1/1a/1b；

(2) 从 Cyclic Shift=$N_{AN}$+1 到 Cyclic Shift=10 用于 PUCCH 2/2a/2b；

(3) Cyclic Shift=$N_{AN}$ 和 Cyclic Shift=11 用于两个区域之间的保护间隔。

**1. PUCCH 格式 1/1a/1b**

PUCCH 格式 1/1a/1b 用于终端发送"调度请求信息"或者"1 比特、2 比特的 ACK/NACK 信息"。比特块 $b(0)$,…,$b(M_{bit}−1)$ 按照表 7.10 所示的方式进行调制，生成复值符号 $d(0)$ 来表示 PUCCH 1/1a/1b 发送的信息。对于 PUCCH 1a/1b 的应答符号（ACK）信息，$d(0)$ 为 BPSK 或 QPSK 调制符号，分别对应于 1 比特和 2 比特信息的情况。

表 7.10 PUCCH 格式 1a 和 1b 的调制符号 $d(0)$

| PUCCH 格式 | $b(0)$,…,$b(M_{bit}−1)$ | $d(0)$ |
|:---:|:---:|:---:|
| 1a | 0 | 1 |
| | 1 | −1 |
| 1b | 00 | 1 |
| | 01 | −j |
| | 10 | j |
| | 11 | −1 |

复值符号 $d(0)$ 需要乘以一个长度为 12 的循环移位序列得到复值符号块，再通过 $S(n_s)$ 进行加扰，然后使用正交序列 $w(m)$ 进行扩频，将信息分散在一个时隙内用于 PUCCH 传

输的多个上行符号上。其中

$$S(n_s) = \begin{cases} 1 & ,n'(n_s) \bmod 2 = 0 \\ \exp\left(j\,\dfrac{\pi}{2}\right) & ,其他 \end{cases} \tag{7.7}$$

然后，在每个上行符号上使用 1 个长度为 12 的 Zadoff－Chu 序列 $r_{u,v}^{(\alpha)}(n)$ 进行调制，得到长度为 12 的复数序列，对应于 1 个资源块内的 12 个子载波。因此，PUCCH 1/1a/1b 的发送包含了"正交扩频序列"和"Zadoff－Chu 序列"两次码扩频的过程，可以复用的信道数目为两者的乘积。例如，在常规循环前缀（Normal CP）的情况下有 3 个正交码，而所使用的 Zadoff－Chu 序列的长度为 12，假设设置信道间循环移位（Cyclic Shift）的间隔为 2，那么 1 个资源块对上可以复用 $3 \times 6 = 18$ 个 PUCCH 1/1a/1b 信道，如图 7.15 所示。

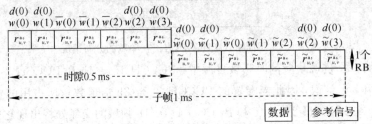

图 7.15　PUCCH 1/1a/1b 物理层信号发送方法（常规循环前缀）

为了增强信号的随机性，在 PUCCH 1/1a/1b 的发送过程中包含了"跳频"的概念。它包括两种跳频：子帧内的 2 个时隙使用不同的正交扩频序列 $w(m)$，即"正交序列跳频"；时隙内的不同上行符号之间使用 Zadoff－Chu 序列不同的循环移位，即"循环移位（Cyclic Shift）跳频"。

值得注意的是，存在一种特殊情况，当在系统配置传输上行探测参考信号（SRS，Sounding RS）的子帧中进行 PUCCH 1/1a/1b 信道的发送时，因为此时子帧的最后一个符号用作 SRS 信号的发送，所以需要采用"缩短"的 PUCCH 1/1a/1b 结构。第 2 个时隙的最后一个符号将被打掉，同时第 2 个时隙数据的扩频系数由 4 变为 3，使用长度为 3 的 DFT 序列作为相应的扩频码。

**2. PUCCH 格式 2/2a/2b**

PUCCH 格式 2 用于终端发送信道状态信息（CSI，Channel State Information），包括信道质量指示信息（CQI，Channel Quality Indicator）、预编码矩阵指示（PMI，Pre-coding matrix Indication）和秩指示信息（RI，Rank Indicator）。在常规循环前缀（Normal CP）的情况下，PUCCH 还支持扩展成 PUCCH 格式 2a/2b，在这两种格式中，通过对 PUCCH 格式 2 中的参考信号进行调制，在 CSI 信息的基础上，进一步承载 1 比特或 2 比特的 ACK/NACK 信息。

PUCCH 2/2a/2b 信息的发送过程与 PUCCH 1/1a/1b 类似，它只是没有了扩频的操作，因此要发送更多的比特信息。对于要发送的调制符号信息 $d(0), \cdots, d(9)$，在每个符号上使用长度为 12 的 Zadoff－Chu 序列 $r_{u,v}^{(\alpha)}(n)$ 进行调制，然后将各个符号调制的结果映射在子帧内相应的上行符号 1 个资源块内的 12 个子载波上。通过长度为 12 的 Zadoff－Chu 序列的不同循环移位来进行同一个 RB 内不同 PUCCH 2/2a/2b 信道的复用。

在 PUCCH 2/2a/2b 中，除了 20 个比特的 CSI 信息之外，还承载 1 比特或 2 比特的确认（ACK）信息。该 ACK 信息将通过 BPSK 的调制，形成一个调制符号 $d(10)$，然后调制到导频符号上进行传输，如图 7.16 所示。

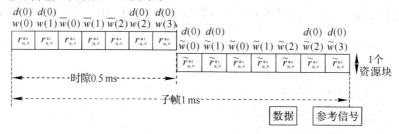

图 7.16　PUCCH 2/2a/2b 物理层信号发送方法（常规循环前缀）

PUCCH 格式 2/2a/2b 传输资源由资源序号确定。值得注意的是，PUCCH 2a/2b 仅适用于常规循环前缀的情况，对于扩展循环前缀（Extended CP）的情况，由于 PUCCH 2 的每个时隙内只有一列上行导频，难以将 ACK/NACK（应答/非应答）信息调制在导频中。所以，在这种情况下，如果 ACK/NACK 和信道质量信息（CQI）需要同时传输，那么将对它们进行联合编码，在形成 20 比特的编码数据后，按扩展循环前缀的 PUCCH 格式 2 进行发送。即对于仅支持常规循环前缀的 PUCCH 格式 2a 和格式 2b，比特 $b(20)，\cdots，b(M_{bit}-1)$ 按照表 7.11 所示调制成复值符号 $d(10)$。

表 7.11　PUCCH 格式 2a 和格式 2b 的调制符号 $d(10)$

| PUCCH 格式 | $b(20)，\cdots，b(M_{bit}-1)$ | $d(10)$ |
|---|---|---|
| 2a | 0 | 1 |
|  | 1 | $-1$ |
| 2b | 00 | 1 |
|  | 01 | $-j$ |
|  | 10 | $j$ |
|  | 11 | $-1$ |

**3. 上行控制信息在 PUCCH 上的传输**

ACK 和调度请求信息在上行控制信道 PUCCH 上传输时，不进行信道编码，相关内容请参考物理信道 PUCCH 格式 1/1a/1b 和 PUCCH 格式 2/2a/2b 相关的发送过程。

CQI/PMI/RI 信息在 PUCCH 上进行传输时，使用 PUCCH 格式 2/2a/2b，它可以承载 20 比特的编码后的信息。在一次传输中，根据工作模式的不同，发送的 CQI/PMI/RI 信息有不同的内容和不同的比特长度（信息比特长度 $A\leqslant11$），使用以 Reed – Muller 码为基础的 $(20，A)$ 的块编码，形成 20 个比特的编码后的序列。

LTE 在其标准 TS36.213 中列表给出了所使用的 Reed – Muller 码。基于 Reed – Muller 码的块编码具有译码简单的特点，例如可以通过快速 Hadamard 变换进行译码。WCDMA 系统中 TFCI 信息的传输也使用了类似的基于 Reed – Muller 码 $(32，10)$ 块编码方案。

**4. 上行共享信息与控制信息在 PUSCH 上的传输**

上行共享传输信道（UL – SCH）映射在物理上行共享信道（PUSCH）上传输，如前所述，

LTE 采用单载波作为上行多址方式，在物理层不支持同一终端对共享信道(PUSCH)和控制信道(PUCCH)的复用。因此，在物理层控制信息和上行数据信息需要同时传输时，采用在物理层 PUSCH 信道上复用 UL - SCH 数据信息和物理层控制信息的方式，如图 7.17 所示。

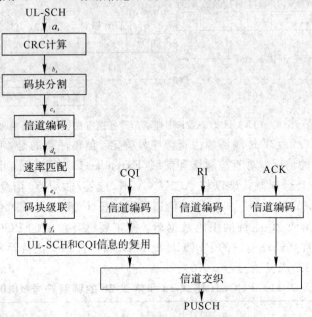

图 7.17　UL - SCH 的传输信道处理

1) UL - SCH 的信道编码

对于上行传输共享信道的传输块，采用 Turbo 码的信道编码方式，根据调度信息中所指示的格式，按照 Turbo 编码的相关处理过程，形成物理层传输的比特序列 $f_k$。

对于上行控制信息，当它们在 PUSCH 信道上复用传输时，对 CQI、RI 和 ACK 信息分别进行信道编码，通过给各个信息分配不同的调制符号数目，实现各个控制信息在物理层不同的编码率。

2) ACK/RI 信道的信道编码

当上行确认/秩指示(ACK/RI)信息复用在 PUSCH 信道上进行传输时，采用"块编码"的方式进行信道编码。在对信息进行信道编码的过程中，首先需要根据上层信令通知的格式，确定 ACK/RI 信息信道编码后的比特数目；然后进行具体的信道编码操作，形成相应长度的比特序列。

(1) 确定 ACK/RI 信息信道编码后的比特数目。对于 ACK/RI 信息的信道编码格式，由高层信令通过偏移量进行指示。该信息指示了以 UL - SCH 的编码率为基础，ACK/RI 信息信道编码率的偏移量，并由此确定需要的用于编码后信息传输的调制符号的数目。

(2) 对 ACK/RI 信息进行信道编码，形成相应长度的比特序列。LTE 物理层 RI 信息的比特长度为 1～2 比特，对应于物理层支持的 MIMO 空间复用系数最大为 4。

LTE 物理层 ACK 信息的比特长度为 1～4 比特。其中，对于 FDD 或者 TDD ACK/NACK 捆绑的情况，ACK 信息的比特长度为 1～2 比特，对应于物理层支持的码字数目最多为 2；而对于 TDD ACK/NACK 复用的情况，由于复用了对多个下行子帧的反馈信息，此时 ACK 信息的比特长度为 1～4 比特。

在信道编码过程中，根据 ACK/RI 信息比特长度的不同，采用不同的信道编码方案。当信息比特的长度为 1～2 比特时，采用简单的块编码；当信息长度大于 2 比特时（即 3～4 比特），采用以 Reed-Muller 码为基础的块编码方案。

① 当 ACK/RI 信息的长度为 1～2 比特时，采用"简单的块编码"，然后以"块重复"的方式形成长度为 $Q_{ACK}$ 的序列。编码过程包括了"块编码"和"调制星座点限制"的机制。

首先，进行"简单的块编码"的操作，对于 1 比特的信息采用简单的重复编码，即 $[o_0] \rightarrow [o_0 \ o_0]$；对于 2 比特的信息，采用简单的 $(2,3)$ 块编码，即 $[o_0 \ o_1] \rightarrow [o_0 \ o_1 \ (o_0 + o_1) \bmod 2]$。

然后，根据采用的调制方式 $Q_m$，通过序列填充进行"调制映射的星座点限制"，确保 ACK/RI 信息发送时映射到星座图中具有最大"欧氏距离"的 4 个调制符号上。

最后，对以上形成的序列进行重复，直到形成长度为 $Q_{ACK}/Q_{RI}$ 的序列。

② 当 ACK 信息的长度大于 2 比特，即 3～4 比特时，采用和短的 CQI 信息（≤11 比特）在 PUSCH 上传输时一样的信道编码方案，然后对块编码输出的长度为 32 的序列进行简单重复，形成传输序列。

值得注意的是，在 TDD ACK/NACK 捆绑的模式下，根据"捆绑"的下行数据子帧的数目，选择相对应的扰码，对 ACK 编码后的数据流进行加扰。由此，指示了了"捆绑的下行数据子帧数目"的相关信息，以方便基站对终端所接收数据的完整性进行判断。

3）CQI 信道的信道编码

当 CQI/PMI 信息复用在 PUSCH 信道上进行传输时，根据信息比特长度的不同，采用"块编码"或者"卷积码"的信道编码方式，信道编码的过程与上面所描述的 ACK/RI 信息的相关过程类似，包括根据上层信令通知的格式，确定 CQI 信息信道编码后的比特数目；然后进行具体信道编码的操作，形成相应长度的比特序列。

（1）确定 CQI 信息信道编码后的比特数目。对于 CQI 信息的信道编码格式，由高层信令通过偏移量进行指示。该信息指示了以 UL-SCH 的编码率为基础，CQI 信息信道编码率的偏移量，由此确定需要的用于编码后信息传输的调制符号的数目。

LTE 规定 CQI 信息与 UL-SCH 采用相同的调制方式 $Q_m = \{2,4,6\}$（对应 QPSK、16QAM 和 64QAM 调制），所以，可以得到 CQI 信息信道编码后比特数目的方法与 ACK/RI 的方式相同。

（2）对 CQI 信息进行信道编码，形成相应长度的比特序列。根据工作模式的不同，上报的 CQI 信息将包含不同的内容并有不同的信息比特长度。根据 CQI 信息比特长度的不同，物理层采用不同的信道编码方式。

对于长度 $O_{CQI} \leq 11$ bit 的 CQI 信息，采用以 Reed-Muller 码为基础的 $(32, O_{CQI})$ 的块编码方案，其中 $O_{CQI}$ 为编码输入的比特数目，编码输出的长度为 32 比特，LTE 在其标准 TS36.213 中列表给出了所使用的 Reed-Muller 码。在完成块编码后，对输出的长度为 32 的序列进行简单重复，形成长度为 $O_{CQI}$ 的传输序列。

对于长度 $O_{CQI} \geq 11$ bit 的 CQI 信息，对 CQI 信息添加 $L=8$ 比特的 CRC，形成长度为 $O_{CQI}+L$ 的比特序列，然后采用卷积编码和相应的速率匹配过程，形成长度为 $O_{CQI}$ 的传输序列。

4）信道交织和复用

在这个过程中，将完成"UL-SCH"、"CQI 信息"、"RI 信息"和"ACK 信息"各自经过信道编码后形成的长度分别为 $G$、$O_{CQI}$、$O_{RI}$ 和 $O_{ACK}$ 的比特序列在 PUSCH 上的复用传输。

使用如图 7.18 所示的交织器结构，交织器的每列对应于 PUSCH 的 1 个 SC – FDMA 符号，在图中添加了导频符号作为位置参考。

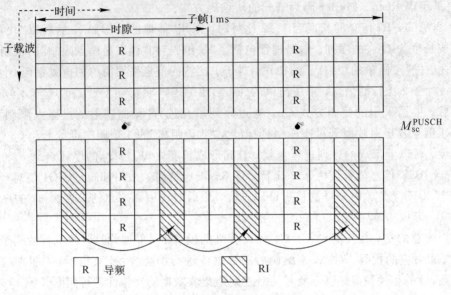

图 7.18　RI 信息在 PUSCH 上的复用

首先放置秩指示（RI）信息，在如图 7.18 所示的 4 个符号位置，以"从下往上、逐行放置"的方式，完成 $Q_{RI}/Q_m$ 个调制符号在 PUSCH 子帧中的放置。

然后，将 CQI 信息与 UL – SCH 信息进行连接，CQI 信息在前、UL – SCH 信息在后，以"从上往下、逐行放置"的方式，在剩余的位置上，完成 $(Q_{CQI}+G)/Q_m$ 个调制符号在 PUSCH 子帧中的放置，如图 7.19 所示。

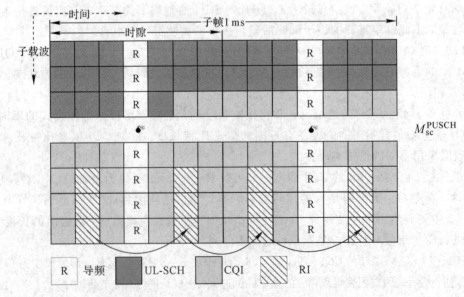

图 7.19　UL – SCH 和 CQI 信息在 PUSCH 上的复用

最后，进行 ACK 信息的放置，ACK 信息的调制符号将覆盖上一步骤中"CQI 信息与 UL – SCH"所占用的调制符号的一部分，以"从上往下、逐步放置"的方式，完成 $Q_{ACK}/Q_m$

个调制符号在 PUSCH 子帧中的放置，最终形成如图 7.20 所示的结构。

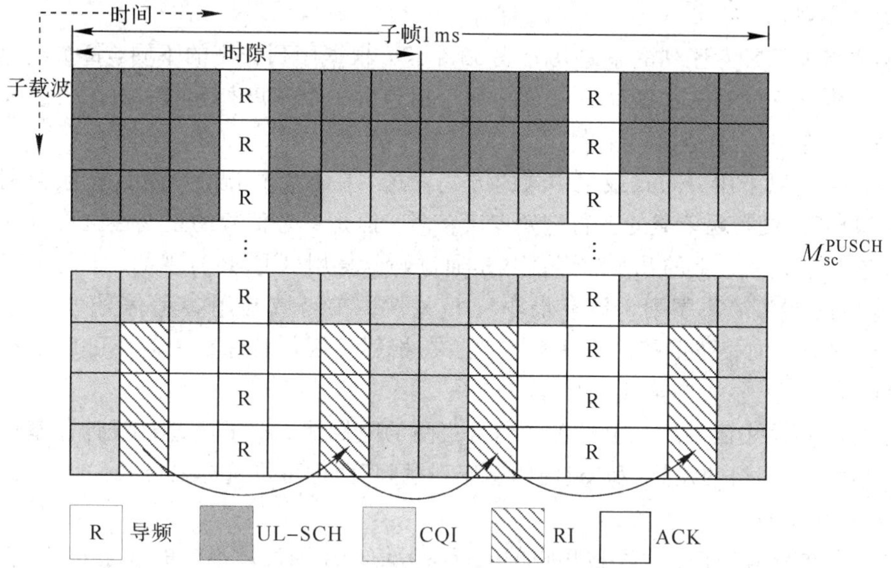

图 7.20　UL - SCH 和控制信息在 PUSCH 上的复用

以上形成的复用，每列对应于 1 个上行 SC - FDMA 符号，因为 DFT - SOFDM 符号内的信息是在时域输入的，所以上述图形中的"子载波"并不是真实的频域子载波，而是对应于输入到 DFT 的信号序列。

可以看到，在复用结构中相对比较重要的 ACK/RI 信息被映射在导频信号的周围，并因此获得更好的传输性能。

# 7.6　上行参考信号

LTE 物理层定义了两种上行参考信号：解调参考信号和探测参考信号。

(1) 解调参考信号(DMRS，Demodulation RS)指的是终端在上行共享信道或者上行控制信道(PUSCH/PUCCH)中发送的参考信号，用于基站接收上行数据/控制信息时进行解调的参考信号。该信号与 PUSCH 或者 PUCCH 传输有关。

(2) 探测参考信号(SRS，Sounding RS)指的是终端在上行发送的用于信道状态测量的参考信号，基站通过接收该信号测量上行信道的状态，相关的信息用于对上行数据传输的自适应调度。在 TDD 的情况下，由于同频段上行信道和下行信道的对称性，通过对上行 SRS 的测量还可以获得下行信道状态的信息，可用于辅助下行传输。该信号与上行共享信道或者上行控制信道(PUSCH/PUCCH)传输无关。

解调参考信号和探测参考信号使用相同的基序列集合。下面具体介绍一下各种参考信号的生成过程。

## 1. 参考信号的生成

LTE 使用恒包络零自相关(CAZAC，Constant Amplitude Zero Auto-Correlation)特性的序列作为上行参考信号(DMRS/SRS)序列。对于长度大于或者等于 36 的参考信号序列，使用长度为质数的 Zadoff-Chu 序列生成基序列，以保证良好的自相关和互相关特性；对于长度小于 36，即长度为 12 或者 24 的序列，使用计算机搜索的方法以获得自相关和互相关特性最优的序列。

标准中将上行参考序列的基序列分成 30 个组，根据序列长度的不同，每个组包含 1 个或者 2 个元素。即对于长度不大于 60 的，每个组包含 1 个基序列元素；对于长度大于等于 72 的，每个组包含 2 个基序列元素。

参考信号可以采用分布式或集中式的方式发送。在通常情况下，可以在频域利用频分复用(FDM)的方式实现正交的上行链路参考信号。但是参考信号的正交性也可以在码域实现，即在连续子载波集上的几个参考信号是通过码分复用(CDM)实现的。上行链路参考信号采用著名的 CAZAC 序列，具有最小互相关性。在码域复用参考信号可以使用单个 CAZAC 序列的不同相位偏移的方法来实现。在相邻小区，上行参考信号可以基于不同的 ZC 序列。

为了保证不同小区的用户上行参考信号之间的随机性，LTE 物理层设计了基序列跳频机制，包括"基序列组的跳频"和"组内的基序列跳频"两种可供选择的方式。

1) 基序列组的跳频

基序列组的跳频使得各个小区用户的上行参考信号序列使用不同的基序列组。在某个时隙，小区用户上行参考信号使用的基序列组序号由"组跳频序号"和"组偏移序号"共同确定。

"组跳频序号"是小区对应的序列组跳频映射在某时隙上的基序列组号码。在高层信令指示进行序列组跳频时，小区某个时隙对应的基序列组号码由与小区 ID 相关的伪随机序列在与时隙序号相关的位置上的数值所确定。在不进行基序列组跳频时，组跳频序号为 0。

"组偏移序号"是在"组跳频序号"的基础上，小区内对上行控制信道(PUCCH)和共享信道(PUSCH)的基序列组的偏移量。控制信道序列采用的偏移量由小区 ID 确定，共享信道序列采用的偏移量在此基础上进行偏移，差值由高层信令进行指示。

2) 组内的基序列跳频

确定了基序列组的编号之后，还要确定基序列的组内编号。当采用基序列组跳频时，不进行基序列的组内跳频。在不进行基序列组跳频时，如果序列较长(大于等于 72)，每个基序列组对应 2 个元素，此时可以通过高层信令的指示选择进行序列的组内跳频，这样仍然可以一定程度地增强序列间的随机性。

在组内序列跳频时，小区用户在某个时隙的上行基序列的组内序列编号为 0 或 1，由小区 ID 相关的伪随机序列在和时隙序号相关的位置上的数值所确定。

**2. 解调参考信号**

在设计通过终端发送的上行信号时，需要重点考虑峰均功率比(PAPR, Peak - to - Average Power Ratio)和功放效率。从这个角度而言，对于上行，参考信号需要和与该终端的其他传输信号时分处理，来保证低峰均功率比(PAPR)，即两者在频域上不能复用。如在 PUSCH 上传输的解调参考信号(DMRS)在每个时隙的第 4 个(扩展 CP 下是第 3 个)OFDM 符号上发送，也就是说，一个上行子帧中共有两个 DMRS 符号。

在 PUSCH 和 PUCCH 上传输的 DMRS，其结构和传输原理是一样的。频域上的参考信号序列，映射到 OFDM 调制器相应的连续输入端(即子载波上)进行调制。而这个 DMRS 序列的长度总与相应物理信道所使用的子载波数目相同，是 12 的倍数。LTE 频域资源分配总是以资源块(RB)为单位的。而在 PUSCH 上的 DMRS 需要有不同的长度来匹配其带宽，而且不同长度下参考信号序列应尽可能多，以避免不合理分配造成的干扰。参考信号序列可由基序列经过相应处理得到。

**3. 探测参考信号**

为了更好地进行调度，基站需要不同频段上的信道信息。所以探测参考信号无需附在特定的物理信道上，否则它将无法全面覆盖所需要的频段。

探测参考信号可以进行周期性的传输，也可以根据调度授权信令中的相关信息进行非周期性的触发（LTE Rel-10 引入）。其中，周期的探测参考信号时间间隔从 2 个子帧（2 ms）到16 个子帧(160 ms)不等。非周期的探测参考信号由高层信令配置传输参数。在频分双工情况下，一个子帧内，如果有探测参考信号，无论其是周期还是非周期的，它都在该子帧的最后一个符号上传输。并且，为了避免小区内探测参考信号与不同用户设备的PUSCH 发生冲突，该小区内任何一个用户都知道某一子帧是否有探测参考信号传输，不论该探测参考信号来自哪一个用户设备。即在传输探测参考信号的子帧中，该小区内所有用户设备都将空出探测参考信号所占用的符号。

在频域上，探测参考信号可以通过以下两种方式来覆盖基站所关心的频段：一是发送一个宽带探测参考信号，一次性覆盖目标频段；二是发送多个窄带探测参考信号，通过跳频联合覆盖目标频段。

宽带探测参考信号的优势是，可以高效地完成探测，这是因为从资源利用率的角度来看，小区内任何 PUSCH 都不能在探测参考信号占用的符号上传输。但在较差的信道条件下，比如严重的上行路损，这样的传输方式有可能会使探测参考信号的接收功率谱密度偏低，导致信道估计的精确度下降。此时，发送多次跳频的窄带探测参考信号的效果更好。

探测参考信号序列，与解调参考信号使用的基序列相同。探测参考信号的发射原理也与解调参考信号大体一致。不相同的是，探测参考信号序列每隔一个子载波映射一个符号，其他位置填零，形成梳状频谱。探测参考信号的带宽可能会随实际需求和小区带宽大小而不同，但规范定义其总是 4 个资源块的倍数。考虑到探测参考信号的梳状结构，也就是说探测参考信号序列长度就是 24 的倍数。而不同的用户设备可以在相同的时频资源上通过配置不同的用户编号同时发送探测参考信号，但必须保证探测参考信号频段相同。它也可以在频域上映射到不同的间隔位置（即"梳齿"上）进行频分复用。

## 7.7　时间提前量与上行链路定时

为了保证同一无线帧不同用户的信号到达基站的时间是基本对齐的，且在基站侧上行和下行定时是对齐的，来自用户的上行链路无线帧 $i$ 应该比相应的下行链路无线帧 $i$ 发送提前 $N_{TA} \times T_s$ 秒，$N_{TA}$ 与用户和基站间的距离等因素有关。注意，一个无线帧中不一定所有子帧都用于数据发送。图 7.21 给出了一个两用户情况下的例子。

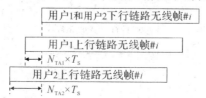

图 7.21　时间提前量及上行链路-下行链路定时关系

# 7.8   上行调度与链路自适应

**1. 上行调度**

基站通过下行链路控制信令通知用户为其分配的资源和传输格式。例如，在某个子帧中将哪些用户的传输进行复用的判决依据如下：

（1）要求的服务类型（BER、最小和最大数据速率以及时延等）。

（2）服务质量参数和测量。

（3）重传次数。

（4）上行链路信道质量测量。

（5）用户能力。

（6）用户睡眠周期和测量间隔/周期。

（7）系统参数，例如带宽和干扰大小/图案。

（8）其他。

因为基站不知道移动终端的缓存状态，所以对于下行链路不能使用这种用户缓存状态消息来实现调度。

但是，基站可以为基于竞争的接入分配一些时频资源。在这些时频资源内，用户可以在没有事先被调度的情况下传输数据。至少，随机接入和请求调度信令应该采用基于竞争的接入，随机接入参见第九章。

在非成对频谱的情况下，可以通过集中式 FDMA 随机接入信道来改进系统的容量。用户可以根据下行链路子帧测量的信道状态信息来选择接入信道。

**2. 自适应编码调制与功率控制**

根据无线信道条件变化，广义上的上行链路自适应过程包括自适应发送带宽、发射功率控制、自适应调制和信道编码等。用户在一个传输时间间隔（TTI）内的同一 L2 协议数据单元（PDU）映射到共享数据信道上的所有资源块使用相同的编码和调制。

因此，整个上行链路自适应过程如图 7.22 所示。

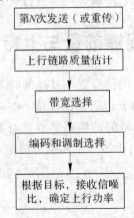

图 7.22   上行链路自适应过程

### 3. 上行链路 HARQ

**1) LTE 中的 HARQ 机制**

在 3GPP 最终确定支持 ARQ 的结构中,核心网络服务网关不再实现 ARQ 功能,于是 ARQ 要在用户和基站间完成。因此就带来一个新的问题:LTE 到底是使用单一的 (H)ARQ协议,还是采用结合 HARQ 和 RLC 层 ARQ 的 L2 方法? 容易看出,仅使用 HARQ 来得到所需的可靠性需要大量的 HARQ 反馈,会带来很大的资源开销。因此,采用 RLC 和 MAC 的两层 ARQ/HARQ 方法是得到高可靠性和低 ARQ/HARQ 反馈资源开销的最佳方法。

考虑到 LTE 中(H)ARQ 是在基站和用户间实现的,由于引入第二个协议会增加系统复杂度,带来额外的控制信令开销和不利的协议间信令交互,因此仅使用 HARQ 协议的方法看起来很有吸引力。但是,这种方法仍存在一些缺点,即为了达到所期望错误率($10^{-6}$),其鲁棒性受 HARQ 反馈机制限制。由于需要较低的端到端往返时间(RTT,Round Trip Time)来提高吞吐量,因此系统希望使用快速和频繁的 HARQ 反馈,来尽可能快地校正传输中的错误。我们很自然地考虑到与 HSPA 相同的方法:每次发送数据的同时发送一个 1 比特 ACK/NACK 信号,并且使用反馈消息定时来识别相应的数据发送,以实现在最小化反馈开销的同时尽可能快得获取反馈信息。但是,这种 1 比特反馈机制对发送错误是非常敏感的,特别是 NACK 接收错误(即在接收机把 NACK 错误地译成 ACK),将导致 HARQ 层上的数据丢失。

信道衰落使得发送机需要更高的功率,而且单比特的反馈不能很好地进行前向纠错 (FEC,Forward Error Correction)。因此 HARQ 层的可靠性受反馈信息错误率的限制,而不是数据发送的错误率限制,其代价是要频繁发送反馈信息以提供足够可靠的 HARQ 反馈。

无需额外 HARQ 反馈开销而得到高可靠性的方法是使用 MAC 层 HARQ 上面的第二层 ARQ,例如使用类似 HSPA 的无线链路控制(RLC,Radio Link Control)确认模式。注意,在这种情况中,L2 的 ARQ 主要负责对 HARQ 反馈错误导致的错误进行补偿,而不是传输本身的错误进行纠错。增加 ARQ 协议的好处是通过在异步状态下发送一个经过循环冗余校验(CRC)的序列号报告,提供更加可靠的反馈机制。

这意味着接收状态报告的接收机可以通过 CRC 来检测报告中的任何错误。有很多种方法可增强反馈的可靠性。第一种方法是对状态报告消息进行 Turbo 编码;第二种方法是对状态报告消息进行 HARQ;第三种方法是对状态消息报告进行累积。即使此次状态报告丢失,后续的状态报告中也能包含丢失信息。

**2) 上行 HARQ 处理**

对于上行链路的情况,可靠性是由两级重传来保证的,它们分别是 MAC 层的混合 ARQ(HARQ)和 RLC 层的外层 ARQ。外层 ARQ 需要处理经过 1 比特错误反馈机制的 HARQ 校正后仍然存在的错误。

在上行链路,使用具有同步重传的 $N$ 通道(N - process)停等式(SW,Stop - and - Wait)协议。这样,在当前 LTE 的 SC - FDMA 上行链路标准中,使用同步非自适应 HARQ。同步非自适应 HARQ 的主要优点是降低控制信令开销,降低 HARQ 操作的复杂性,并为软合并控制信息提供可能性。

在同步 HARQ 的情况，每一次重传时的上行链路特征应该与第一次发送时的链路特征保持相同。

## 本 章 小 结

本章对 LTE 上行物理层传输进行了研究。首先介绍了上行物理信道基本概念；然后分别介绍了物理上行共享信道和物理上行控制信道的相关概念以及传输过程；接着介绍了上行参考信号的生成，包括解调参考信号和探测参考信号以及上行多址技术的方案；最后讨论了传输信道的编码与复用，详细介绍了物理层传输的一般过程和上行共享信息与控制信息在物理上行共享信道上的传输。

### 思考题 7

7-1 LTE 系统定义的上行物理信道有哪些？

7-2 请简述物理上行共享信道的基带信号处理流程。

7-3 LTE 中上行物理控制信道包含哪几种格式？任意列举其中的两种。

7-4 试解释 LTE 为何选择单载波 SC-FDMA 作为上行多址方式。

7-5 LTE 物理层定义上行参考信号的种类及其作用？

7-6 请简述传输块物理层信道编码流程。

# 第八章 物理层下行传输过程

本章主要介绍 LTE 物理层下行传输过程，由于信道不同，其传输过程各有不同，因此本章分别介绍不同信道的传输过程，包括物理下行共享信道（PDSCH）、物理广播信道（PBCH），物理控制格式指示信道（PCFICH）以及物理下行控制信道（PDCCH）的传输过程；此外，还将介绍下行资源调度和链路自适应技术，以及小区间的干扰抑制方法。最后，本章还阐述了演进的多媒体广播多播业务（MBMS）。

## 8.1 物理层下行传输一般过程

如第五章所述，LTE 的物理层传输信道包括物理下行共享信道（PDSCH）、物理广播信道（PBCH）、物理多播信道（PMCH）、物理控制格式指示信道（PCFICH）、物理下行控制信道（PDCCH）和物理 HARQ 指示信道（PHICH）。此外还包括下行参考信号和同步信号。

LTE 下行各信道的基带处理一般过程与上行物理信道类似，它包括比特级处理、调制、层映射、预编码以及针对各个物理天线端口的资源映射和 OFDM 信号生成的过程等如图 8.1 所示。

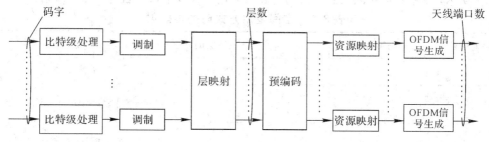

图 8.1 物理层数据处理过程

比特级处理主要完成信道编码过程，增加比特数据的冗余度，用来抵抗无线信道质量对比特数据的影响。比特级处理包括循环冗余校验、码块分割、信道编码、速率匹配、码块级联和加扰等过程，其处理方式可参考本书 7.2 节上行处理的有关内容，这里不再赘述。下面我们主要介绍各信道调制、层映射、预编码以及针对各个物理天线端口的资源映射等。

本章重点阐述 LTE 的 PDSCH、PDCCH、PCFICH、PHICH、PBCH 以及下行参考信号。PMCH 的传输过程和 PDSCH 的比较类似，本章不做专门描述。同步信号的内容参阅第六章的小区搜索过程。

# 8.2 PDSCH 传输过程

## 8.2.1 调制

数据调制将比特数据映射为复数调制符号，以增加比特数据传输效率。物理下行共享信道(PDSCH，Physical Downlink Shared Channel)可以采用 QPSK、16QAM 和 64QAM 调制。

## 8.2.2 层映射

LTE 中每个独立的编码与调制器的输出对应一个码字，根据信道和业务状况，下行传输最多可以支持两个码字。码字数和层数不是一一对应的，码字数总是小于等于层数。最多只能控制两个码字的速率，但传输层数可以是 1、2、3、4，因此就定义了从码字到层的映射。层映射分为单天线发射、空间复用和发送分集三种方式下的层映射。每个发送码字的复值调制符号 $d^{(q)}(0)，\cdots，d^{(q)}(M_{symb}^{(q)}-1)$ 将被映射到各层 $x(i)=[x^{(0)}(i)，\cdots，x^{(v-1)}(i)]$，$i=0，1，\cdots，M_{symb}^{layer}-1$，其中 $v$ 表示映射层数，$M_{symb}^{layer}$ 表示每层的调制符号数。不同的发射模式的码字数、层数以及映射关系各有不同，下面分别对其进行阐述。

**1. 单天线发射方式**

单天线发射时，数据只能被映射到一层上，单天线发射方式时的层映射如图 8.2 所示，码字个数为 1，映射层数为 1，层映射函数为 $x^{(0)}(i)=d^{(0)}(i)$，此时有 $M_{symb}^{layer}=M_{symb}^{(0)}$，即将输入直接输出。

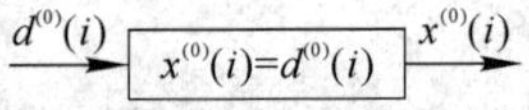

图 8.2 单天线发射方式时的层映射

**2. 空间复用方式**

空间复用时，最多允许两个码字，映射层数 $v$ 须满足 $v \leqslant P$，由上层调度器给出具体数目，其中 $P$ 为基站侧天线端口数目，可为 2 或 4。映射层数和码字数目同映射之间的关系如表 8.1 所示，表中单码字映射到 2 层的情况只适用于天线端口数目为 4 时的映射。

**表 8.1 空间复用方式时的层映射**

| 映射层数 $v$ | 码字数目 | 码字到层的映射 $i=0，1，\cdots，M_{symb}^{layer}-1$ | |
|---|---|---|---|
| 1 | 1 | $x^{(0)}(i)=d^{(0)}(i)$ | $M_{symb}^{layer}=M_{symb}^{(0)}$ |
| 2 | 2 | $x^{(0)}(i)=d^{(0)}(i)$ <br> $x^{(1)}(i)=d^{(1)}(i)$ | $M_{symb}^{layer}=M_{symb}^{(0)}=M_{symb}^{(1)}$ |
| 2 | 1 | $x^{(0)}(i)=d^{(0)}(2i)$ <br> $x^{(1)}(i)=d^{(0)}(2i+1)$ | $M_{symb}^{layer}=\dfrac{M_{symb}^{(0)}}{2}$ |
| 3 | 2 | $x^{(0)}(i)=d^{(0)}(i)$ <br> $x^{(1)}(i)=d^{(1)}(2i)$ <br> $x^{(2)}(i)=d^{(1)}(2i+1)$ | $M_{symb}^{layer}=M_{symb}^{(0)}=\dfrac{M_{symb}^{(1)}}{2}$ |
| 4 | 2 | $x^{(0)}(i)=d^{(0)}(2i)$ <br> $x^{(1)}(i)=d^{(0)}(2i+1)$ <br> $x^{(2)}(i)=d^{(1)}(2i)$ <br> $x^{(3)}(i)=d^{(1)}(2i+1)$ | $M_{symb}^{layer}=\dfrac{M_{symb}^{(0)}}{2}=\dfrac{M_{symb}^{(1)}}{2}$ |

图 8.3 为空间复用时，发送方式为 2∶2 模式的层映射的具体实现；图 8.4 为空间复用时，发送方式为 2∶3 模式的层映射的实现；图 8.5 是空间复用的发送方式为 2∶4 模式时层映射的具体实现。

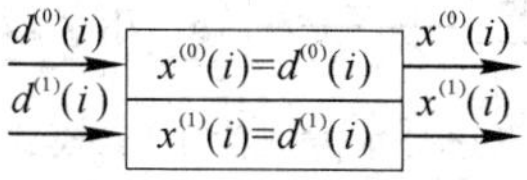

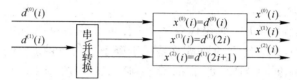

图 8.3 空间复用方式为 2∶2 模式的层映射

图 8.4 空间复用方式为 2∶3 模式的层映射

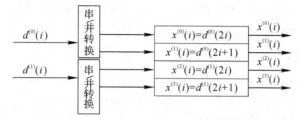

图 8.5 空间复用方式为 2∶4 模式的层映射

### 3. 发送分集方式

发送分集时，调制符号按照表 8.2 的规则映射到层。LTE 只允许对一个码字进行分集，层映射层数 $\nu$ 只能为 2 或 4。发送分集方式时要求映射层数 $\nu$ 须和天线端口数目 $P$ 相等，故码字到天线端口的映射也就为 1 个码字映射到 2 个或 4 个天线端口。

**表 8.2 发送分集方式时的层映射**

| 映射层数 $\nu$ | 码字到层的映射 $i=0,1,\cdots,M_{\text{symb}}^{\text{layer}}-1$ | |
|---|---|---|
| 2 | $x^{(0)}(i)=d^{(0)}(2i)$<br>$x^{(1)}(i)=d^{(0)}(2i+1)$ | $M_{\text{symb}}^{\text{layer}}=\dfrac{M_{\text{symb}}^{(0)}}{2}$ |
| 4 | $x^{(0)}(i)=d^{(0)}(4i)$<br>$x^{(1)}(i)=d^{(0)}(4i+1)$<br>$x^{(2)}(i)=d^{(0)}(4i+2)$<br>$x^{(3)}(i)=d^{(0)}(4i+3)$ | $M_{\text{symb}}^{\text{layer}}=\dfrac{M_{\text{symb}}^{(0)}}{4}$ |

图 8.6 给出了在发送分集方式下 1∶2 模式层映射的具体实现，最后得到 2 层的输出；图 8.7 为发送分集方式在 1∶4 模式下的层映射的实现，最后得到 4 层的输出。

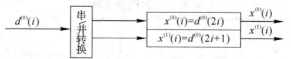

图 8.6 发送分集方式为 1∶2 模式的层映射

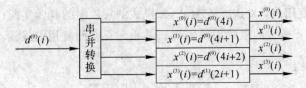

图 8.7　发送分集方式为 1∶4 模式的层映射

### 8.2.3　预编码

预编码模块的输入称为层；每层代表一个在空间域或波束域独立传输的数据流。码字与层并不总是一一对应的，码字的数量总是小于等于层的数量。预编码也分单天线发射、空间复用和发送分集三种方式下的预编码。设层映射模块的输出为 $x(i)=[x^{(0)}(i),\cdots,x^{(\nu-1)}(i)]^T$，映射的层数为 $\nu$，天线端口数为 $P$，预编码后的输出为 $y(i)=[\cdots\quad y^{(p)}(i)\quad\cdots]^T$，$i=0,1,\cdots,M^{ap}_{symb}-1$，其中 $p$ 为天线端口索引，$M^{ap}_{symb}=M^{layer}_{symb}$，上标 ap 表示天线端口。下面将详细介绍这三种方式下的预编码。

**1. 单天线发射方式**

单天线发射时，无需预编码，即

$$y^{(p)}(i)=x^{(0)}(i),\quad i=0,1,\cdots,M^{ap}_{symb}-1 \tag{8.1}$$

其中，$p\in\{0,4,5\}$ 是用来发射的天线端口索引，$M^{ap}_{symb}=M^{layer}_{symb}$。

**2. 空间复用方式**

与层映射相同，LTE 空间复用支持基站端 2 天线或 4 天线配置。空间复用的预编码仅与空间复用的层映射结合起来使用。空间复用支持 2 或者 4 天线端口，即可用的端口集合分别为 $p\in\{0,1\}$ 或者 $p\in\{0,1,2,3\}$。该方式分为无时延循环时延分集（CDD，Cyclic Delay Diversity）的预编码模式和针对大时延 CDD 的预编码模式。

无时延 CDD 按以下模式进行预编码：

$$\begin{bmatrix} y^{(0)}(i) \\ \vdots \\ y^{(P-1)}(i) \end{bmatrix}=W(i)\cdot\begin{bmatrix} x^{(0)}(i) \\ \vdots \\ x^{(\nu-1)}(i) \end{bmatrix} \tag{8.2}$$

其中，$W(i)$ 是 $P\times\nu$ 阶的预编码矩阵，$i=0,1,\cdots,M^{ap}_{symb}-1$，$M^{ap}_{symb}=M^{layer}_{symb}$。

大时延 CDD 按以下模式进行预编码：

$$\begin{bmatrix} y^{(0)}(i) \\ \vdots \\ y^{(P-1)}(i) \end{bmatrix}=[W(i)\cdot D(i)\cdot U]\cdot\begin{bmatrix} x^{(0)}(i) \\ \vdots \\ x^{(\nu-1)}(i) \end{bmatrix} \tag{8.3}$$

其中，$W(i)$ 是 $P\times\nu$ 阶的预编码矩阵；$D(i)$ 和 $U$ 是支持大时延 CDD 的矩阵。针对各种不同层映射，大时延 CDD 具体设置参见表 8.3。

表 8.3　大时延 CDD

| 层数 $\nu$ | $U$ | $D(i)$ |
|---|---|---|
| 1 | $[1]$ | $[1]$ |

续表

| 层数 $\nu$ | $U$ | $D(i)$ |
|---|---|---|
| 2 | $\dfrac{1}{\sqrt{2}}\begin{bmatrix} 1 & 1 \\ 1 & \exp\left(-\mathrm{j}\dfrac{2\pi}{2}\right) \end{bmatrix}$ | $\begin{bmatrix} 1 & 0 \\ 0 & \exp\left(-\mathrm{j}\dfrac{2\pi i}{2}\right) \end{bmatrix}$ |
| 3 | $\dfrac{1}{\sqrt{3}}\begin{bmatrix} 1 & 1 & 1 \\ 1 & \exp\left(-\mathrm{j}\dfrac{2\pi}{3}\right) & \exp\left(-\mathrm{j}\dfrac{4\pi}{3}\right) \\ 1 & \exp\left(-\mathrm{j}\dfrac{4\pi}{3}\right) & \exp\left(-\mathrm{j}\dfrac{8\pi}{3}\right) \end{bmatrix}$ | $\begin{bmatrix} 1 & 0 & 0 \\ 0 & \exp\left(-\mathrm{j}\dfrac{2\pi i}{3}\right) & 0 \\ 0 & 0 & \exp\left(-\mathrm{j}\dfrac{4\pi i}{3}\right) \end{bmatrix}$ |
| 4 | $\dfrac{1}{2}\begin{bmatrix} 1 & 1 & 1 & 1 \\ 1 & \exp\left(-\mathrm{j}\dfrac{2\pi}{4}\right) & \exp\left(-\mathrm{j}\dfrac{4\pi}{4}\right) & \exp\left(-\mathrm{j}\dfrac{6\pi}{4}\right) \\ 1 & \exp\left(-\mathrm{j}\dfrac{4\pi}{4}\right) & \exp\left(-\mathrm{j}\dfrac{8\pi}{4}\right) & \exp\left(-\mathrm{j}\dfrac{12\pi}{4}\right) \\ 1 & \exp\left(-\mathrm{j}\dfrac{6\pi}{4}\right) & \exp\left(-\mathrm{j}\dfrac{12\pi}{4}\right) & \exp\left(-\mathrm{j}\dfrac{18\pi}{4}\right) \end{bmatrix}$ | $\begin{bmatrix} 1 & 0 & 0 & 0 \\ 0 & \exp\left(-\mathrm{j}\dfrac{2\pi i}{4}\right) & 0 & 0 \\ 0 & 0 & \exp\left(-\mathrm{j}\dfrac{4\pi i}{4}\right) & 0 \\ 0 & 0 & 0 & \exp\left(-\mathrm{j}\dfrac{6\pi i}{4}\right) \end{bmatrix}$ |

预编码矩阵 $W(i)$ 的值根据基站和用户码本配置进行选择。当 $P=2$（即基站侧 2 天线配置）时，按表 8.4 进行设置，表中 L2 的空白栏表示标准还未完成或未提供。对闭环空间复用模式，当映射层为 2 时，不使用码本的索引 0。

### 表 8.4　2 天线配置时预编码码本

| 码本索引 | 层数 $\nu$ | |
|---|---|---|
| | 1 | 2 |
| 0 | $\dfrac{1}{\sqrt{2}}\begin{bmatrix} 1 \\ 1 \end{bmatrix}$ | $\dfrac{1}{\sqrt{2}}\begin{bmatrix} 1 & 0 \\ 0 & 1 \end{bmatrix}$ |
| 1 | $\dfrac{1}{\sqrt{2}}\begin{bmatrix} 1 \\ -1 \end{bmatrix}$ | $\dfrac{1}{2}\begin{bmatrix} 1 & 1 \\ 1 & -1 \end{bmatrix}$ |
| 2 | $\dfrac{1}{\sqrt{2}}\begin{bmatrix} 1 \\ \mathrm{j} \end{bmatrix}$ | $\dfrac{1}{2}\begin{bmatrix} 1 & 1 \\ \mathrm{j} & -\mathrm{j} \end{bmatrix}$ |
| 3 | $\dfrac{1}{\sqrt{2}}\begin{bmatrix} 1 \\ -\mathrm{j} \end{bmatrix}$ | — |

当 $P=4$（即基站侧 4 天线配置）时，预编码矩阵 $W(i)$ 由母矩阵 $W_n$ 得到，$W_n$ 则按下式生成：

$$W_n = I_4 - \frac{2\, u_n u_n^{\mathrm{H}}}{u_n^{\mathrm{H}} u_n} \tag{8.4}$$

即通过对向量 $u_n$ 作 Householder 变换，得到 Householder 矩阵 $W_n$，$W_n$ 的阶数为 $4\times 4$。其中 $n$ 是码本索引，即可选的预编码母矩阵索引，参见表 8.5。表中，上标 $\{col_1, col_2, \cdots\}$ 是母矩阵 $W_n$ 列索引的有序集合，表示选取母矩阵的第 $col_1$ 列、第 $col_2$ 列……顺序组合成新的矩阵，这个矩阵即为所需的预编码矩阵 $W(i)$。

### 表 8.5  4 天线配置时预编码码本

| 码字索引 | $u_n$ | 层映射层数 $\nu$ | | | |
|---|---|---|---|---|---|
| | | 1 | 2 | 3 | 4 |
| 0 | $u_0 = [1 \quad -1 \quad -1 \quad -1]^T$ | $W_0^{\{1\}}$ | $\dfrac{W_0^{\{14\}}}{\sqrt{2}}$ | $\dfrac{W_0^{\{124\}}}{\sqrt{3}}$ | $\dfrac{W_0^{\{1234\}}}{2}$ |
| 1 | $u_1 = [1 \quad -j \quad 1 \quad j]^T$ | $W_1^{\{1\}}$ | $\dfrac{W_1^{\{12\}}}{\sqrt{2}}$ | $\dfrac{W_0^{\{123\}}}{\sqrt{3}}$ | $\dfrac{W_0^{\{1234\}}}{2}$ |
| 2 | $u_2 = [1 \quad 1 \quad -1 \quad 1]^T$ | $W_2^{\{1\}}$ | $\dfrac{W_2^{\{12\}}}{\sqrt{2}}$ | $\dfrac{W_2^{\{123\}}}{\sqrt{3}}$ | $\dfrac{W_2^{\{3214\}}}{2}$ |
| 3 | $u_3 = [1 \quad j \quad 1 \quad -j]^T$ | $W_3^{\{1\}}$ | $\dfrac{W_3^{\{12\}}}{\sqrt{2}}$ | $\dfrac{W_3^{\{123\}}}{\sqrt{3}}$ | $\dfrac{W_3^{\{3214\}}}{2}$ |
| 4 | $u_4 = \left[1 \quad \dfrac{-1-j}{\sqrt{2}} \quad -j \quad \dfrac{1-j}{\sqrt{2}}\right]^T$ | $W_4^{\{1\}}$ | $\dfrac{W_4^{\{14\}}}{\sqrt{2}}$ | $\dfrac{W_4^{\{124\}}}{\sqrt{3}}$ | $\dfrac{W_4^{\{1234\}}}{2}$ |
| 5 | $u_5 = \left[1 \quad \dfrac{1-j}{\sqrt{2}} \quad j \quad \dfrac{-1-j}{\sqrt{2}}\right]^T$ | $W_5^{\{1\}}$ | $\dfrac{W_5^{\{14\}}}{\sqrt{2}}$ | $\dfrac{W_5^{\{124\}}}{\sqrt{3}}$ | $\dfrac{W_5^{\{1234\}}}{2}$ |
| 6 | $u_6 = \left[1 \quad \dfrac{1+j}{\sqrt{2}} \quad -j \quad \dfrac{-1+j}{\sqrt{2}}\right]^T$ | $W_6^{\{1\}}$ | $\dfrac{W_6^{\{13\}}}{\sqrt{2}}$ | $\dfrac{W_6^{\{134\}}}{\sqrt{3}}$ | $\dfrac{W_6^{\{1324\}}}{2}$ |
| 7 | $u_7 = \left[1 \quad \dfrac{-1+j}{\sqrt{2}} \quad j \quad \dfrac{1+j}{\sqrt{2}}\right]^T$ | $W_7^{\{1\}}$ | $\dfrac{W_7^{\{13\}}}{\sqrt{2}}$ | $\dfrac{W_7^{\{134\}}}{\sqrt{3}}$ | $\dfrac{W_7^{\{1324\}}}{2}$ |
| 8 | $u_8 = [1 \quad -1 \quad 1 \quad 1]^T$ | $W_8^{\{1\}}$ | $\dfrac{W_8^{\{12\}}}{\sqrt{2}}$ | $\dfrac{W_8^{\{124\}}}{\sqrt{3}}$ | $\dfrac{W_8^{\{1234\}}}{2}$ |
| 9 | $u_9 = [1 \quad -j \quad -1 \quad -j]^T$ | $W_9^{\{1\}}$ | $\dfrac{W_9^{\{14\}}}{\sqrt{2}}$ | $\dfrac{W_9^{\{134\}}}{\sqrt{3}}$ | $\dfrac{W_9^{\{1234\}}}{2}$ |
| 10 | $u_{10} = [1 \quad 1 \quad 1 \quad -1]^T$ | $W_{10}^{\{1\}}$ | $\dfrac{W_{10}^{\{13\}}}{\sqrt{2}}$ | $\dfrac{W_{10}^{\{123\}}}{\sqrt{3}}$ | $\dfrac{W_{10}^{\{1324\}}}{2}$ |
| 11 | $u_{11} = [1 \quad j \quad -1 \quad j]^T$ | $W_{11}^{\{1\}}$ | $\dfrac{W_{11}^{\{13\}}}{\sqrt{2}}$ | $\dfrac{W_{11}^{\{134\}}}{\sqrt{3}}$ | $\dfrac{W_{11}^{\{1324\}}}{2}$ |
| 12 | $u_{12} = [1 \quad -1 \quad -1 \quad 1]^T$ | $W_{12}^{\{1\}}$ | $\dfrac{W_{12}^{\{12\}}}{\sqrt{2}}$ | $\dfrac{W_{12}^{\{123\}}}{\sqrt{3}}$ | $\dfrac{W_{12}^{\{1234\}}}{2}$ |
| 13 | $u_{13} = [1 \quad -1 \quad 1 \quad -1]^T$ | $W_{13}^{\{1\}}$ | $\dfrac{W_{13}^{\{13\}}}{\sqrt{2}}$ | $\dfrac{W_{13}^{\{123\}}}{\sqrt{3}}$ | $\dfrac{W_{13}^{\{1324\}}}{2}$ |
| 14 | $u_{14} = [1 \quad 1 \quad -1 \quad -1]^T$ | $W_{14}^{\{1\}}$ | $\dfrac{W_{14}^{\{13\}}}{\sqrt{2}}$ | $\dfrac{W_{14}^{\{123\}}}{\sqrt{3}}$ | $\dfrac{W_{14}^{\{3214\}}}{2}$ |
| 15 | $u_{15} = [1 \quad 1 \quad 1 \quad 1]^T$ | $W_{15}^{\{1\}}$ | $\dfrac{W_{15}^{\{12\}}}{\sqrt{2}}$ | $\dfrac{W_{15}^{\{123\}}}{\sqrt{3}}$ | $\dfrac{W_{15}^{\{1234\}}}{2}$ |

　　虽然码本计算的复杂度不是很高，但从长期性而言，每次实时计算码本仍不如一次预先计算或存储更能节省系统资源。预编码时，只需提供映射层数 $\nu$ 和码本索引 idxCodeBook 两个参数，从预先加载的码本表中直接取用即可。

### 3. 发送分集方式

同前面所述发送分集方式时的层映射，LTE 支持基站端 2 天线或 4 天线配置的发送分集。因发送分集方式的层映射要求映射层数 $\nu$ 和天线端口数目 $P$ 相等，故预编码模块输入的层数也是 2 层或 4 层。现针对基站端不同天线数配置，对不同的预编码处理进行分别介绍。

当 $P=2$（即基站侧 2 天线配置）时，预编码处理为

$$\begin{bmatrix} y^{(0)}(2i) \\ y^{(1)}(2i) \\ y^{(0)}(2i+1) \\ y^{(1)}(2i+1) \end{bmatrix} = \frac{1}{\sqrt{2}} \begin{bmatrix} 1 & 0 & j & 0 \\ 0 & -1 & 0 & j \\ 0 & 1 & 0 & j \\ 1 & 0 & -j & 0 \end{bmatrix} \cdot \begin{bmatrix} \mathrm{Re}(x^{(0)}(i)) \\ \mathrm{Re}(x^{(1)}(i)) \\ \mathrm{Im}(x^{(0)}(i)) \\ \mathrm{Im}(x^{(1)}(i)) \end{bmatrix} \tag{8.5}$$

即

$$\begin{bmatrix} y^{(0)}(2i) & y^{(0)}(2i+1) \\ y^{(1)}(2i) & y^{(1)}(2i+1) \end{bmatrix} = \frac{1}{\sqrt{2}} \begin{bmatrix} x^{(0)}(i) & x^{(1)}(i) \\ -(x^{(1)}(i))^{*} & (x^{(0)}(i))^{*} \end{bmatrix} \tag{8.6}$$

则图 8.8 所示为 $P=2$ 即 2 天线配置发送分集的预编码实现过程。

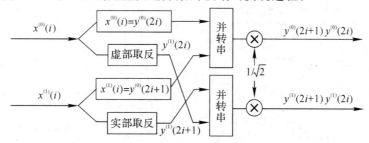

图 8.8　2 天线配置发送分集方式时的预编码处理

当 $P=4$（即基站侧 4 天线配置）时，预编码处理为

$$\begin{bmatrix} y^{(0)}(4i) \\ y^{(1)}(4i) \\ y^{(2)}(4i) \\ y^{(3)}(4i) \\ y^{(0)}(4i+1) \\ y^{(1)}(4i+1) \\ y^{(2)}(4i+1) \\ y^{(3)}(4i+1) \\ y^{(0)}(4i+2) \\ y^{(1)}(4i+2) \\ y^{(2)}(4i+2) \\ y^{(3)}(4i+2) \\ y^{(0)}(4i+3) \\ y^{(1)}(4i+3) \\ y^{(2)}(4i+3) \\ y^{(3)}(4i+3) \end{bmatrix} = \frac{1}{\sqrt{2}} \begin{bmatrix} 1 & 0 & 0 & 0 & j & 0 & 0 & 0 \\ 0 & 0 & 0 & 0 & 0 & 0 & 0 & 0 \\ 0 & -1 & 0 & 0 & 0 & j & 0 & 0 \\ 0 & 0 & 0 & 0 & 0 & 0 & 0 & 0 \\ 0 & 1 & 0 & 0 & 0 & j & 0 & 0 \\ 0 & 0 & 0 & 0 & 0 & 0 & 0 & 0 \\ 1 & 0 & 0 & 0 & -j & 0 & 0 & 0 \\ 0 & 0 & 0 & 0 & 0 & 0 & 0 & 0 \\ 0 & 0 & 0 & 0 & 0 & 0 & 0 & 0 \\ 0 & 0 & 1 & 0 & 0 & 0 & j & 0 \\ 0 & 0 & 0 & 0 & 0 & 0 & 0 & 0 \\ 0 & 0 & 0 & -1 & 0 & 0 & 0 & j \\ 0 & 0 & 0 & 0 & 0 & 0 & 0 & 0 \\ 0 & 0 & 0 & 1 & 0 & 0 & 0 & j \\ 0 & 0 & 1 & 0 & 0 & 0 & -j & 0 \end{bmatrix} \cdot \begin{bmatrix} \mathrm{Re}(x^{(0)}(i)) \\ \mathrm{Re}(x^{(1)}(i)) \\ \mathrm{Re}(x^{(2)}(i)) \\ \mathrm{Re}(x^{(3)}(i)) \\ \mathrm{Im}(x^{(0)}(i)) \\ \mathrm{Im}(x^{(1)}(i)) \\ \mathrm{Im}(x^{(2)}(i)) \\ \mathrm{Im}(x^{(3)}(i)) \end{bmatrix} \tag{8.7}$$

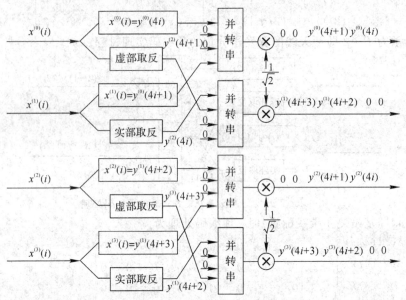

即

$$
\begin{bmatrix}
y^{(0)}(4i) & y^{(0)}(4i+1) & y^{(0)}(4i+2) & y^{(0)}(4i+3) \\
y^{(1)}(4i) & y^{(1)}(4i+1) & y^{(1)}(4i+2) & y^{(1)}(4i+3) \\
y^{(2)}(4i) & y^{(2)}(4i+1) & y^{(2)}(4i+2) & y^{(2)}(4i+3) \\
y^{(3)}(4i) & y^{(3)}(4i+1) & y^{(3)}(4i+2) & y^{(3)}(4i+3)
\end{bmatrix}
$$

$$
= \frac{1}{\sqrt{2}}
\begin{bmatrix}
x^{(0)}(i) & x^{(1)}(i) & 0 & 0 \\
0 & 0 & x^{(2)}(i) & (x^{(3)}(i)) \\
-(x^{(1)}(i))^{*} & (x^{(0)}(i))^{*} & 0 & 0 \\
0 & 0 & -(x^{(3)}(i))^{*} & (x^{(2)}(i))^{*}
\end{bmatrix}
\tag{8.8}
$$

图 8.9 所示为 $P=4$ 时，也就是基站侧 4 天线配置时发送分集方式下的预编码实现过程，其原理与 2 天线配置发送分集的预编码实现过程的原理相同，它只是增加了输入数据的层数。

图 8.9　4 天线配置发送分集方式时的预编码处理

# 8.3　PDCCH 传输过程

物理下行控制信道（PDCCH，Physical Downlink Control Channel）承载调度以及其他控制信息。调度控制信息是指上行和下行传输信道所占用的频率资源位置和大小，采取的多天线发射方式，以及终端上行功率大小。终端通过这些资源位置信息，在准确的位置上获取下行物理下行共享信道（PDSCH）的参数，或者在对应资源上进行物理上行共享信道（PUSCH）的发送。

一个物理控制信道在一个或者多个连续的控制信道元素（CCE，Control Channel Element）上进行传输，其中，一个控制信道元素对应于 9 个资源组（REG）。在一个子帧中可以传输多个 PDCCH。一个 PDCCH 包含 $n$ 个连续的控制信道元素，从第 $i$ 个控制信道元素开始，满足 $i \bmod n = 0$。

物理下行控制信道支持四种格式，表 8.6 给出了每种格式所包含的控制信道元素数、物理下行控制信道比特数和资源组数。

表 8.6 PDCCH 支持的格式

| PDCCH 格式 | CCE 数 | PDCCH 比特数 | REG 数 |
|:---:|:---:|:---:|:---:|
| 0 | 1 | 72 | 9 |
| 1 | 2 | 144 | 18 |
| 2 | 4 | 288 | 36 |
| 3 | 8 | 576 | 72 |

此外，在 LTE 规范的 Rel-11 版本中，还定义了增强的物理下行控制信道（EPDCCH）以及相应的格式 4，具体内容可参阅相关资料，本书对其不做介绍。

### 8.3.1 下行控制信息（DCI）

物理下行控制信道上传输的内容被称为下行控制信息（DCI，Downlink Control Information）。针对不同调度需求定义了不同的 DCI 格式，不同的 DCI 格式对应着不同的下行控制信息比特位：

（1）上行调度信息：DCI 格式 0 或 4。

（2）下行调度信息：DCI 格式 1、1A、1B、1C、1D、2、2A、2B、2C。

（3）功率控制信息：DCI 格式 3 或 3A。

下面主要介绍格式 0、格式 1、格式 1A、格式 1C、格式 2、格式 3 和格式 3A 这七种下行控制信息的具体功能，表 8.7 中给出了每种格式的作用。用户通过物理下行控制信道中的传输功率控制（TPC，Transmission Power Control）TPC 命令来对用户的发射功率进行调整，进行闭环的功率控制。

表 8.7 DCI 的格式及其作用

| 下行控制信息<br>（DCI）格式 | 功 能 |
|:---:|:---|
| 格式 0 | 用于物理上行共享信道调度，安排信令的时序 |
| 格式 1 | 用于物理下行共享信道单码字调度，安排一个码字的时序 |
| 格式 1A | 用于紧凑物理下行共享信道（PDSCH）一个码字时序安排（可用于任何传输模式配置） |
| 格式 1C | 用于非常紧凑的下行共享信道（DL-SCH）传输（总采用 QPSK 调制方式） |
| 格式 2 | 用于空间复用模式配置的 PDSCH 时序安排 |
| 格式 3 | 用于传输 2 比特功率调整的物理上行控制信道和物理上行共享信道的传输功率控制命令 |
| 格式 3A | 用于传输 1 比特功率调整的物理上行控制信道和物理上行共享信道的传输功率控制命令 |

接下来通过列表的形式详细介绍这几种常用的格式的参数。

### 1. 格式 0

格式 0 的参数如表 8.8 所示。

**表 8.8　格式 0 的参数**

| 格　式　0 | |
| --- | --- |
| 参数 | 长度/比特 |
| 格式 0/格式 1 差分标识 | 1 |
| 跳频标识 | 1 |
| 资源块配置和跳频资源配置 | $\lceil \log_2(N_{RB}^{UL} \frac{N_{RB}^{UL}+1}{2}) \rceil$ |
| 调制编码机制和冗余版本 | 5 |
| 新数据指示 | 1 |
| 传输功率控制指令和 PUSCH 调度 | 2 |
| 解调参考信号循环移位 | 3 |
| 上行索引(TDD 特有) | 2 |
| 信道质量信息请求 | 1 |

在表 8.8 中，跳频标识为 1，表示支持 PUSCH 跳频模式；跳频标识为 0，表示 PUSCH 为非跳频模式。在支持 PUSCH 跳频模式时，通过 $\lceil \log_2(N_{RB}^{UL} \frac{N_{RB}^{UL}+1}{2}) \rceil$ 中的 $N_{UL\_hop}$ 比特得到资源分配参数 $\tilde{n}_{PRB}(i)$ 的具体值；通过另外的 $(\lceil \log_2(N_{RB}^{UL}(N_{RB}^{UL}+1)/2) \rceil - N_{UL\_hop})$ 比特描述在上行子帧的第一个时隙中的资源分配参数。

在 PUSCH 为非跳频模式下，通过 $(\lceil \log_2(N_{RB}^{UL}(N_{RB}^{UL}+1)/2) \rceil)$ 比特来描述在上行子帧的第 1 个时隙中的资源分配参数。

### 2. 格式 1

表 8.9 所示为 PDCCH 格式 1 的具体内容。

**表 8.9　格式 1 的参数**

| 格　式　1 | | | |
| --- | --- | --- | --- |
| 参数 | | | 长度/比特 |
| 资源配置头(资源配置类型 0/类型 1) | | | 1 |
| 资源块分配 | 类型 0 | 提供资源配置 | $\lceil N_{RB}^{DL}/P \rceil$ |
| | 类型 1 | 指示选定的资源块子集 | $\lceil \log_2(P) \rceil$ |
| | | 指示资源配置间隔偏移 | 1 |
| | | 提供资源配置 | $(\lceil N_{RB}^{DL}/P \rceil - \lceil \log_2(P) \rceil - 1)$ |
| 调制编码机制 | | | 5 |
| 混合自动重传请求(HARQ)过程数 | | | 3(FDD)，4(TDD) |
| 新数据指示 | | | 1 |
| 冗余版本 | | | 2 |
| PUCCH 的传输功率控制(TPC)指令 | | | 2 |
| 下行配置索引(TDD 特有) | | | 2 |

在表 8.9 中，$P$ 取决于下行资源块数，如表 8.10 所示，表明了 $P$ 的取值与带宽的关系。其中 REG(Resource Element Group) 为资源粒子组；$N_{RB}^{DL}$ 为下行链路资源块数目。

**表 8.10  $P$ 的取值与带宽的关系表**

| REG 大小($P$) | 系统带宽($N_{RB}^{DL}$) |
|---|---|
| 1 | ≤10 |
| 2 | 11~26 |
| 3 | 27~64 |
| 4 | 64~110 |

### 3. 格式 1A

格式 1A 的参数如表 8.11 所示。

**表 8.11  格式 1A 的参数**

| 格 式 1A | | | |
|---|---|---|---|
| 参数 | | | 长度/比特 |
| 格式 0/格式 1A 差分标识 | | | 1 |
| (虚拟资源块)分配标识 | | | 1 |
| 资源块分配 | 局部虚拟资源块 | 资源分配 | $\lceil \log_2 \left( N_{RB}^{DL} \dfrac{N_{RB}^{DL}+1}{2} \right) \rceil$ |
| | 分布式虚拟资源块 | $N_{RB}^{DL} < 50$   资源分配 | $\lceil \log_2 \left( N_{RB}^{DL} \dfrac{N_{RB}^{DL}+1}{2} \right) \rceil$ |
| | | $N_{RB}^{DL} \geq 50$   指示 $N_{gap} = N_{gap,1}$ 或 $N_{gap} = N_{gap,2}$ | 1 |
| | | 资源分配 | $\lceil \log_2 \left( N_{RB}^{DL} \dfrac{N_{RB}^{DL}+1}{2} \right) \rceil - 1$ |
| 调制编码机制 | | | 5 |
| 混合自动重传请求(HARQ)过程数 | | | 3(FDD)，4(TDD) |
| 新数据指示 | | | 1 |
| 冗余版本 | | | 2 |
| PUCCH 的传输功率控制(TPC)指令 | | | 2 |
| 下行分配索引(TDD 特有) | | | 2 |

在表 8.11 中，对资源块分配有详细的分配规则。注意，如果格式 1A 的信息比特数少于格式 0，则在格式 1A 后附加 0，直至其与格式 0 比特数相同。

### 4. 格式 1C

格式 1C 的参数如表 8.12 所示，该格式用于非常紧凑的下行共享信道传输，并一直采用 QPSK 调制方式。

**表 8.12　格式 1C 的参数**

| 格式 1C(用于非常紧凑的 DL - SCH 传输) | | | |
|---|---|---|---|
| 内　　容 | | | 长度/比特 |
| 间隔<br>(GAP)值 | $N_{RB}^{DL} \geqslant 50$ | GAP 值：0<br>$N_{gap} = N_{gap,1}$ | 1 |
| | | GAP 值：1<br>$N_{gap} = N_{gap,2}$ | |
| | $N_{RB}^{DL} < 50$ | | 0 |
| 资源块分配 | | | $\lceil \log_2 \lfloor \frac{N_{VRB,gap1}^{DL}}{N_{RB}^{step}} \cdot \frac{\lfloor \frac{N_{VRB,gap1}^{DL}}{N_{RB}^{step}} \rfloor + 1}{2} \rfloor \rceil$ |
| 调制和编码方式 | | | 5 |

### 5. 格式 2

表 8.13 所示为 PDCCH 格式 2 的参数。格式 2 主要用于空间复用模式配置的物理下行共享信道时序安排。由表 8.13 中的信息可以确定哪个码字可用，哪个码字不可用。

**表 8.13　格式 2 的参数**

| 格式 2 | | | |
|---|---|---|---|
| 参数 | | | 长度/比特 |
| 资源配置头(类型 0/类型 1 资源配置) | | | 1 |
| 资源块分配 | 类型 0 | 提供资源配置 | $\lceil N_{RB}^{DL}/P \rceil$ |
| | 类型 1 | 指示选定的资源块子集 | $\lceil \log_2(P) \rceil$ |
| | | 指示资源配置间隔偏移 | 1 |
| | | 提供资源配置 | $(\lceil N_{RB}^{DL}/P \rceil - \lceil \log_2(P) \rceil - 1)$ |
| PUCCH 的传输功率控制(TPC)指令 | | | 2 |
| 下行配置索引(TDD 特有) | | | 2 |
| 混合自动重传请求(HARQ)进程数 | | | 3(FDD)，4(TDD) |
| 混合自动重传请求(HARQ)交换标志 | | | 1 |
| 对第 1 个码字 | | 调制编码机制 | 5 |
| | | 新数据指示 | 1 |
| | | 冗余版本 | 2 |
| 对第 2 个码字 | | 调制编码机制 | 5 |
| | | 新数据指示 | 1 |
| | | 冗余版本 | 2 |
| 预编码信息 | | | 参见表 8.14 |

表 8.14 所示为不同基站的天线端口数分别在不同的传输模式下预编码信息的比特数。

**表 8.14 预编码信息比特数**

| 基站的天线端口数 | 预编码信息位 |
| --- | --- |
| 2 | 3 |
| 4 | 6 |

从表 8.14 可以看出,2 天线的开环空间复用模式没有预编码信息域,其他模式下,预编码信息域的参数根据码字可用情况而不同,具体参见表 8.15~表 8.17。

表 8.15 所示为 2 天线闭环空间复用模式下预编码信息域的参数。其中,秩指示(RI,Rank Indicator)是传输层数,预编码向量信息(PMI,Pre-coding Matrix Indication)指示预编码的码本索引。通常当两个码字都可用时,RI=2;只有码字 1 可用、码字 2 不可用时,RI=1。当一个码字可用时,RI=2 只支持对应 HARQ 处理重传。

**表 8.15 2 天线闭环空间复用模式下预编码信息域参数**

| 1 个码字<br>(码字 1 可用,码字 2 不可用) | | 2 个码字<br>(码字 1 可用,码字 2 不可用) | |
| --- | --- | --- | --- |
| 比特域映射到索引域 | 消息 | 比特域映射到索引域 | 消息 |
| 0 | RI=1;发送分集 | 0 | RI=2;PMI=1 |
| 1 | RI=1;PMI=0 | 1 | RI=2;PMI=2 |
| 2 | RI=1;PMI=1 | 2 | RI=2;根据最新汇报的 PMI 进行预编码 |
| 3 | RI=1;PMI=2 | 3 | 保留 |
| 4 | RI=1;PMI=3 | 4 | 保留 |
| 5 | RI=1;根据最新汇报的 PMI 进行预编码,若 RI=2 汇报,用由汇报的 PMI 和 RI 所暗示的所有预编码器中的第 1 列来进行预编码 | 5 | 保留 |
| 6 | RI=1;根据最新汇报的 PMI 进行预编码,若 RI=2 汇报,用由汇报的 PMI 和 RI 所暗示的所有预编码器中的第 2 列来进行预编码 | 6 | 保留 |
| 7 | 保留 | 7 | 保留 |

表 8.16 所示为 4 天线闭环空间复用模式预编码信息域的参数。由表可知,当传输一个码字时,码字 1 可用,但码字 2 不可用;当传输 2 个码字时,码字 1 和码字 2 均可用。同时还明确了分别在 1 个码字和 2 个码字的情况下不同比特映射到索引所对应的消息。

**表 8.16  4 天线闭环空间复用模式预编码信息域的参数**

| 1 个码字<br>(码字 1 可用,码字 2 不可用) | | 2 个码字<br>(码字 1 可用,码字 2 可用) | |
|---|---|---|---|
| 比特域映射到索引域 | 消息 | 比特域映射到索引域 | 消息 |
| 0 | RI=1;发送分集 | 0 | RI=2;PMI=0 |
| 1 | RI=1;PMI=0 | 1 | RI=2;PMI=1 |
| 2 | RI=1;PMI=1 | ⋮ | ⋮ |
| ⋮ | ⋮ | 15 | RI=2;PMI=15 |
| 16 | RI=1;PMI=15 | 16 | RI=2;根据最新汇报的 PMI 预编码 |
| 17 | RI=1;根据最新汇报的 PMI 预编码 | 17 | RI=3;PMI=0 |
| 18 | RI=2;PMI=0 | 18 | RI=3;PMI=0 |
| 19 | RI=2;PMI=1 | 19 | RI=3;PMI=1 |
| ⋮ | ⋮ | ⋮ | ⋮ |
| 33 | RI=2;PMI=15 | 33 | RI=3;PMI=15 |
| 34 | RI=2;根据最新汇报的 PMI 预编码 | 34 | RI=3;根据最新汇报的 PMI 预编码 |
| 35 - 63 | 保留 | 35 | RI=4;PMI=0 |
| | | 36 | RI=4;PMI=1 |
| | | ⋮ | ⋮ |
| | | 50 | RI=4;PMI=15 |
| | | 51 | RI=4;根据最新汇报的 PMI 预编码 |
| | | 52 - 63 | 保留 |

表 8.17 所示为 4 天线开环空间复用传输模式预编码信息域的参数。当传输 1 个码字时，码字 1 可用，码字 2 不可用；当传输 2 个码字时，码字 1 和码字 2 都可用。这和闭环空间复用传输模式下是相同的。同时也介绍了分别在 1 个码字和 2 个码字的情况下不同比特映射到索引所对应的消息。

表 8.17　4 天线开环空间复用传输模式预编码信息域参数

| 1 个码字 （码字 1 可用，码字 2 不可用） | | 2 个码字 （码字 1 可用，码字 2 可用） | |
| --- | --- | --- | --- |
| 比特域映射 到索引域 | 消息 | 比特域映射 到索引域 | 消息 |
| 0 | RI=1：发送分集 | 0 | RI=2：大时延 CDD 预编码 |
| 1 | RI=2：大时延 CDD 预编码 | 1 | RI=3：大时延 CDD 预编码 |
| 2 | 保留 | 2 | RI=4：大时延 CDD 预编码 |
| 3 | 保留 | 3 | 保留 |

**6. 格式 3**

表 8.18 所示为格式 3 的参数。格式 3 用于传输 2 比特功率调整的物理上行控制信道和物理上行共享信道的传输功率控制（TPC）命令。

表 8.18　格式 3 的参数

| 格式 3 | |
| --- | --- |
| 参　　数 | 长度/比特 |
| 用户 1、用户 2、…、用户 $N$ 的传输功率控制指令 | 2 |

在表 8.18 中，$N=\lfloor \frac{L_{\text{format 0}}}{2} \rfloor$，$L_{\text{format 0}}$ 是格式 0 在附加 CRC 校验码之前的有效载荷大小。

**7. 格式 3A**

格式 3A 的参数如表 8.19 所示。

表 8.19　格式 3A 的参数

| 格式 3A | |
| --- | --- |
| 参数 | 长度/比特 |
| 用户 1、用户 2、…、用户 $M$ 的传输功率控制指令 | 1 |

格式 3A 主要用于传输 1 比特功率调整的物理上行控制信道和物理上行共享信道的 TPC 命令。在表 8.19 中，$M=L_{\text{format 0}}$，$L_{\text{format 0}}$ 是格式 0 在附加 CRC 校验码之前的有效载荷大小。

### 8.3.2　PDCCH 的有效载荷

在每个子帧中，可以传输多个物理下行控制信道。各个物理下行控制信道所采用的下行控制信息格式由实际情况决定。一个物理下行控制信道的有效载荷 $a_0$, $a_1$, $a_2$, $a_3$, …, $a_{A-1}$ 的信息位序和长度由其下行控制信息格式及具体内容决定。信息比特位顺序也就是信息域复用的顺序依照每个下行控制信息格式所列信息域的顺序，每一个信息域的第 1 比特对应最高有效位。表 8.20 列出了 TDD 模式下一个物理下行控制信道各种格式的有效载荷，即物理下行控制信道不同格式与条件下的长度最大不超过有效载荷比特数，实际长度由带宽和下行控制信息格式包含的具体内容决定，若格式 1A 的信息比特长度小于格式 0 的，则在其后以 0 进行扩展。

**表 8.20　一个物理下行控制信息的有效载荷(TDD)**

| 物理下行控制信息格式及其不同条件下 | | 有效载荷（比特） |
| --- | --- | --- |
| 0 | | $\lceil \log_2(N_{RB}^{UL}(N_{RB}^{UL}+1)/2) \rceil + 16$ |
| 1 | | $\lceil N_{RB}^{DL}/P \rceil + 17$ |
| 1A | $\lceil \log_2(N_{RB}^{DL}(N_{RB}^{DL}+1)/2) \rceil + 18 \geqslant \lceil \log_2(N_{RB}^{UL}(N_{RB}^{UL}+1)/2) \rceil + 16$ | $\lceil \log_2(N_{RB}^{DL}(N_{RB}^{DL}+1)/2) \rceil + 18$ |
| | $\lceil \log_2(N_{RB}^{DL}(N_{RB}^{DL}+1)/2) \rceil + 18 < \lceil \log_2(N_{RB}^{UL}(N_{RB}^{UL}+1)/2) \rceil + 16$ | $\log_2 \lceil N_{RB}^{U4L}(N_{RB}^{UL}+1)/2 \rceil + 16$ |
| 1C | | $\lceil \log_2(\lfloor N_{VRB,\,gap1}^{DL}/N_{RB}^{step} \rfloor \cdot (\lfloor N_{VRB,\,gap1}^{DL}/N_{RB}^{step} \rfloor +1)/2) \rceil + 5$ |
| 2 | 2 天线闭环空间复用 | $\lceil N_{RB}^{DL}/P \rceil + 18 + 3 + 1$ |
| | 2 天线开环空间复用 | $\lceil N_{RB}^{DL}/P \rceil + 18 + 0 + 1$ |
| | 4 天线闭环空间复用 | $\lceil N_{RB}^{DL}/P \rceil + 18 + 6 + 1$ |
| | 4 天线开环空间复用 | $\lceil N_{RB}^{DL}/P \rceil + 18 + 2 + 1$ |
| 3 | | $2N$ |
| 3A | | $M$ |

### 8.3.3　PDCCH 物理层过程

PBCH 信道的传输周期 TTI＝40 ms，在每个 10 ms 无线帧的第 1 个子帧上传输，采用盲检测技术来提取信息，即不需要外部信令。每一个子帧都是自解码的，即在信道足够好的条件下，PBCH 可以在接收的单个子帧内进行解码。PBCH 信道总共占用 4 个连续的 OFDM 符号，在频域上占用下行频带中心为 1.08 MHz 的带宽。

　　物理下行控制信道(PDCCH)采用 QPSK 调制方式。PDCCH 在与传输物理广播信道相同的天线端口上传输。物理下行控制信道对应一个码字,相应的层数 $\nu$ 与实际用于物理信道传输的天线端口数目 $P$ 相等,即 $\nu = P$。

　　在单天线端口情况下,层映射和预编码的内容参阅 8.1.3 节和 8.1.4 节;多天线情况下,采用发送分集,层映射和预编码的内容参阅 8.1.3 节和 8.1.4 节。

　　定义一个资源粒子对 REQ(Resource Element Quadruplet)表示没有被参考信号、物理控制格式指示信道(PCFICH)或者物理混合重传指示信道(PHICH)占用的 4 个相邻的资源粒子 RE$(k, l)$,这 4 个资源粒子(RE)具有相同的 OFDM 符号索引 $l$。映射过程要经过列交换、循环移位和资源粒子映射三个步骤。

**1. 列交换**

　　首先以资源粒子对(REQ)为单位,令天线端口 $p$ 上的第 $i$ 个 REQ 对应的符号流表示为 $z^{(p)}(i) = \{y^{(p)}(4i), y^{(p)}(4i+1), y^{(p)}(4i+2), y^{(p)}(4i+3)\}$,则天线端口 $p$ 上的符号流 $y^{(p)}(0), \cdots, y^{(p)}(M_{symb}-1)$ 可对应于符号流 $z^{(p)}(0), \cdots, z^{(p)}(M_{quad}-1)$,其中,$M_{quad} = M_{symb}/4$。然后利用子块交织方式进行列交换,得到 $w^{(p)}(0), \cdots, w^{(p)}(M_{quad}-1)$。交织器的列重排模式如表 8.21 所示,表中给出了列数为 32 时的列间置换模式。

表 8.21　交织器的列重排模式

| 列数 $C$ | 列间置换模式<br>$<P(0), P(1), \cdots, P(C-1)>$ |
|---|---|
| 32 | $<1, 17, 9, 25, 5, 21, 13, 29, 3, 19, 11, 27, 7, 23, 15, 31, 0, 16, 8,$<br>$24, 4, 20, 12, 28, 2, 18, 10, 26, 6, 22, 14, 30>$ |

**2. 循环移位**

符号流 $w^{(p)}(0), \cdots, w^{(p)}(M_{quad}-1)$ 经过循环移位,得到 $\overline{w}^{(p)}(0), \cdots, \overline{w}^{(p)}(M_{quad}-1)$。

$$\overline{w}^{(p)}(i) = w^{(p)}((i+N_{cell}^{ID}) \bmod M_{quad}) \tag{8.9}$$

**3. 资源粒子映射**

物理下行控制信道(PDCCH)中 $\overline{w}^{(p)}(0), \cdots, \overline{w}(p)(M_{quad}-1)$ 的映射位置可根据 5.4.3 节中资源块及其映射来确定。

# 8.4　PCFICH 及 PHICH 传输过程

## 8.4.1. PCFICH

**1. 控制格式指示(CFI)**

　　物理控制格式指示信道(PCFICH)总是位于子帧的第 1 个 OFDM 符号上,用来指示一个子帧中 PDCCH 在子帧内占用符号个数,即 PDCCH 的时间跨度。PCFICH 的大小是 2 比特,其承载的信息是控制格式指示(CFI, Control Format Indicator)。

当系统带宽 $N_{RB}^{DL}>10$ 时，PDCCH 的符号数目为 1～3 个符号，由控制格式指示(CFI)给出；当系统带宽 $N_{RB}^{DL}\leqslant10$，下行控制信息时间跨度为 2～4，由 CFI+1 给出，即 CFI=1、2 或 3。

一个子帧中可能用于传输物理下行控制信道的符号数规定如表 8.22 所示。不同类型的子帧，其用于传输物理下行控制信道的符号数是有所差别的。

表 8.22　PDCCH 所占符号数

| 子帧 | PDCCH 所占符号数 |
|---|---|
| 帧结构类型 2 中子帧 1 和 6 | 1, 2 |
| 支持 PMCH(物理多播信道)和 PDSCH(物理下行共享信道)的 MBSFN(多播广播单频网)子帧 | 1, 2 |
| 不支持 PDSCH 的多播广播单频网(MBSFN)子帧 | 0 |
| 当系统带宽 $N_{RB}^{DL}>10$ 时，其他子帧 | 2, 3, 4 |
| 所有其他 | 1, 2, 3 |

物理控制格式指示信道(PCFICH)包含 2 比特信息，对应 1、2、3 个控制区域的符号数，编码为 32 比特码本。这些码本通过加扰后进行 QPSK 调制，获得 16 个复数符号，这 16 个符号被均匀分布在第一个 OFDM 符号的四组频率位置中。

**2. PCFICH 的物理层处理**

物理控制格式指示信道(PCFICH)采用 QPSK 调制。物理控制格式指示信道与物理广播信道(PBCH)是在相同的天线端口上传输的。

在单天线端口情况下，层映射和预编码参阅 8.1.3 节和 8.1.4 节中的相关内容。多天线端口的情况下，PCFICH 只能采用发送分集传输模式，只传输一个码字，层映射和预编码参阅 8.1.3 节和 8.1.4 节中的相关内容。

预编码模块的输出 $y(i)=\left[y^{(0)}(i)\quad\cdots\quad y^{(P-1)}(i)\right]^{T}(i=0,\cdots,15)$ 以资源粒子组(REG)的形式被映射到一个下行子帧的第 1 个 OFDM 符号中，REG 在频域上是 4 个连续的没有被参考符号占用的资源粒子。第 $p$ 个天线端口的第 $i$ 组 REG 可以表示为 $z^{(p)}(i)=\langle y^{(p)}(4i),\ y^{(p)}(4i+1),\ y^{(p)}(4i+2),\ y^{(p)}(4i+3)\rangle$，每个天线端口上 REG 的映射都按照以序号 $i$ 从小到大的顺序。具体映射方式如下：

$z^{(p)}(0)$ 被映射到频率资源起始为 $\bar{k}$ 的 REG 上；

$z^{(p)}(1)$ 被映射到频率资源起始为 $\bar{k}+\lfloor N_{RB}^{DL}/2\rfloor\cdot N_{sc}^{RB}/2$ 的 REG 上；

$z^{(p)}(2)$ 被映射到频率资源起始为 $\bar{k}+\lfloor 2N_{RB}^{DL}/2\rfloor\cdot N_{sc}^{RB}/2$ 的 REG 上；

$z^{(p)}(3)$ 被映射到频率资源起始为 $\bar{k}+\lfloor 3N_{RB}^{DL}/2\rfloor\cdot N_{sc}^{RB}/2$ 的 REG 上。

其中，$\bar{k}=(N_{sc}^{RB}/2)\cdot(N_{ID}^{cell}\ \mathrm{mod}\ 2N_{RB}^{DL})$。$N_{ID}^{cell}$ 表示物理层小区 ID，按照以下方式给出：总共有 504 个物理层小区 ID，这些小区 ID 被分成 168 组，每组包含 3 个小区 ID，每组中的每个小区 ID 都是相互独立的，每个小区 ID 只能隶属于一个小区 ID 组。因此，一个物理层小区 ID 可以记作 $N_{ID}^{cell}=3N_{ID}^{(1)}+N_{ID}^{(2)}$，其中，$N_{ID}^{(1)}=0,1,\cdots,167$ 表示物理层小区 ID 组号；$N_{ID}^{(2)}=0,1,2$ 表示每个小区 ID 组中的小区 ID 序号。

### 8.4.2　PHICH

#### 1. HARQ 指示

在 LTE 中，物理 HARQ 指示信道（PHICH）承载的是 1 比特 PUSCH 信道的 HARQ 的确认/非确认（ACK/HACK）应答信息，其承载的信息称为 HARQ 指示（HI，HARQ Indicato）。HI＝1 表示 ACK；HI＝0 表示 NACK。

多个 PHICH 信道可以映射在同一组资源粒子中，形成 PHICH 组，同一 PHICH 组中的各个 PHICH 由不同的正交序列区分。PHICH 资源用 $(n_{PHICH}^{group}, n_{PHICH}^{seq})$ 来表示，其中，$n_{PHICH}^{group}$ 是 PHICH 组数；$n_{PHICH}^{seq}$ 是组内的正交序列的索引号。

#### 2. PHICH 传输过程

PHICH 采用 BPSK 调制。调制符号 $d(0), \cdots, d(M_{symb}-1)$ 在进行层映射和预编码之前，首先要分配资源粒子组大小，然后得到符号块 $d^{(0)}(0), \cdots, d^{(0)}(c \cdot M_{symb}-1)$。对于常规循环前缀，$c=1$，$d^{(0)}(i)=d(i)$；对于扩展循环前缀，$c=2$，有 $\begin{bmatrix} d^{(0)}(4i) & d^{(0)}(4i+1) & d^{(0)}(4i+2) & d^{(0)}(4i+3) \end{bmatrix}^T$

$$=\begin{cases} \begin{bmatrix} d(2i) & d(2i+1) & 0 & 0 \end{bmatrix}^T & n_{PHICH}^{group} \bmod 2=0 \\ \begin{bmatrix} 0 & 0 & d(2i) & d(2i+1) \end{bmatrix}^T & n_{PHICH}^{group} \bmod 2=1 \end{cases}, i=0, \cdots, (M_{symb}/2)-1$$

然后，符号块 $d^{(0)}(0), \cdots, d^{(0)}(c \cdot M_{symb}-1)$ 被映射到层，通过预编码得到序列 $\bar{y}^{(p)}(0), \cdots, \bar{y}^{(p)}(M_{symb}^{(0)}-1)$。

最后，$\bar{y}^{(p)}(0), \cdots, \bar{y}^{(p)}(M_{symb}^{(0)}-1)$ 被映射到资源粒子上，得到从天线端口 $p$ 发送的符号 $z^{(p)}(i)=\langle \bar{y}^{(p)}(4i), \tilde{y}^{(p)}(4i+1), \tilde{y}^{(p)}(4i+2), \bar{y}^{(p)}(4i+3) \rangle$，$i=0,1,2$。

# 8.5　PBCH 传输过程

根据第六章可知，终端搜索并同步到一个小区后，必须获得小区系统信息，系统信息包括有关下行链路和上行链路带宽信息、TDD 模式下的上行和下行时隙配置信息与随机接入相关参数。由于第六章已经对 PBCH 做了描述，因此在本节我们将介绍 PBCH 承载的信息和 PBCH 物理层传输过程。

#### 1. 物理广播信道承载信息

物理广播信道（PBCH）承载广播信道（BCH）包含的系统信息。BCH 包含的信息位于系统信息块（SIB）的主信息块（MIB）中，并且按照预先定义好的固定格式在整个小区覆盖范围内广播。

主信息块在物理广播信道上传输，包含了接入 LTE 系统所需的最基本信息，包括有限个基本的且频繁传输的参数，以便从小区获得其他信息。其中关于物理层的参数有下行系统带宽、发射天线数、物理混合重传指示信道（PHICH 配置）和系统帧序号（SFN）等。具体内容如表 8.23 所示。

表 8.23　BCH 包含的基本信息参数

| 基本信息参数 | 长度/比特 |
|---|---|
| 下行系统带宽 | 4 |
| 发射天线数 | 1 或 2 |
| 系统帧序号(SFN)(有特别说明除外) | 10 |
| 物理混合重传指示信道(PHICH)持续时间 | 1 |
| 物理混合重传指示信道 PHICH 资源大小指示信息 | 2 |

**2. PBCH 物理层过程**

物理广播信道采用 QPSK 调制,调制后数据被送入层映射模块,映射到不同的天线端口。

用于传输物理广播信道的天线端口数目可以取值为 $p \in \{1, 2, 4\}$,物理广播信道对应一个码字,相应的层数 $\nu$ 与实际用于物理信道传输的天线端口数目 $p$ 相等,即 $\nu = p$。

一个无线帧中,只有子帧♯0 中时隙♯1 的前 4 个 OFDM 符号用于 PBCH 的传输,频域位置为传输带宽中间的 72 个子载波。每个天线端口对应的符号流 $y^{(p)}(0), \cdots,$ $y^{(p)}(M_{symb}-1)$ 在连续的 4 个无线帧中传输,起始的无线帧满足 $n_f \bmod 4 = 0$,其中 $n_f$ 为核心系统帧号。以 $y(0) = [y^{(0)}(0), y^{(1)}(0), \cdots, y^{(P-1)}(0)]^T$ 开始,映射到子帧♯0 的时隙♯1 中没有被参考符号占用的 RE$(k, l)$ 内。映射的顺序是先频域子载波数 $k$,然后是时域 OFDM 符号 $l$,最后是无线帧数。频域索引 $k$ 和时域索引 $l$ 的取值分别为

$$k = \frac{N_{RB}^{DL} N_{sc}^{RB}}{2} - 36 + k', \quad k' = 0, 1, \cdots, 71$$

$$l = 0, 1, \cdots, 3 \tag{8.10}$$

其中,$N_{RB}^{DL}$ 为系统带宽对应的资源块数;$N_{sc}^{RB}$ 为频域上资源块大小,以载波的形式表示。在计算时需要除去其中用来承载参考信号的资源粒子。

不同信道传输带宽下,对应的子载波映射位置如表 8.24 所示。映射操作时无论实际配置情况如何,需要假设天线端口 0~3 的小区参考信号都存在,这些没有被参考符号映射但却被保留的资源粒子将不承载任何物理信号符号。

表 8.24　不同带宽下对应的子载波映射位置

| 信道传输带宽/MHz | 1.4 | 3 | 5 | 10 | 15 | 20 |
|---|---|---|---|---|---|---|
| $N_{RB}^{DL}$ | 6 | 15 | 25 | 50 | 75 | 100 |

# 8.6　下行参考信号

下行链路参考信号的目的是对下行链路信道质量进行测量,实现终端相干解调或检测所需的下行链路信道估计以及小区搜索和初始化信息获取等功能。

LTE 在 Rel-8 中定义了 3 种参考信号:小区指定参考信号(CRS, Cell-specific

Reference)、MBSFN 参考信号、用于 PDSCH 解调的用户指定参考信号(UE – Specific Reference Signal)。在 LTE 后续版本中,还陆续增加了用于定位参考信号、CSI 参考信号和 EPDCCH 的解调参考信号。本节仅介绍 Rel – 8 中涉及的用户指定参考信号、MBSFN 参考信号和小区指定参考信号。

### 1. 用户指定参考信号

在时域和频域要设计导频或参考符号,这些导频符号在时间和频率上有一定的间隔,使得能够正确地进行信道插值。当信道条件允许(时间弥散不大的情况)时,分别在常规循环前缀和扩展循环前缀每个时隙的第 5 和第 4 个 OFDM 符号处每隔 6 个子载波插入主参考符号。参考符号的排列图案是长方形的。如果信道条件较差(如时间弥散较大的情况),还需要插入辅参考符号,这两组参考符号可以按对角的方式排列,这样就能够获得接收端用于信道估计的最佳时频参考符号插入图案(如图 8.10 所示)。连续子帧间参考信号的频域位置可以变化。

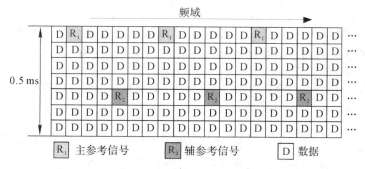

图 8.10　下行链路参考信号结构(常规循环前缀)

对于高阶 MIMO 的多天线发射,尤其是在波束成形情况下,给定波束应该使用专用的导频符号。此外,还要考虑用户指定导频符号。

### 2. MBSFN 参考信号

在支持非多播广播单频网(MBSFN)发送的小区中,所有下行链路子帧发送应该使用小区指定参考信号。当子帧用于 MBSFN 发送时,只在前 2 个 OFDM 符号发送使用小区指定参考信号。

### 3. 小区指定参考信号

小区指定参考信号通过天线端口(0~3)中的一个或多个发送。每个下行链路天线端口都要发送一个小区指定参考信号。

小区指定参考信号序列 $r_{m,n}$ 由 2 维正交序列符号 $r_{m,n}^{OS}$ 与 2 维伪随机序列符号 $r_{m,n}^{PRS}$ 的乘积构成:$r_{m,n} = r_{m,n}^{OS} \times r_{m,n}^{PRS}$。2 维序列 $r_{m,n}$ 是一个复数序列,定义为 $r_{m,n}^{OS} = [s_{m,n}]$,$n = 0,1$,$m = 0,1,\cdots,N_r$,其中,$N_r$ 表示参考信号占据第几个 OFDM 符号;$[s_{m,n}]$ 是矩阵 $S_i$ 的第 $m$ 行第 $n$ 列的元素,定义为

$$S_i^T = \underbrace{\begin{bmatrix} \bar{S}_i^T & \bar{S}_i^T & \cdots & \bar{S}_i^T \end{bmatrix}}_{\lceil \frac{N_r}{3} \rceil 次重复}, \qquad i = 0,1,2 \tag{8.11}$$

其中

$$\bar{\boldsymbol{S}}_0 = \begin{bmatrix} 1 & 1 \\ 1 & 1 \\ 1 & 1 \end{bmatrix}, \bar{\boldsymbol{S}}_1 = \begin{bmatrix} 1 & \exp(\mathrm{j}\frac{4\pi}{3}) \\ \exp(\mathrm{j}\frac{2\pi}{3}) & 1 \\ \exp(\mathrm{j}\frac{4\pi}{3}) & \exp(\mathrm{j}\frac{2\pi}{3}) \end{bmatrix}, \bar{\boldsymbol{S}}_2 = \begin{bmatrix} 1 & \exp(\mathrm{j}\frac{2\pi}{3}) \\ \exp(\mathrm{j}\frac{4\pi}{3}) & 1 \\ \exp(\mathrm{j}\frac{2\pi}{3}) & \exp(\mathrm{j}\frac{4\pi}{3}) \end{bmatrix} \quad (8.12)$$

分别对应正交序列 0、1 和 2。

LTE 规范中有 $N_{os} = 3$ 个不同的 2 维正交序列，$N_{PRS} = \lceil 170 \rceil$ 个不同的 2 维伪随机序列。每个小区能够识别一个正交序列和伪随机序列的唯一组合，这样可以有 $N_{os} \times N_{PRS} = 510$ 个小区唯一识别码。

小区指定参考信号仅仅是为 $\Delta f = 15 \text{ kHz}$ 情况定义的。

## 8.7　OFDM 信号的产生

一个时隙中的 OFDM 符号应该按照 $l$ 递增的顺序发送。在一个下行链路时隙中，OFDM 符号 $l$ 在天线端口 $p$ 发送的时间连续信号 $s_l^{(p)}(t)$ 定义为

$$\begin{aligned} s_l^{(p)}(t) = &\sum_{k=-\lfloor N_{RB}^{DL} N_{sc}^{RB}/2 \rfloor}^{-1} a_{k(-),l}^{(p)} \cdot \exp(\mathrm{j}2\pi k \Delta f(t - N_{cp,l} T_s)) + \\ &\sum_{k=1}^{\lceil N_{RB}^{DL} N_{sc}^{RB}/2 \rceil} a_{k(+),l}^{(p)} \cdot \exp(\mathrm{j}2\pi k \Delta f(t - N_{CP,l} T_s)) \quad 0 \leqslant t < (N_{cp,l} + N) \times T_s \end{aligned}$$

$$(8.13)$$

其中，$k(-) = k + \lfloor N_{RB}^{DL} N_{sc}^{RB}/2 \rfloor$；$k(+) = k + \lceil N_{RB}^{DL} N_{sc}^{RB}/2 \rceil - 1$；$N_{cp,l}$ 为循环前缀长度；$N$ 表示 OFDM 时域数据长度。当子载波间隔 $\Delta f = 15 \text{ kHz}$ 时，$N$ 等于 2048；当子载波间隔 $\Delta f = 7.5 \text{ kHz}$ 时，$N$ 等于 4096。

表 8.25 列出了用于两种帧结构的 $N_{cp,l}$ 的可能取值。值得注意的是，在一个时隙内，不同 OFDM 符号可能具有不同的循环前缀长度。对于第 2 类帧结构，OFDM 符号没有完全填满所有时隙，最后一部分保留下来没有被使用。

表 8.25　OFDM 参数

| 配置 | | 循环前缀长度 $N_{cp,l}$ | | 保护间隔（GI） |
|---|---|---|---|---|
| | | 第 1 类帧结构 | 第 2 类帧结构 | |
| 常规循环前缀 | $\Delta f = 15 \text{ kHz}$ | 160, $l=0$;<br>144, $l=1, 2, \cdots, 6$ | 时隙 0, $l=8$ 时为 512;<br>其他为 224 | 时隙 0 为 0;<br>其他为 288 |
| 扩展循环前缀 | $\Delta f = 15 \text{ kHz}$ | 512, $l=0, 1, \cdots, 5$ | 时隙 0, $l=7$ 时为 768;<br>其他为 512 | 时隙 0 为 0;<br>其他为 256 |
| | $\Delta f = 7.5 \text{ kHz}$ | 1024, $l=0, 1, 2$ | 时隙 0, $l=3$ 时为 1280;<br>其他为 1024 | |

# 8.8 下行资源调度及链路自适应

**1. 下行链路物理层测量**

用户必须用信道质量指示(CQI)向基站报告一个资源块或一组资源块的信道质量。CQI 是在 25 或 50 的倍数个子载波带宽上测量的,它是影响时频调度选择、链路自适应、干扰管理以及下行链路物理信道功率控制的关键参数。

**2. 下行 HARQ**

在 LTE 的下行链路 HARQ 使用 $N$ 通道(N-process)停等式(SW,Stop-and-Wait)协议。下行混合 ARQ(HARQ)采用基于增量冗余(IR,Incremental Redundancy)的方法,这种 HARQ 方法每次重传的信息是不一致的。例如,在对分组进行 Turbo 编码时,每次重传使用不同的速率匹配。在每次重传中,校验码的比特数相对于系统码是不同的。显然,这种解决方案要求用户设备有很大的存储空间。在实际中,不同重传间每一次发送的不同编码可以"实时"完成,也可以同时进行编码并且保存在缓存中。

HARQ 可以分为同步和异步两类。理论上同步 HARQ 在每一时刻可以有任意个进程。异步 HARQ 已经支持了在每一时刻上任意个进程。异步 HARQ 可以根据空中接口条件提供灵活的调度重传机制。

同步 HARQ 指的是对于某个 HARQ 进程来说其重传时刻是固定的。由于可以从子帧号中推导出信道号,因此不需要额外的 HARQ 信道号的信令。按照发送的属性,例如,资源块(RB)分配、调制和发送块的大小以及重传周期等,HARQ 方案可以进一步分为自适应和非自适应 HARQ。LTE 规范中描述了每一种情况的控制信道需求。

采用同步 HARQ 发送时,系统必须按照预先定义好的重传分组格式和时刻进行发送。与异步操作相比较,同步 HARQ 能够降低控制信令开销(不需要 HARQ 信道号),且可以通过不同重传间的软合并来增强译码性能。

与第一次发送相比,自适应意味着发送机可以在每一次重传时改变其中一些或所有的发送属性(例如由于无线信道条件改变)。因此,有关的控制信息需要与重传信息一起发送,可以改变调制方案、资源块分配和发送周期等属性。

总的来说,LTE 下行链路 ARQ 主要包括如下几点:

(1) HARQ 处理发送错误,使用 1 比特同步反馈信息。

(2) HARQ 重传单元是一个透明的传输块,包含来自多个无线承载(MAC 复用)的数据。

(3) ARQ 处理 HARQ 错误,即 ARQ 重传 HARQ 处理失败的数据。

(4) ARQ 重传单元是一个 RLC 的 PDU。

(5) RLC 按照调度器的判决来实现分段(segment)或串联(concatenation),一个 RLC PDU 可以包含整个业务数据单元(SDU,Service Data Unit)的一个分段,也可以包含几个 SDU 的数据(串联)。

(6) 在没有 MAC 复用的情况,在 HARQ 和 ARQ 间重传单元是一一映射的。

(7) RLC 实现到高层的按需传输。

在下行链路，假定 LTE 使用基于增量冗余(IR)的自适应、异步 HARQ 方案。基站的调度器根据用户的 CQI 报告选择发送时间和发送属性，来发送新数据或进行重传。

### 3. 下行分组调度

基站调度器(对于单播发送)在给定时间内动态地控制分配的时频资源。下行链路信令通知用户已经分配了什么样的资源和相应的发送格式。调度器可以动态选择最佳的复用策略，例如集中式或分布式分配。显然，调度与链路自适应和 HARQ 紧密相关。在给定子帧内采用哪一种发送复用方式的依据主要包括：

(1) 最小和最大数据速率。

(2) 移动用户间可以共享的可用功率。

(3) 业务的 BER 目标需求。

(4) 业务的时延需求。

(5) 服务质量参数和测量。

(6) 缓存在基站中准备调度的净荷。

(7) 重传。

(8) 来自用户的 CQI 报告。

(9) 用户睡眠周期和测量间隔/周期。

(10) 系统参数，例如带宽和干扰大小等。

此外，还应该考虑如何降低控制信令开销，例如预先配置调度时刻以及对会话业务进行分组。

由于信令的限制，在同一传输时间间隔(TTI)内只能调度给定的移动用户数(例如 8 个)。

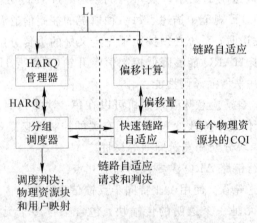

图 8.11　分组调度框架

分组调度框架如图 8.11 所示，显示了基站中与分组调度有关的不同实体间的相互作用，其目的是在较短的往返路径时延内根据信道条件实现快速调度。数据发送的基本可用时频资源是物理资源块(PRB)，由固定数目的相邻 OFDM 子载波组成，表示频域的最小调度单位。整个调度过程的控制实体是分组调度器，它可以与链路自适应(LA)模块进行协商获得某个用户数据速率的估计。链路自适应可以利用用户的频率选择 CQI 反馈和此前发送的 ACK/NACK，来保证第一次发送的数据速率估计能够满足一定的误块率(BLER，BLock Error Rate)目标需求。在链路自适应存在不确定性时，链路自适应处理中的偏移计算模块可以进一步稳定误块率性能。偏移计算模块在以子帧为间隔的 CQI 报告中提供基于用户的自适应偏移，以便降低偏移 CQI 错误对链路自适应性能的影响。调度器的主要目标是在一定的负载条件下，在时间和频域上使用调度策略来优化小区吞吐量。HARQ 管理器为接下来的 HARQ 重传提供缓存状态信息和发送格式。

在各种不同的调度策略中，有两种策略经常使用，即公平分配方案和比例分配方案。

(1) 公平分配方案：在每一个移动终端(在下行链路或上行链路)分配相同数目的可用 PRB。仅当小区中用户的数目改变(切换)时，每个用户分配的 PRB 数目才会发生改变。

(2) 比例分配方案：用户带宽根据信道条件来自适应改变，同时尽可能地通过功率控制来匹配所需信噪比。

值得注意的是，频域干扰系统在很大程度上取决于网络中每个小区使用频谱的方式。采用类似 FDMA/TDMA 系统(就像 GSM)频率规划可以有效提高吞吐量，包括在部分频率复用下有效的分组调度，在业务量不是很大的情况下，整个系统并不使用所有频谱，从而降低小区边缘干扰。

# 8.9　限制小区间干扰的方法

为了能够最好地利用可用频谱，往往需要采用复杂的频率规划方法。通常我们希望的频率规划是能够在各小区使用全部频谱，即复用因子设置为 1。但是在这种情况，OFDM 系统的小区边缘用户会受到严重的邻小区干扰，因此需要抑制这些干扰。抑制小区间干扰的方法有三种，它们之间并不相互排斥。

(1) 小区间干扰随机化：包括小区指定的加扰(在信道编码和交织后使用(伪)随机加扰)、小区指定的交织(也称为交织多址接入(IDMA))和不同类型的跳频方法。

(2) 小区间干扰抵消：根本目的是在用户上得到比处理增益更能提高性能的干扰抑制。例如，用户可以通过使用多天线进行干扰抑制，也可以采用基于检测的干扰抵消或小区间干扰抑制方法。还可以采用小区指定的交织(IDMA)来实现小区间干扰抵消。

(3) 小区间干扰协调或避免：在用户与基站间测量的基础上(CQI、路径损耗和平均干扰等)，以及在不同网络节点间(基站间)交换的测量基础上，可以达到更好的下行链路分配，从而实现干扰避免。例如可以采用如图 8.12 所示的软频率复用。该方案的边缘用户采用复用因子为 1/3 的主带宽频率，达到较高发射功率和较高的 SNR；剩余的频谱和功率分给中心用户。

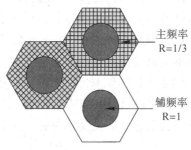

图 8.12　软频率复用

**1. IDMA 方案**

交织多址接入(IDMA)方案是 LTE 中提出的一种方案,是一种抵消下行链路小区间干扰的方法。IDMA 的原理是在邻小区间使用不同的交织图案,于是用户可以通过小区指定交织器来区分不同的小区。IDMA 与传统"单用户(基站)"采用加扰白化小区间干扰方案的效果相同。

图 8.13 描述了在下行链路使用 IDMA 的情况,其中基站 1 和基站 2 分别为用户 1 和用户 2 提供服务,同时为它们分配了相同的时频资源(块)。假定基站 1 为用户 1 交织信号使用交织图案 1,而基站 2 为用户 2 交织信号使用交织图案 2(与交织图案 1 不同),用户 1(或用户 2)可以通过不同的交织器来识别 2 个基站的信号。

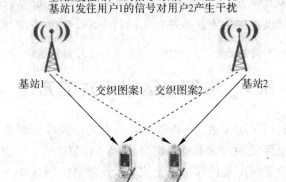

图 8.13  使用 IDMA 来抑制小区间干扰

**2. 使用迭代交织接收机的 IDMA**

我们假定用户能够对来自基站 1 和基站 2 的信息进行迭代译码。

在单小区接收的情况下,来自其他基站的干扰经过被白化为噪声。当使用迭代多用户接收机时,干扰能够被有效抵消。注意:IDMA 不仅可以在相邻基站间使用,而且可以用在相邻扇区的情况下。

迭代多用户接收机采用干扰抵消和迭代译码技术。简单考虑一个 2 小区的情况。在第一次迭代中,在小区 1 实现单用户译码。假定在译码后,帧中的某个信息比特相对来说不够可靠(对数似然比(LLR)小),于是,信息比特被重新编码。这样,不可靠的信息比特变换到 $N$ 个不可靠编码比特,在经过小区 1 的重交织后,$N$ 个不可靠的编码比特经过加扰并分布到不同的位置。于是通过从接收信号中减去小区 1 的信号就可以得到小区 2 的信号。在干扰抵消后,小区 1 的 $N$ 个不可靠编码比特影响小区 2 某个数据帧的相应比特,但是接下来小区 2 信号要发送到小区 2 的解交织器。如果 2 个小区使用相同交织图案,$N$ 个不可靠的信息将重新组合到一起。但是,如果使用 IDMA,小区 2 与小区 1 使用不同的交织器。因此,帧中的 $N$ 个不可靠比特将扰乱并分布到其他位置,在第二次迭代时能够得到对前面 $N$ 个不可靠比特较好的估计。

# 8.10　eMBMS

**1. eMBMS 架构**

多媒体广播多播业务(MBMS)是 3GPP 在其 Rel-6 规范中定义的功能,是手机电视业务的技术基础。MBMS 向一个小区内所有用户(广播)或特定用户组中的用户(多播)发送相同信息,使用订阅机制限定多播业务的用户组。

3GPP 在 TS 36.300 Rel-8 中定义了演进的多媒体广播多播业务(eMBMS,evolved Multimedia Broadcast Multicast Services)的基本特征,并未完成整体的标准化。直到 LTE Rel-9 标准才真正支持 eMBMS 技术,不仅详细定义了 eMBMS 涉及的每个实体,而且还定义了接口间的消息交互过程。

图 8.14 所示为 LTE Rel-9 中给出的 eMBMS 逻辑架构。

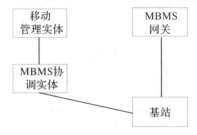

图 8.14　逻辑架构

LTE 定义了一个控制平面实体,称为 MBMS 协调实体(MCE,MBMS Coordination Entity),确保在给定区域内所有基站间分配相同的资源块。MCE 的任务是正确配置基站上的 RLC/MAC 层,从而实现多播广播同频网(MBSFN,Multimedia Broadcast Single Frequency Network)过程。

**2. 多播广播单频网**

单频网的概念最早是由 3GPP Rel-7 标准提出的,每一个多播小区采用自己的工作频段和扰码,这意味着即使多个小区广播相同的内容,它们的信号会由于使用了不同的扰码而相互干扰。在 Rel-7 的单频网中,多个小区使用的是相同的扰码和工作频段,此时 HSDPA 终端可以合并多个类似多径效应的信号,得到至少 3 dB 的网络容量增益。但是,为了使每一个信号都落入终端的接收窗内(即不超过会产生干扰的 CP 长度),基站需要有精确的同步机制,例如基于 GPS 系统的同步机制。

在 LTE 中,eMBMS 传输可以在单个小区或多个小区实现。在多个小区的情况中,多个基站可以在相同时间、相同频率上发送相同的无线信号,这个叠加的信号在终端看起来就像多径,这样在终端可以对来自多个基站的功率进行软合并,这种传输模式称为单频网(SFN,Single Frequency Network)。LTE 可以配置成单频网来传输 eMBMS 业务,称为多播广播单频网(MBSFN,Multimedia Broadcast Single Frequency Network)。MBSFN 是为了支持移动电视之类业务的 LTE 接入而设计的,有望成为手持数字电视广播(DVB-H,Digital Video Broadcasting-Handheld)的有力竞争者。

在 MBSFN 中,一组同步基站传输时使用相同的资源块。用于 MBSFN 的循环前缀

(CP)要比通常情况稍长，使得用户能够合并来自距离很远的不同基站的信号，当然这样多少会影响单频网优势的发挥。MBSFN 在 0.5 ms 内有 6 个符号，非单频网在 0.5 ms 内则是 7 个符号。

对于 MBSFN 过程来说，3GPP 在 eMBMS 网关和基站间定义了 SYNC 协议，确保在空中接口传输相同的内容。如图 8.15 所示，广播服务器是 eMBMS 业务的源，eMBMS 网关负责向 MBSFN 区域不同的基站发布业务。从 eMBMS 网关到不同基站的业务分配可以使用"IP 多播"。

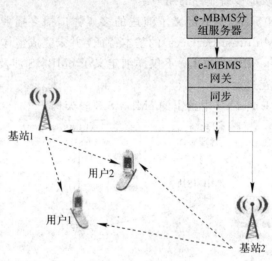

图 8.15　MBSFN 概念

LTE 定义了两个逻辑信道，分别是多播控制信道（MCCH，Multicast Control Channel）和多播业务信道（MTCH，Multicast Traffic Channel）。eMBMS 数据由 eMBMS 多播业务信道（MTCH）承载，MTCH 是一种逻辑信道，MTCH 逻辑信道映射到多播信道（MCH）传输信道或下行链路共享信道（DL‑SCH）。当映射到 MCH 信道时，相应的物理信道是 PMCH。

### 3. eMBMS 物理层传输

在承载 MBFN 数据子帧时，要使用一种专用的参考信号。当几个小区同时使用参考信号时，所有小区用于多媒体广播多播业务接收的参考信号是相同的。这是由于信号合并和传输调度机制要求各小区使用相同的参考信号，以便在最大时延扩展小于循环前缀时接收分组。

MBMS 的数据传输可以使用与单播共享相同的子载波，也可以使用"专用"子载波。例如，对于移动电视来说，MBMS 数据在专用的子载波上发送，不承载广播或与 MBMS 相关信息外的其他任何数据。MBMS 也可以采用与单播复用的传输方案，例如 FDM 或 TDM（在 TDM 的情况，MBMS 与单播业务的传输不共享相同的子帧）。在 MBMS 传输使用专用的子载波来处理时，要求在不同业务间仅有 TDM 复用，且仅考虑扩展循环前缀。

MBMS 传输采用的物理层编码和调制方案与单播传输时相同，这是一种基本的发送模式。当使用 MBMS 时，用户无法向单播情况一样反馈包括 CQI 在内的各种信令。在多码字空间复用情况，由于缺少信道质量反馈，因此不能实现每一个码字的调制和编码的动态自适应等技术。但是，不同的码字可以在半静态情况下使用不同的调制编码和功率控制，来实现用户接收端的干扰抵消。

由于用户的基本配置是 2 天线，因此广播码字数限制为 2。在 eMBMS 中，应该进一步考虑把用户限制为单码字接收。具有多于 2 个发射天线的基站 eMBMS 信号应该对用户来说是透明的。

## 本 章 小 结

本章主要介绍了 LTE 系统物理层下行传输过程，可以看出，不同信道类型的物理层传输过程整体框架有很多相似之处，但其具体过程和涉及的参数还是各有不同的。通过本章的学习，可以深入理解物理下行共享信道、物理广播信道，物理控制格式指示信道以及物理下行控制信道的传输过程，掌握不同信道的时频资源映射、调制方式和 MIMO 预编码方式等，从而对 LTE 的下行传输有全面认识。此外，通过本章的学习，还能够掌握下行资源调度和链路自适应技术，以及小区间的干扰抑制方法。最后，本章还阐述了演进的多媒体广播多播业务逻辑架构及物理传输。

## 思考题 8

8-1 物理层下行传输过程主要完成哪些功能？

8-2 物理下行共享信道(PDSCH)中主要包含哪些处理过程？比特级处理的主要作用是什么？

8-3 LTE 系统下行传输过程中层映射有哪几种方式？不同的方式对所允许的数据码流数有什么限制？

8-4 不同 MIMO 模式(如发送分集、空间复用)下，LTE 下行传输过程中的预编码处理过程分别是什么？

8-5 物理广播信道主要包含哪些处理过程？

8-6 物理广播信道中物理资源映射的方式是什么？物理控制格式指示信道中的物理资源映射方式是什么？

8-7 物理下行控制信道(PDCCH)支持的格式有哪几种？

8-8 LTE 下行参考信号有哪几种？它们的产生方式是什么？各个参考信号的资源映射方式是什么？

# 第九章　LTE 随机接入过程

　　LTE 系统中的随机接入过程是小区搜索完成后的第一个步骤，其目的是实现上行同步、解决用户冲突、分配小区无线网络临时标识等资源。本章主要介绍 LTE 随机接入技术，首先介绍 LTE 中随机接入的应用场景和分类，然后详细介绍基于竞争的随机接入流程，接着介绍随机接入前导码结构和时频结构，最后阐述了 LTE 随机接入中的前导序列和基带信号的生成。

## 9.1　随机接入概况

### 9.1.1　应用场景

　　随机接入（RA，Random Access）是用户开始与网络通信之前的接入过程。其主要作用是对数据传输过程进行资源分配，或者取得通信的上行同步。只有在随机接入过程完成后，基站和用户才能进行常规的数据传输和接收。

　　在 LTE 中，以下场景会触发随机接入过程：

　　（1）初始接入时建立无线连接：当用户设备从空闲模式转到连接模式时，会发起随机接入过程。

　　（2）无线链路重建：当无线链路失败后，用户设备需要重新建立无线连接时，会发起随机接入过程。

　　（3）当用户进行小区切换时，要与新的小区建立上行同步，会发起随机接入过程。

　　（4）下行数据到达且终端空口处于上行失步状态。

　　（5）上行数据到达，终端虽未失步，但需要通过随机接入申请上行资源。

　　（6）辅助定位，网络利用随机接入获取时间提前量（TA，Timing Advance）。

　　随机接入过程涉及物理层、MAC 层（媒体接入控制层）、RRC 层（无线资源控制层）等多个协议层。其中，物理层定义随机接入过程所需的前导码（Preamble）、PRACH（物理随机接入信道）资源、随机接入过程各消息之间的时序关系等；MAC 层负责控制随机接入过程的触发与实施；对于一些特定的随机接入场景，例如切换过程中的随机接入等，则需要 RRC 层的参与。

### 9.1.2　随机接入过程分类

　　LTE 随机接入过程可以分为同步随机接入过程和非同步随机接入过程。当终端已经和系统取得上行同步时，终端的随机接入过程称为同步随机接入。当 LTE 尚未和系统取得或丢失了上行同步时，终端的随机接入过程称为非同步随机接入。由于在进行非同步随机接入时，终端尚未取得精确的上行同步，因此非同步接入区别于同步接入的一个主要特点就是要估计、调整终端上行发送时钟，将同步误差控制在循环前缀长度以内。

　　LTE 随机接入过程的接入模式可分为基于竞争的随机接入和非竞争的随机接入。如果前导码由终端的 MAC 层选择，则为基于竞争的随机接入，应用于 9.1.1 节中场景(1)～(5)；如果前导码由控制信令分配，则为非竞争的随机接入，只应用于 9.1.1 节中场景(3)、(4)、(6)。一般情况下，非竞争接入建立通信过程更快。

# 9.2　基于竞争的随机接入流程

　　随机接入的基础是基于竞争的过程，如图 9.1 所示，它包含以下步骤：

　　(1) 移动终端发送随机接入前导，以便基站对移动终端的发送定时进行估计。上行链路同步是必须的，否则移动终端就不能发送任何数据。

　　(2) 网络发送随机接入响应，其中包含时间提前命令，以调节移动终端的发送定时。除了建立上行链路同步外，还会为移动终端分配上行链路资源。

　　(3) 移动终端通过上行共享信道(UL-SCH)向网络发送包含移动终端标识调度请求信息，该信息的具体内容取决于移动终端的状态。

　　(4) 网络向移动终端发送下行共享信道(DL-SCH)上传输的竞争决策消息，解决由于多个移动终端试图采用相同的随机接入资源接入网络所引起的任何竞争。

　　以上四个步骤在下文中简称步骤(1)、步骤(2)、步骤(3)、步骤(4)，步骤(1)、(2)、(3)和(4)发送的消息分别用 Msg 1、Msg 2、Msg 3 和 Msg 4 来表示，Msg 即 Message(消息)。

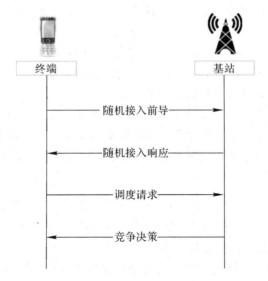

图 9.1　随机接入过程示意图

　　除初始接入外，用户的小区切换也有可能采用非竞争的随机接入方式。由于非竞争方式不需要采用竞争决策，因此只用到整个过程的前两个步骤。

### 9.2.1 随机接入前导

随机接入过程的第一步(即步骤(1),参见图 9.1)是用户先基站发送随机接入前导信号。发送前导信号的主要目的是为基站指示随机接入尝试的出现,并允许基站估计基站与用户设备之间的时延。该时延估计将在随机接入响应中用来调节上行链路定时。

用于传输随机接入前导信号的时频资源称为物理随机接入信道(PRACH)。网络在允许随机接入前导信号传输(即 PRACH 资源,在 SIB-2 中)时资源内对所有移动终端进行信息广播。作为随机接入过程中的第一步,移动终端选择一个前导信号在 PRACH(物理随机接入信道)上进行发送。

每个小区中有 64 个可用的前导信号序列,基站可将其中部分或全部序列用于竞争随机接入,并且可以选择性地将所有基于竞争随机接入的前导信号序列分为两组,称为集合 A(Group A)和集合 B(Group B),如图 9.2 所示。

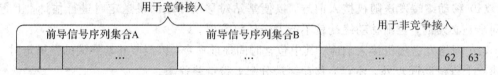

图 9.2 前导信号集合

触发随机接入时,终端首先要根据待发送的 Msg 3 大小和路损大小确定前导信号序列集合,其中集合 B 应用于 Msg 3 较大且路损较小的场景,集合 A 应用于 Msg 3 较小或路损较大的场景,Msg 3 大小门限和路损门限在系统消息中通知终端。在终端确定前导信号序列集合后,从中随机选择一个前导信号序列发送。如果基站将小区内所有前导信号序列都划归集合 A,即不存在集合 B,则终端直接从集合 A 中随机选择一个前导码发送。只要没有其他终端同时采用相同的序列执行随机接入尝试,该尝试就不会发生冲突,并且被基站检测到的概率很大。

选择前导信号序列的集合是由随机接入第三步(即步骤(3),参见图 9.1)中终端在 UL-SCH(上行共享信道)发送的数据量所决定的。因此,通过终端所用的前导信号,基站将可获知移动终端上允许的上行链路资源数量。

如果移动终端已请求执行非竞争的随机接入,例如,为了切换到新小区,将采用的前导信号会被基站直接指示。为避免冲突,基站倾向于从序列中选择非竞争的前导信号,而这需要排除两个被用于基于竞争的随机接入集合(如图 9.2 中的集合 A 和集合 B)。

#### 1. PRACH 时频资源

在频域内,PRACH 资源带对应 6 个资源块的小区带宽(1.08 MHz),可很好地匹配 LTE 中可以操作的带有 6 个资源块的最小上行链路小区带宽。因此,对于不同的小区传输带宽,可采用相同随机接入前导信号结构。

在时域内,前导信号区域的长度取决于配置的前导信号。通常,随机接入前导信号是以 1 ms 为周期的,但也可以配置更长的前导信号周期。需要注意的是,基站原则上的上行链路调度器可以通过简单地避免在多个连续子帧内调度终端而预留任意长的随机接入区域。

通常,基站会避免在用于随机接入的时频资源内调度任何上行链路传输。这样做可以避免 UL-SCH 与来自不同终端随机接入尝试之间的干扰。这些随机接入前导信号被认为对于用户数据是正交的。然而，从规范角度来看，没有任何对调度器在随机接入区域内进行调度的限制。HARQ(混合自动重传)重传可作为一个实例，同步非自适应 HARQ 重传可以覆盖随机接入区域并且实现对其进行控制。

对于 FDD 模式，每个子帧内最多存在一个随机接入区域，即频域内不能复用多个随机接入尝试。从时延角度来看，最好将随机接入的机会在时域内进行扩展，以使随机接入尝试可在初始化之前的平均等待时间最小化。对于 TDD 模式，可以在一个单独子帧内配置多个随机接入区域。其原因是，TDD 中每个无线帧中上行链路子帧的数量更少，并且还需要维护相同随机接入容量。有时频域复用是必需的。随机接入区域的数量是可以配置的，并且在 FDD 系统中可以从每 20 ms 到每 1 ms 进行变化；而对于 TDD 系统则可以在每个 10 ms 无线帧中最多配置 6 个随机接入尝试。

**2. 前导信号结构和序列选择**

前导信号包含前导信号序列、循环前缀两个部分。此外，前导信号传输采用保护间隔来控制定时的不确定性。启动随机接入过程之前，终端已经从小区搜索过程中获得了下行链路同步。然而，由于随机接入之前还没有建立上行链路同步，终端在小区中的位置还未知，因此上行链路定时中存在不确定性。上行链路定时的不确定性越大，小区半径越大，共计为 $6.7~\mu s/km$。为计算定时不确定性并避免受到没有用于随机接入的连续子帧间的干扰，所用保护时间将作为前导信号传输的一部分，即前导信号的实际长度小于 1 ms。

将循环前缀作为前导信号的一部分是为了便于在基站端进行频域处理，从实现复杂度角度来看是有帮助的。通常，循环前缀的长度约等于保护间隔长度。一个长度约为 0.8 ms 的前导信号序列对应 0.1 ms 的循环前缀和 0.1 ms 的保护时间，这允许小区半径大小最大为 15 km，此为常用的随机接入配置。

**3. PRACH 功率设定**

设定随机接入发射功率的基础是从小区特定参考信号测量获得的下行链路路径损耗估计。利用这个路径损耗估计，就可以通过增加一个可配置的功率偏置来实现对 PRACH(物理随机接入信道)初始发射功率的设定。

LTE 的随机接入机制是允许功率攀升的，对于每个不成功的随机接入尝试，PRACH 发射功率会增长。对于第一次尝试，PRACH 的发射功率设为 PRACH 初始发射功率。在多数情况下，这足以保证随机接入尝试成功。然而，如果随机接入尝试失败，则下次尝试的 PRACH 发射功率将增加一个可配置的功率步长，以增加下次尝试成功的概率。

LTE 的前导信号和来自其他终端的传输间存在正交性。因此，对于以抑制小区间干扰为目的的功率攀升需求显著降低，而希望第一次随机接入尝试在很大程度上能够成功。这在时延角度是非常有益的。

**4. 前导信号序列生成**

前导信号序列是由 Zadoff - Chu 根序列进行循环偏置而生成的(Zadoff - Chu 序列也被用于创建上行链路参考信号)。从每个 Zadoff - Chu 根序列，$X_{ZC}^{(u)}(k)$，$\lfloor N_{ZC}/N_{CS} \rfloor$，通过对每个 $N_{CS}$ 的循环偏置来获得循环偏置的序列，其中 $N_{ZC}$ 为 Zadoff - Chu 根序列长度。随机接入前导信号的生成如图 9.3 所示。尽管该图示意的是其时域的生成，但其频域生成也可以采用等效方式实现。

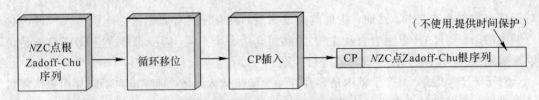

图 9.3 随机接入前导信号的生成

循环偏置的 Zadoff-Chu 序列具有几个吸引人的特性。该序列的幅度是恒定的,可以保证有效地利用功率的放大,并且可以维护单载波上行链路的低峰均功率比(PAPR)特性。该序列也具有理想的循环自相关性,这对于在基站上获得准确的定时估计是非常重要的。最终,若在生成前导信号时采用的循环偏置 $N_{cs}$ 大于小区中最大的巡回传播时间加上最大的信道时延扩展,则在接收端基于相同 Zadoff-Chu 根序列循环偏置的不同前导信号之间的互相关性为零。由于其理想的互相关特性,因此,采用源于相同 Zadoff-Chu 根序列的前导信号构成的多个随机接入尝试之间不存在小区间干扰。

为了控制不同的小区大小,循环偏置作为系统信息的一部分进行信令传输。在较小覆盖小区中可以配置较小的循环偏置,从而导致每个根序列生成巨大数量的循环配置序列。小区覆盖小于 1.5 km 时,所有 64 个前导信号可由一个根序列生成。在更大覆盖小区中,需要配置更大的循环偏置来生成该 64 个前导信号序列,小区中必须采用多个 Zadoff-Chu 根序列。尽管选用更多数量根序列本身不是问题,但零互相关特性存在于同根序列的偏置之间,因此,从干扰角度来看,采用尽可能少的根序列是有好处的。

原则上,随机接入前导信号的接收是基于带有 Zadoff-Chu 根序列的接收信号相关性的。采用 Zadoff-Chu 序列的一个缺点在于,很难区分频率偏置和距离所决定的时延。频率偏置将导致在时域内产生一个额外的相关峰,而该相关峰对应一个假的终端到基站的距离。此外,真实相关峰是被衰减的。在低频率偏置时,该影响很小且不会对检测性能造成影响。然而,在高多普勒频率偏移情况下,假的相关峰可能大于真实峰,这将导致检测出错,使正确的前导信号不能被检测出来或者时延估计可能不正确。

为了避免来自假相关峰导致的检测错误,可以对每个根序列生成的前导信号集合采取限制。该限制意味只有从一个根序列生成的一部分序列可用于定义随机接入前导信号。假相关峰相对于真实峰的位置是由根序列决定的,因此必须对不同的根序列采用不同的限制,而所用的限制将作为系统信息的一部分在小区中进行广播。

**5. 前导信号检测**

基站前导信号检测处理取决于具体实现,由于前导信号中包含了循环前缀,因此可实现低复杂度的频域处理,图 9.4 给出了一个实例。收集发生在时域窗口内的采样并通过 FFT 转换为频域表示,窗长为 0.8 ms,与不带循环前缀的 ZC(Zadoff-Chu)序列长度相同。这样允许定时不确定性最大为 0.1 ms 并且与基本前导信号配置定义的保护时间长度相匹配。

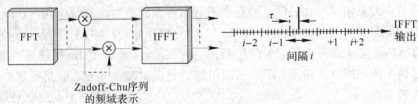

图 9.4 在频域内的随机接入前导信号检测

FFT 的输出代表了频域的接收信号,与 ZC 根序列的复共轭频域表示进行相乘,并将其结果输入 IFFT。通过观察 IFFT 输出,就可以检测出传输的是 ZC 根序列的哪个偏置并同时获得其时延。基本上,在间隔 $i$ 的 IFFT 输出峰值对应第 $i$ 个循环偏置的序列,并且其时延通过间隔内的峰值位置给出。这种频域计算实现具有高效性,并且允许采用由相同 ZC 根序列生成的不同循环偏置序列,来实现同时对多个随机接入尝试的检测。在多个尝试情况下,对应的每个间隔内存在一个峰值。

## 9.2.2 随机接入响应

为了对检测到的随机接入尝试做出响应,基站将在下行共享信道(DL-SCH)上发送一个随机接入响应(RAR)消息,包括:

(1)网络检测到的随机接入前导信号序列,并且响应对此序列有效。

(2)接收机通过随机接入前导信号计算得到的定时纠正值。

(3)调度请求,指示终端将用于步骤(3)中消息传输的资源。

(4)临时标识 TC-RNTI,用于终端与网络之间的进一步通信。

一旦网络检测到多个随机接入尝试(来自不同终端),则多个移动终端各自的响应消息可以被合并到一个传输之中。因此,响应消息在 DL-SCH(下行共享信道)上调度,并且通过一个为随机接入响应预留的标识 RA-RNTI(随机接入无线网络临时标识)在 PDCCH(物理下行控制信道)上进行指示,而已发送前导信号的所有终端,将在可配置的时间窗内监听 L1/L2 控制信道,以获取随机接入响应。RA-RNTI 按下式计算:

$$RA-RNTI = 1 + t\_id + 10 \times f\_id \qquad (9.1)$$

其中,t_id 为 PRACH(物理随机接入信道)资源的第一个子帧的索引,$0 \leqslant t\_id < 10$;f_id 为这个子帧的 PRACH 资源的频域升序的索引,$0 \leqslant f\_id < 6$。响应消息定时在规范中不是固定的,这是为了能够高效地响应许多同时的接入申请,同时也为基站实现提供了一定的灵活性。如果终端在时间窗内没有检测到随机接入响应,则这次尝试被视为失败,随机接入过程将从步骤(1)重新开始,可能会增加前导信号发射功率。

只要在相同资源内执行随机接入的移动终端采用不同前导信号,就不会发生随机接入碰撞,并且从下行链路信令就可以清晰知道该信息是针对哪个终端。然而,还存在一定的竞争特性,即多个终端同时采用相同随机接入前导信号。此时,多个终端对相同下行链路响应消息做出应答并出现碰撞。该问题的解决属于随后步骤的一部分(具体内容将在9.2.3 节和 9.2.4 节介绍)。存在竞争也是混合自动重传(HARQ)不能用于随机接入响应传输的原因之一。当一个接收了发给另一终端的随机接入响应的终端会获得错误的上行链路定时,如果采用 HARQ,则该终端确认的定时将是错误的,并且可能干扰来自其他用户的上行链路控制信令。

终端接收到随机接入响应后,将调整其上行链路传输定时并发送包含调度请求的消息。如果采用了基于特定前导信号的非竞争随机接入,这将是随机接入过程的最后一步,不再需要进行竞争控制。此外,终端已具有了一个独一无二的以小区无线网络临时标识(C-RNTI,Cell Raido Network Temporary Identifier)格式分配的标识。

## 9.2.3 调度请求

终端接收到随机接入响应(RAR)消息,获得上行的时间同步和上行资源。但此时并不能确定 RAR 消息是发送给终端自己而不是发送给其他终端的。由于终端的前导信号序列是从公共资源中随机选取的，因此，存在着不同的终端在相同的时间-频率资源上发送相同的随机接入前导信号序列的可能性，这样，他们就会通过相同的 RA-RNTI（随机接入无线网络临时标识）接收到同样的 RAR。而且，终端也无法知道是否有其他的终端在使用相同的资源进行随机接入。

上述步骤（3）中的信息是第一条基于上行调度、通过 HARQ 在 PUSCH（物理上行共享信道）上传输的消息。在来往于终端的用户数据传输之前，必须为终端在小区内分配一个独一无二的标识 C-RNTI（小区无线网络临时标识）。这取决于终端状态，可能还需要为建立连接进行额外的消息交互。

终端通过随机接入响应中分配的 UL-SCH（上行共享信道）资源向基站发送必需的消息。步骤（3）采用与被调度上行链路数据相同的方式而非如随机接入前导中附带于前导信号的方式来传输上行链路消息，这样处理具有几个好处。首先，上行链路没有同步时发送的信息尽可能地少，这是由于长保护时间的需求使得这种传输的代价相对较高。其次，对消息传输采用“普通”的上行链路传输机制允许对可用资源大小和调制方式进行调节，以适应不同无线条件。最后，允许对上行链路信息采用带有软合并的 HARQ 机制。后者是非常重要的，特别是在覆盖受限场景下，这是由于它允许采用一次或多次重传来收集足够的上行链路信令能量，以保障足够高的传输成功率。注意，该步骤对上行链路 RRC（无线资源控制）信令不采用 RLC（无线链路控制）重传。

上行链路消息中一个重要部分是包含了临时标识，这是由于临时标识被用作步骤（4）中竞争决策机制的一部分。一旦终端处于连接模式状态，即连接到已知网络并因此带有一个分配的 C-RNTI，该 C-RNTI 被用作上行链路消息的终端标识。此外，可以采用核心网终端标识，基站需要在响应步骤（3）中的上行链路消息之前接入核心网络。

终端特定扰码用于 UL-SCH（上行共享信道）的传输。然而，由于终端还没有被分配其最终标识，因此加扰不能基于 C-RNTI，取而代之，采用临时标识（TC-RNTI）。终端在发完 Msg 3 后就要立刻启动竞争决策定时器（而随后每一次重传 Msg 3 都要重启这个定时器），终端需要在此时间内监听基站返回给自己的竞争决策消息。

## 9.2.4　竞争决策

随机接入过程的最后一步包含针对竞争决策的下行链路消息。从步骤（2）开始，同时执行采用步骤（1）中的同一个前导信号序列的随机接入尝试的多个终端在步骤（2）中监听相同的响应，并因此带有相同的临时标识。因此，在竞争决策中（步骤（4））每个接收下行链路消息的终端会将消息中的标识与步骤（3）传输的标识进行比较。只有观察到步骤（4）接收到的标识与作为步骤（3）中一部分而被传输的标识相匹配的终端才能宣称随机接入成功。如果终端还没有被分配 C-RNTI，则从步骤（2）获得的 TC-RNTI 被升级为 C-RNTI；否则终端保持其已被分配的 C-RNTI。

竞争决策的消息在 DL-SCH（下行共享信道）上进行传输，采用从随机接入响应（步骤（2））所获得的临时标识对 L1/L2 控制信道上的终端进行寻址。由于已经建立了上行链路同步，因此可以对此步骤中的下行链路信令应用混合自动重传（HARQ）。步骤（4）接收到消息与步骤（3）中传输的标识相匹配的终端，将会在上行链路中发送 HARQ 确认。

若没有发现在步骤(4)中接收到的标识与作为步骤(3)中一部分而被传输的各个标识相匹配的终端,则认为随机接入过程失败并需要重新从步骤(1)开始该过程。显然,从这些终端中不会发送 HARQ 反馈。此外,从步骤(3)中上行链路消息传输开始的特定时间内没有接收到步骤(4)中的下行链路消息的终端,将宣布随机接入过程失败,并且需要从步骤(1)重新开始该过程。

### 9.2.5　物理层与上层间的交互模型

此处的随机接入模型指终端侧各协议层针对随机接入过程的建模。随机接入过程涉及物理层(L1)、MAC 层(L2)、RRC 层(L3),建模上需要 L1 和 L2/3 的互操作。L1 和 L2/3 的互操作包括以下几个方面:

(1) L2/3 向 L1 发送随机接入前导码传输指示。由 MAC 层进行随机接入过程初始化和随机接入资源选择,包括物理随机接入信道资源选择和前导码选择;然后通知 L1 发送 Msg 1。

(2) L1 成功解码 Msg2 后,向 L2/3 发送 ACK(确认字符);如果 L1 没有成功接收到或解码 Msg 2,则向 L2/3 发送 DTX(不连续发送)指示。

(3) L2/3 在收到 L1 的 ACK 指示后,指示 L1 按 Msg 2 的调度信息发送第一次上行传输,即 Msg 3。MAC 层给物理层的指示中,除了 Msg 2 中的调度资源等信息外,还包含必要的功率信息。

(4) 如果 L2/3 收到的是 L1 发送的 DTX 指示,则重新向 L1 发送随机接入 Preamble 码(前导码)传输指示,以进行下一次随机接入尝试。

随机接入模型如图 9.5 所示。

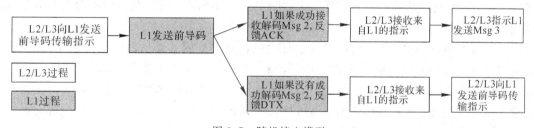

图 9.5　随机接入模型

# 9.3　随机接入时频结构

### 9.3.1　随机接入前导码结构

时域前导序列前导码由长度为 $T_{CP}$ 的循环前缀、长度为 $T_{SEQ}$ 的前导序列和长度为 $T_{GT}$ 的保护间隔组成,如图 9.6 所示。其中,前导序列(Sequence)部分可以看成一个 OFDM 符号,由 Zadoff-Chu 序列经过 OFDM 调制得到。循环前缀(CP)的作用与常规 OFDM 符号的 CP 作用相同,都是为了确保接收端进行 FFT 变换后进行频域检测时减少干扰。在进行前导码传输时,由于还未建立上行同步,因此需要在随机接入前导码之后预留一定的保护时间(GT, Guard Time),用以避免对其他用户的干扰。

图 9.6　随机接入前导格式

　　根据不同的使用场景（例如小区半径、链路预算等），LTE 支持五种随机接入信号格式，不同的格式有不同的时间长度，如表 9.1 所示（其中 $T_s = 1/(15000 \times 2048)$ s）。在具体的使用过程中，由高层信令对小区所使用的随机接入信道配置进行指示。

表 9.1　物理随机接入信号格式

| 随机接入信号格式 | 分配的子帧数 | 序列长度 | $T_{CP}$ | $T_{SEQ}$ |
|---|---|---|---|---|
| 0 | 1 | 839 | $3168T_s$ | $24\ 576T_s$ |
| 1 | 2 | 839 | $21\ 024T_s$ | $24\ 576T_s$ |
| 2 | 2 | 839 | $6240T_s$ | $2 \times 24\ 576T_s$ |
| 3 | 3 | 839 | $21\ 024T_s$ | $2 \times 24\ 576T_s$ |
| 4（仅用于 TDD） | UpPTS | 139 | $448T_s$ | $4096T_s$ |

　　在图 9.7 中给出了保护间隔的应用示例图。预留的保护间隔（GT）长度取决于小区覆盖的半径，通常设置为信号传输小区半径两倍距离所需的时间长度。由于终端在发送前导序列时并不知道基站和终端之间的距离，因此保护间隔长度必须足以确保处于小区边缘的终端，依据小区初搜所获得的定时位置发送的随机接入序列，在到达基站时不会对其后续信号接收造成干扰。

　　当终端距离基站很近时，终端发送上行随机接入序列到达基站的时延可假设为 0，此时终端与基站完全上行同步，即使没有预留保护间隔，也不会对后续接收信号造成干扰。而对于位于小区边缘的终端，所发送的随机接入前导序列到达基站时，如果没有对信号发送预先做时间提前，则基站接收到的随机接入序列将会向后延迟，其中时延间隔部分延迟到其后面的子帧中，对后续信号进行干扰。

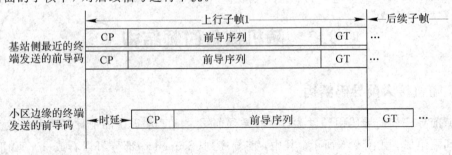

图 9.7　保护间隔（GT）的应用示例图

　　为了保证不同覆盖情况下随机接入检测的性能，同时也为了在小覆盖情况下，节省随机接入信道开销，LTE 系统中给出了五种不同的随机接入前导码结构。每种结构在时域上的长度有所差别，不过其在频域上都是占用 6 个前导码（即 72 个子载波）。具体结构如图

9.8所示。格式0～3是TDD系统和FDD系统所共有的，而格式4为TDD系统所独有，该序列仅仅在特殊时隙UpPTS(上行导频时隙)内发送，主要用于覆盖范围比较小的场景。

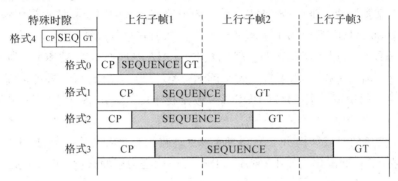

图9.8　LTE系统中5种不同的前导码结构示意图

## 9.3.2　非同步随机接入的时频结构

一个随机接入信号通常都承载在一个随机接入突发(Brust)中。物理随机接入信道占用的时频资源是由系统的无线资源管理(RRM)算法控制的。

LTE的早期曾考虑过两种PRACH(物理随机接入信道)的资源分配方式：FDM/TDM方式(频分多路复用/时分多路复用)和CDM(码分多路复用)方式。

需要说明的是，下面的示例均以FDD帧结构为例，TDD帧结构时频结构会有所不同。

基于FDM/TDM的物理随机接入信道结构示例如图9.9所示。在此示例中，物理随机接入信道配置在每个10 ms无线帧的第一个RA(随机接入)时隙中。系统在系统带宽内划分了4个频带用于物理随机接入信道传输，终端可以在4个频带中选择一个进行随机接入。在图9.9中，一个终端在前一帧使用第1个频带发送物理随机接入信道，在后一帧中则使用第3个频带发送。

在基于CDM的PRACH(物理随机接入信道)结构中，多个PRACH共享相同的时频资源，通过不同的码区分。但CDM结构和FDM/TDM结构有一个共同点，即PRACH和数据是通过FDM/TDM方式划分的。

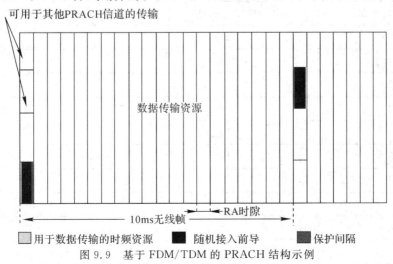

图9.9　基于FDM/TDM的PRACH结构示例

关于非同步随机接入的最小发送带宽,3GPP 经过讨论,决定采用固定的 PRACH 传输带宽。如果需要获得更高的接入概率,则通过多个最小系统带宽传输。实际的 PRACH 有效带宽为 6 个资源块,即 1.08 MHz。系统剩余的带宽可以用于其他数据传输。最小的系统带宽原为 1.25 MHz,后改为 1.4 MHz,但无论如何它只能容纳 6 个 RB(资源块)。因此,如果这 6 个 RB 全部用于 PRACH,就无法传输 HARQ(混合自动重传)所需的 ACK/NACK(确认/不确认字符)。为了解决这个问题,经过研究,决定基站只传送那些不需要发送 ACK/NACK 的信道,并且允许 PUSCH(物理上行共享信道)和 PRACH(物理随机接入信道)共存。

PRACH 信道的时域结构由 RA(随机接入)时隙的长度和周期两个变量来定义,如图 9.10 所示。在 LTE 标准化工作中,RA 时隙长度被确定为子帧长度,即 1 ms。

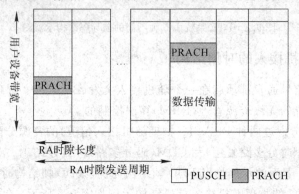

图 9.10　非同步随机接入物理随机接入信道时频结构

RA 时隙所处的子帧位置取决于 RA 时隙的发送周期和 RA 时隙所处的子帧编号。不同的 RA 时隙发送周期可以用于不同负载的网络,对于小带宽的系统,小区负载较小,则可以采用较长的 RA 时隙发送周期;对于大带宽的系统,小区负载较大,则可以采用较短的 RA 时隙发送周期。

RA 时隙的配置方法参见表 9.2。

表 9.2　随机接入(RA)时隙配置表

| RA 时隙配置编号 | RA 时隙发送周期(子帧) | RA 时隙在无线帧中的编号 |
|---|---|---|
| 0 | 20 | 1 |
| 1 | 20 | 4 |
| 2 | 20 | 7 |
| 3 | 10 | 1 |
| 4 | 10 | 4 |
| 5 | 10 | 7 |
| 6 | 5 | 1 |
| 7 | 5 | 2 |
| 8 | 5 | 3 |
| 9 | 10 | 1, 4, 7 |

续表

| RA 时隙配置编号 | RA 时隙发送周期(子帧) | RA 时隙在无线帧中的编号 |
| --- | --- | --- |
| 10 | 10 | 2,5,8 |
| 11 | 10 | 3,6,9 |
| 12 | 2 | 0 |
| 13 | 2 | 1 |
| 14 | 1 | 0 |
| 15 | 20 | 9 |

可以看到,表9.2中的配置分成两种情况,除配置9、10、11之外的各种配置中,在每个 RA 时隙发送周期内只配置一个 RA(随机接入)时隙,例如,图9.11所示为配置3的时频结构示意图。在配置9、10、11中,在每个 RA 时隙发送周期内可配置多个 RA 时隙,例如,图9.12所示为配置9的时频结构示意图。这是因为配置9、10、11中,RA 时隙之间的间隔并不均匀,有时为3,有时为4,因此只能将 RA 时隙发送周期设为10。由此看来,这里的 RA 时隙发送周期,实际上是指 RA 时隙的发送位置重复一次的周期。

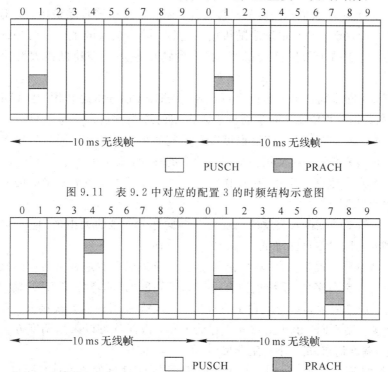

图9.11　表9.2中对应的配置3的时频结构示意图

图9.12　表9.2中对应的配置9的时频结构示意图

为了使 PRACH 信道(物理随机接入信道)的发送在时域上尽可能均匀,每个 RA 时隙内在频域上只发送一个 PRACH(物理随机接入信道)。LTE 的早期研究认为 PRACH 的位置可以变化，如图 9.12 所示，实际上形成了 PRACH 的一种跳频（Hopping）发送，这种跳频可以获得频率分集增益。但随着研究的深入，发现这种跳频并不会带来明显的增益，反而会增加不必要的信令开销。究其原因，可能是 PRACH 的发送周期较大，相邻两次 RA 时隙发送之间已经有足够的时间分集增益，额外的频域分集增益是不必要的。经过长期讨论，RA 时隙的具体频域位置最终确定为紧邻 PUCCH 的两个可能的位置，如图 9.13 所示，PRACH 可以在图示的两个频域位置中任选一个。

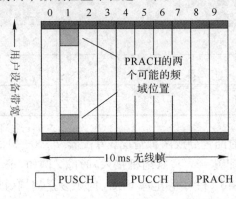

9.13　PRACH 信道的两个可能的频域位置

### 9.3.3　同步随机接入的时频结构

LTE 早期研究阶段除了非同步随机接入外，还准备采用同步随机接入。但随着后期研究的深入，最终没有定义单独的同步随机接入过程。同步接入的主要目的是终端申请上行数据传输资源。与非同步随机接入相似，接入的速度也是同步随机接入设计考虑的主要因素。

从原理上讲，同步随机接入信道也可以通过 FDM（频分多路复用）或 TDM（时分多路复用）的方式和数据复用资源。同步随机接入占用的最小频域资源单位可以等于系统的最小资源块。当然，同步随机接入信道也可以在更宽的带宽传送，或同时传输多个采用最小带宽的同步随机接入信道。在使用多个同步信道的 TDD 系统中，可以利用 TDD 信道的对称性选择较好的同步信道。当然，在选择同步信道时，还需要考虑质量好的同步信道上是否会造成较大的碰撞概率。

在时域上，同步随机接入突发的长度可以根据每个小区的大小来调整，以保证在取得可靠的随机接入的同时尽可能降低接入开销和接入时延。

随机接入从本质上说是一种"竞争接入"方式。应该说相对这种可能产生碰撞的竞争接入，OFDMA（正交频分多址）系统更适合采用基于调度的"非竞争接入"传输。对于非同步接入情况，由于用户尚未和系统取得上行同步，不可能采用调度方式接入，只能采用随机接入。而同步接入则不同，由于上行同步已经取得，因此是可以采用调度方式传送上行接入信息（主要是调度请求）的，不一定非要"竞争接入"。

在对 LTE 的深入探讨过程中，已有研究表明，采用调度的信道进行同步接入的开销比同步随机接入更低。因此，最终决定不采用 PRACH 信道进行同步用户的资源请求传送，在取得上行同步后，只采用正常的资源请求和调度过程。

# 9.4　随机接入基带信号的生成

## 9.4.1　前导序列生成

每个小区有 64 个可供选择的前导码。这些前导序列由一个或多个 ZC(Zadoff-Chu)序列的根序列经过循环移位(CS，Circlic Shift)生成。根序列可由下式得到：

$$x_u(n) = \exp\left(-j\frac{\pi u n(n+1)}{N_{ZC}}\right), \quad n=0,1,\cdots,N-1 \tag{9.2}$$

其中，$u$ 为物理根序列索引。它是根据逻辑根序列索引得到的(逻辑根序列可以查阅 3GPP 规范 TS36.211)。$N_{ZC}$ 为前导序列长度。

第一个 ZC 根序列的逻辑根序列索引是无线资源控制层参数，由小区系统广播得到。对根序列按一定的循环移位长度 $C_v$ 进行移位，生成相应的 PRACH 前导序列。如果可用的循环移位可产生的前导序列数目不足 64 个，则按递增的顺序选择下一个 ZC 根序列，通过循环移位生成新的 PRACH 前导序列，直至生成 64 个前导码为止。

前导码的生成式为

$$x_{u,v}(n) = x_u((n+C_v)\bmod N_{ZC}) \tag{9.3}$$

其中，$C_v$ 为循环移位值。对于格式 0～3，$N_{ZC}=839$；对于格式 4，$N_{ZC}=139$。同一根序列的前导序列之间则具有伪随机序列的相关特性。

循环移位值 $C_v$ 的取值根据非限制集和限制集有所不同。

所谓的非限制集，是指对于循环移位 $C_v$ 其取值没有限制，以 $N_{CS}$ 为间隔取，前导码信号如图 9.14 所示。非限制集应用于低速环境。

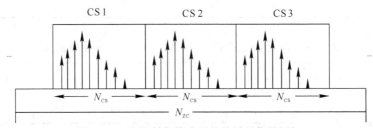

图 9.14　非限制集模式下的前导码信号图解

当 $N_{CS}$ 不为 0 时，循环移位取值如下：

$$C_v = v \cdot N_{CS}, \quad v=0,1,\cdots,\left\lfloor\frac{N_{ZC}}{N_{CS}}\right\rfloor-1 \tag{9.4}$$

此时一条根序列可以产生的前导码个数很直观，为 $\left\lfloor\dfrac{N_{ZC}}{N_{CS}}\right\rfloor$。

当 $N_{CS}$ 为 0 时，循环移位取值也为 0。此时一条根序列只能产生一个前导码。

$N_{CS}$ 的取值可由 RRC 层(无线资源控制层)配置来得到，查配置索引表 9.3 或者表 9.4 即可知道 $N_{CS}$ 的取值。

**表 9.3　前导码生成的循环移位值 $N_{CS}$（前导格式 0～3）**

| $N_{CS}$配置 | $N_{CS}$值 | |
|---|---|---|
| | 非限制集 | 限制集 |
| 0 | 0 | 15 |
| 1 | 13 | 18 |
| 2 | 15 | 22 |
| 3 | 18 | 26 |
| 4 | 22 | 32 |
| 5 | 26 | 38 |
| 6 | 32 | 46 |
| 7 | 38 | 55 |
| 8 | 46 | 68 |
| 9 | 59 | 82 |
| 10 | 76 | 100 |
| 11 | 93 | 128 |
| 12 | 119 | 158 |
| 13 | 167 | 202 |
| 14 | 279 | 237 |
| 15 | 419 | — |

**表 9.4　前导码生成的循环移位值 $N_{CS}$（前导格式 4）**

| $N_{CS}$配置 | 0 | 1 | 2 | 3 | 4 | 5 | 6 | 7～15 |
|---|---|---|---|---|---|---|---|---|
| $N_{CS}$值 | 2 | 4 | 6 | 8 | 10 | 12 | 15 | N/A |

所谓的限制集，是指对于循环移位(CS)分配时有一些限制。限制集模式应用于高速移动环境，可以应对频偏对接入性能的影响。为了减小频偏的影响可引入循环移位的方法，并对可用的循环移位值进行限制。例如，用户 1 发送的前导采用的是循环移位为 CS1 的 ZC(Zadoff - Chu)序列，用户 2 发送的前导采用的是循环移位为 CS2 的 ZC 序列，用户 3 发送的前导采用的是循环移位为 CS3 的 ZC 序列。当用户 1 由于高速运动存在频偏时，它发送的前导序列会发生移位，这样就可能占据了其他的循环移位值，暂且称为 CS B，那么循环移位值 CS B 就不能再分配给其他用户了，这是由于如果其他用户使用了此循环移位值，将会发生重叠。如图 9.15 所示，因为 CS2 存在正频偏和负频偏，一些 CS 用于承载频偏导致的偏移，被禁止分配，所以对于限制集，每个前导实际上占用了 3 个 CS。

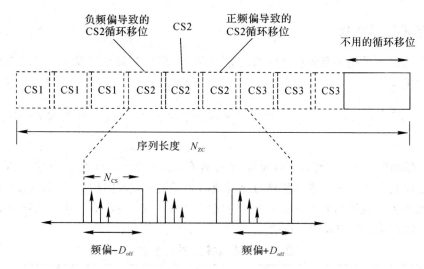

图 9.15　限制集模式下的前导码信号图解

限制集模式下循环移位值的取值为

$$C_v = d_{start}\left\lfloor \frac{v}{n_{shift}^{RA}} \right\rfloor + (v \bmod n_{shift}^{RA})N_{CS}, \quad v = 0, 1, \cdots, n_{shift}^{RA} n_{group}^{RA} + \bar{n}_{shift}^{RA} - 1 \quad (9.5)$$

循环移位受限集合的参数取决于参数 $d_u$。$d_u$ 是幅度为 $1/T_p$ 的多普勒频偏对应的循环移位值。

$$d_u = \begin{cases} p, & 0 \leqslant p \leqslant \dfrac{N_{ZC}}{2} \\ N_{ZC} - p, & 其他 \end{cases} \quad (9.6)$$

其中，$p$ 是满足 $(p_u) \bmod N_{ZC} = 1$ 的最小非负整数。此时，一条根序列产生的前导序列的个数不像非限制集的那样直观，用 $n_{shift}^{RA} n_{group}^{RA} + \bar{n}_{shift}^{RA}$ 来计算。

当 $N_{ZC} \leqslant d_u \leqslant N_{ZC}/3$ 时，

$$n_{shift}^{RA} = \left\lfloor \frac{d_u}{N_{ZC}} \right\rfloor \quad (9.7)$$

$$d_{start} = 2d_u + n_{shift}^{RA} N_{ZC} \quad (9.8)$$

$$n_{group}^{RA} = \left\lfloor \frac{N_{ZC}}{d_{start}} \right\rfloor \quad (9.9)$$

$$\bar{n}_{shift}^{RA} = \max \left( \left\lfloor \frac{(N_{ZC} - 2d_u - n_{group}^{RA} d_{start})}{N_{CS}} \right\rfloor, 0 \right) \quad (9.10)$$

当 $N_{ZC}/3 \leqslant d_u \leqslant (N_{ZC} - N_{CS})/2$ 时，

$$n_{shift}^{RA} = \left\lfloor \frac{(N_{ZC} - 2d_u)}{N_{CS}} \right\rfloor \quad (9.11)$$

$$d_{start} = N_{ZC} - 2d_u + n_{shift}^{RA} N_{CS} \quad (9.12)$$

$$n_{group}^{RA} = \left\lfloor \frac{d_u}{d_{start}} \right\rfloor \quad (9.13)$$

$$\bar{n}_{shift}^{RA} = \min \left( \max \left( \left\lfloor \frac{d_u - n_{group}^{RA} d_{start}}{N_{CS}} \right\rfloor, 0 \right), n_{shift}^{RA} \right) \quad (9.14)$$

## 9.4.2 基带信号生成

终端在选择了采用某循环移位值的前导序列后，生成基带信号发送，时间连续随机接入信号 $s(t)$ 定义为

$$s(t) = \beta_{\mathrm{PRACH}} \sum_{k=0}^{N_{\mathrm{ZC}}-1} \sum_{n=0}^{N_{\mathrm{ZC}}-1} x_{u,v}(n) \cdot \exp^{\left(-\mathrm{j}\frac{2\pi nk}{N_{\mathrm{ZC}}}\right)} \cdot \exp^{\left(\mathrm{j}2\pi(k+\varphi+K(k_0+\frac{1}{2}))\Delta f_{\mathrm{RA}}(t-t_{\mathrm{CP}})\right)}, 0 \leqslant t < T_{\mathrm{SEQ}} + T_{\mathrm{CP}}$$

$$(9.15)$$

其中，幅值因子 $\beta_{\mathrm{PRACH}}$ 是为了满足发射功率 $P_{\mathrm{PRACH}}$ 的要求；$k_0 = n_{\mathrm{PRB}}^{\mathrm{RA}} N_{\mathrm{SC}}^{\mathrm{RB}} - N_{\mathrm{RB}}^{\mathrm{UL}} N_{\mathrm{SC}}^{\mathrm{RB}}/2$；因子 $K = \Delta f/\Delta f_{\mathrm{RA}}$ 表示随机接入前导与上行数据之间的子载波间隔的差别；变量 $\Delta f_{\mathrm{RA}}$ 表示随机接入前导的子载波间隔；变量 $\varphi$ 为一个固定的偏移值，表示资源块中随机接入前导的频域位置。随机接入基带参数参见表 9.5。

表 9.5 随机接入基带参数

| 前导结构 | $\Delta f_{\mathrm{RA}}$ | $\varphi$ | $K$ |
|---|---|---|---|
| 0～3 | 1250 Hz | 7 | 12 |
| 4 | 7500 Hz | 2 | 2 |

下面对基带信号的生成过程进行分析。

$$s(t) = \beta_{\mathrm{PRACH}} \sum_{k=0}^{N_{\mathrm{ZC}}-1} \sum_{n=0}^{N_{\mathrm{ZC}}-1} x_{u,v}(n) \cdot \exp\left(-\mathrm{j}\frac{2\pi nk}{N_{\mathrm{ZC}}}\right) \cdot \exp\left(\mathrm{j}2\pi(k+\varphi+K(k_0+\frac{1}{2}))\Delta f_{\mathrm{RA}}(t-T_{\mathrm{CP}})\right)$$

$$= \beta_{\mathrm{PRACH}} \sum_{k=0}^{N_{\mathrm{ZC}}-1} X_{u,v}(k) \cdot \exp(\mathrm{j}2\pi nk\Delta f_{\mathrm{RA}}(t-T_{\mathrm{CP}})) \cdot \exp\left(\mathrm{j}2\pi(\varphi+K(k_0+\frac{1}{2}))\Delta f_{\mathrm{RA}}(t-T_{\mathrm{CP}})\right)$$

$$= \beta_{\mathrm{PRACH}} \sum_{k=0}^{N_{\mathrm{ZC}}-1} X_{u,v}(k) \cdot \exp(\mathrm{j}2\pi nk\Delta f_{\mathrm{RA}}(t-T_{\mathrm{CP}})) \cdot \exp(\mathrm{j}2\pi\varphi\Delta f_{\mathrm{RA}}(t-T_{\mathrm{CP}}))$$

$$\exp\left(\mathrm{j}2\pi K(k_0+\frac{1}{2})\Delta f_{\mathrm{RA}}(t-T_{\mathrm{CP}})\right)$$

$$(9.16)$$

在式(9.16)中，$X_{u,v}(k)$ 是通过对采用循环移位值为 $\nu$ 的 ZC(Zadoff-Chu)序列进行 $N_{\mathrm{ZC}}$ 点 DFT 变换得到的；$\sum_{k=0}^{N_{\mathrm{ZC}}-1} X_{u,v}(k) \cdot \exp(\mathrm{j}2\pi nk\Delta f_{\mathrm{RA}}(t-T_{\mathrm{CP}}))$ 反映了对前导信号进行 OFDM 调制，即做 24 576/4096 点 IFFT；$\exp(\mathrm{j}2\pi k\Delta f_{\mathrm{RA}}(t-T_{\mathrm{CP}}))$ 反映了对信号进行载波频偏预校正；$\exp(\mathrm{j}2\pi K(k_0+\frac{1}{2})\Delta f_{\mathrm{RA}}(t-T_{\mathrm{CP}}))$ 确定 PRACH(物理随机接入信道)资源在上行频带内的位置；$\exp(\mathrm{j}2\pi(\varphi+K(k_0+\frac{1}{2}))\Delta f_{\mathrm{RA}}(t-T_{\mathrm{CP}}))$ 整体反映了对子载波在频域的搬移。

## 本章小结

LTE 随机接入的作用是实现终端和网络的同步、解决冲突、分配资源等。通过随机接

入过程，终端和基站实现上行同步，进而后续的通信过程才能进行。本章主要对 LTE 中的随机接入技术进行了研究，通过本章的学习可以掌握 LTE 随机接入的目的和应用场景，基于竞争和非竞争的两种随机接入的流程以及基于竞争模式的随机接入过程的具体步骤。此外，还能了解随机接入前导码结构和时频结构，以及 LTE 随机接入中的前导序列和基带信号的生成。

## 思考题 9

9-1 随机接入过程有哪些应用场景？

9-2 简述随机接入过程及其接入模式的分类。

9-3 简述常见的随机接入过程包括的步骤，并给出图示。

9-4 试述随机接入前导的生成过程。

9-5 给出非同步随机接入的时频结构。

9-6 试述随机接入基带信号的生成过程。

# 第十章 LTE‑A 技术增强

LTE‑Advanced(简称 LTE‑A)是 LTE 技术的后续演进。在 2008 年 6 月，3GPP 完成了 LTE‑A 的技术需求报告，提出了 LTE‑A 的最小需求：下行峰值速率为 1 Gb/s，上行峰值速率为 500 Mb/s，上行和下行峰值频谱利用率分别达到 15 Mb/s/Hz 和 30 Mb/s/Hz。为了实现这一需求，LTE‑A 引入了载波聚合、多点协作(CoMP)和中继(Relay)等新技术，提升小区频谱效率和小区边缘频谱效率。本章分别对这三种技术展开深入的探讨，并且描述了这三种技术在 LTE 中的具体应用方式。

## 10.1 LTE 中的载波聚合技术

载波聚合技术将多个载波分量聚合成一个整体来传输或者接收信号。将载波聚合引入 LTE‑A 主要是因为该技术能够将不连续的频谱资源很好地聚合到一起，提高频谱资源的利用率。载波聚合技术能够很好地满足 LTE‑A 的后向兼容问题。本节主要介绍载波聚合技术的应用场景、实现方式、控制信道设计以及载波聚合中的随机接入过程等，以便读者对 LTE‑A 中的载波聚合技术有一个整体的了解。

### 10.1.1 载波聚合技术的引入

宽带移动通信的目标就是要达到铜线和光纤组成的有线网的通信能力，但是这受制于无线通信资源。在早期的移动通信系统中人们主要是利用时间和频谱资源，后来随着 MIMO 技术的出现，通过空间资源的利用使通信资源利用率又提升了一个台阶。但是随着 MIMO 天线数的增加，处理复杂度和终端体积也会上升，加上 OFDM 的抗多径性和高频谱利用率，LTE 的频谱利用性能已经接近给定带宽下的理论极限。要实现无线通信中更高的传输速率，无非就是提高频谱资源利用率和增加可用资源两个方案，在前者受限于发展瓶颈的情况下，只能通过第二种方案解决。针对这一背景，2007 年世界无线电大会已经为今后的移动通信业务预留了一些新频谱，以确保 LTE 之后的系统在全球有更多的可用频谱。

另外，3.4 GHz、3.6 GHz 等频谱也在 2007 年分给了 LTE，如今 LTE 虽然频谱资源丰富，但是候选频段分布比较复杂，包括了 400 MHz、800 MHz、2.5 GHz 甚至更高频的多个零散频段，各个频段之间相互间隔较大，并且频谱特性不大相同，如低频段普遍带宽窄但是覆盖范围小，而高频段则相反。为了满足 IMT‑Advanced 需要 100 MHz 带宽的要求，LTE‑A 中引入了载波聚合技术，用来把多个连续或者非连续的频谱资源整合到一起，来实现宽带无线业务。

载波聚合在其他通信系统比如 EV‑DO 中已经使用。在 LTE‑A 中，其引入的主要目的是为了解决未来通信系统大带宽的需求。载波聚合的引入能够合并分散的频谱块，使得高效率的宽带移动通信系统的实现变为可能，载波聚合是 LTE‑A 的关键技术之一。

## 10.1.2 载波聚合的分类

### 1. 对称载波聚合和非对称载波聚合

由于 LTE‑A 系统对上行和下行的传输速率和带宽需求不同，因此 LTE‑A 载波聚合除了对称的聚合方式，还支持上行和下行非对称的聚合方式，即上行和下行聚合的载波数目可以不同，这样可以使系统的资源利用率更高。对称载波聚合和非对称载波聚合的方式如图 10.1 所示。

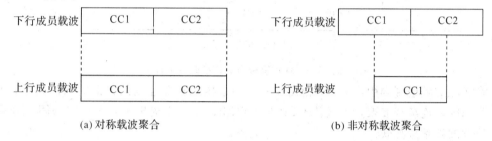

图 10.1 对称载波聚合和非对称载波聚合

但是，非对称载波聚合会引起混淆上行和下行成员载波之间对应关系的问题。因为 LTE‑A 中有很多传输过程是需要上行和下行相互反馈的，比如上行接入需要在下行发送接入响应。此外，数据传输在传输之前需要调度信息，传输之后需要混合自动重传 (HARQ) 功能反馈，这些都需要上行和下行成员载波之间的对应关系。解决这个问题需要从 LTE‑A 协议本身 L1/L2 的控制协议设计入手。

另外需要说明的是，这种因为非对称载波聚合引起的上行和下行混淆主要是在 FDD 模式中。与 FDD 模式不一样的是，TDD 通过上行和下行时隙配置，本身就可以实现非对称传输，其上行和下行的对应关系是通过时间来对应的。

### 2. 连续载波聚合和非连续载波聚合

LTE‑A 载波聚合中聚合的各个成员载波沿用 LTE 中载波的设计，其最大带宽不超过 20 MHz，共 110 个资源块 (RB, Resource Block)，这是由 LTE 终端的后向兼容所决定的，并且规定聚合的成员载波数目不超过 5 个，可以被用于聚合的载波带宽大小分别为 3 MHz、5 MHz、10 MHz、15 MHz、20 MHz。其中，与终端维持无线资源控制层连接的载波，称为主载波或者主小区；除主载波之外的载波，称为辅载波或者辅小区。基于载波聚合技术的移动通信系统亦可称为载波聚合系统。

根据聚合的成员载波在无线资源中的连续性及所在频带是否相同，可将载波聚合分为三种聚合场景：同一频带内的连续载波聚合、同一频带内的非连续载波聚合和不同频带内的载波聚合。

1) 同一频带内的连续载波聚合

在这种聚合方式中，所有载波单元在同一频带中，且载波单元之间没有间隔存在，如

图 10.2 所示。

图 10.2　同一频带内连续载波聚合

　　同一频带内的连续载波聚合方式直接、简单，而且聚合不需要额外的射频链路，极大降低了聚合成本。但其前提是能够找到足够的连续频谱资源进行聚合。

　　2）同一频带内的非连续载波聚合

　　在这种方式下，所有载波单元在同一频带内，但至少有两个载波单元之间存在间隔，如图 10.3 所示。

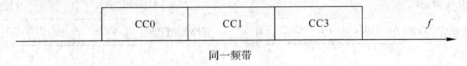

图 10.3　同一频带内非连续载波聚合

　　在实际的频谱规划中，有些运营商在一个频带内拥有非连续的频谱资源，需要采用同一频带内的非连续载波聚合方式。3GPP 在 LTE Rel-11 中提出了几个典型的同一频带内的非连续载波聚合方式。

　　3）不同频带内的载波聚合

　　这种方式中聚合的成员载波不在一个频带内，如图 10.4 所示。

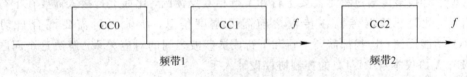

图 10.4　不同频带内载波聚合

　　不同频带内的载波聚合方式要求用户侧具有多条射频收/发链路，因此增加了终端的设计复杂度。另外，该聚合方式中存在的最大问题是射频端的互调干扰。

　　根据现在的频谱规划，4G 的频谱资源是比较稀少的，其频谱里面有些带宽还不到 100 MHz，很难为一个移动通信网络提供连续的 100 MHz 带宽，因此非连续载波聚合在实际环境中显得更具有普遍的适用性。但是，不可避免的是，在非连续载波聚合下需要多个射频链路才能发送和接收完整带宽的信号。

　　除了给硬件实现带来困难以外，非连续载波聚合还会对一些链路和系统级算法带来影响，比如为了适应非连续宽带传输，资源管理调度需要考虑更多的问题，包括发射功率控制、自适应编码调制等，以适应间隔较大的成员载波在衰落特性上的差异。比如对于载波聚合下的基站（eNodeB），如果固定每个成员载波的发射功率的话，那么由于衰落特性的不同，每个成员载波的覆盖性和用户的信道质量信息（CQI）是不同的，低频段（比如 700 MHz）比高频段（比如 2.6 GHz，4 GHz 以上）有更好的覆盖范围，能支持更高效率的编码调制，而且受到多普勒频移的影响也较小。另外，从小区间考虑，每个成员载波的小区间干扰（ICI）也是不同的。

### 10.1.3 载波聚合实现方式

在 LTE－Advanced 系统中，每个子载波对应一个独立的数据流，根据数据流被分配到不同成员载波上的位置，载波聚合的方式分为在 MAC 层聚合和在物理层聚合。

**1. MAC 层聚合**

如图 10.5 所示，MAC 层的载波聚合是指系统中成员载波的数据流在 MAC 层进行聚合。在这种方案中，给每个成员载波分配一个独立的传输块，有独立的链路自适应技术，可以给它配置独自的传输参数，例如传送等级、传输功率、编码方案、码率等。另外，分配给每个成员载波单独的混合自动重传（HARQ）进程和物理层，可以单独对每个成员载波的传输块进行反馈。

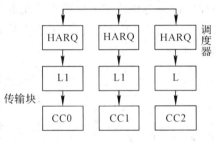

图 10.5 MAC 层聚合

**2. 物理层聚合**

各成员载波上的数据流聚合是在物理层完成的，多个成员载波可以使用统一的物理过程，例如所有载波需要统一的调制编码、混合自动重传（HARQ）和相对应的应答/非应答（ACK/NAK）反馈、链路自适应技术、调度技术等。在物理层聚合方式中，每个载波的物理层结构需要重新设计，这样可能会影响数据流到 MAC 层的时间，如图 10.6 所示。

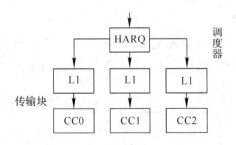

图 10.6 物理层聚合

以上两种聚合方式各有优点和缺点。图 10.5 所示的 MAC 层聚合在链路自适应和 HARQ 方面体现出了很好的性能，并且考虑了与 LTE 系统的后向兼容性，但是频谱效率和调度增益都没有得到很好的提升，MAC 层聚合可以看做相同链路的聚合并且每个载波的开销相同，总的开销是单个载波开销的 $N$ 倍（$N$ 是成员载波的数目），总开销在聚合前、后并没有变化。图 10.6 所示的物理层聚合中额外频率的分集增益被边缘化了，编码增益只在很少的一些场景中才能体现其重要性，但 HARQ 重传是在所有的载波上进行的，减少了传输块个数和 HARQ 过程，对 MAC 层来说，这大大减小了系统的开销。

从目前 LTE - Advanced 的发展进程和标准化来看，MAC 层聚合似乎更加合理，因为它允许各成员载波拥有独立的链路自适应技术，这对于系统大带宽要求来说是非常重要的。而且它可以充分利用现有的系统结构，更加容易实现 LTE 系统向 LTE - Advanced 系统的平滑演进。

### 10.1.4 控制信道设计

控制信道的设计是载波聚合系统中需要着重考虑的方面之一。在控制信道设计中需要考虑实现的复杂度和与 LTE 系统的前、后向兼容性等因素，设计的优劣可能直接影响到载波聚合技术在 LTE - Advanced 系统中的应用。结合多家公司已经提出的设计模式，控制信道的设计方案包括独立控制信道设计和联合控制信道设计。

**1. 独立控制信道设计**

每个载波上都有独立的控制信道与该载波上的数据信道相关联，且该载波上的数据信道对应的控制信道只在该载波上，信道中控制信息采用独立编码方式，只能控制对应载波上的数据流的传输，如图 10.7 所示。

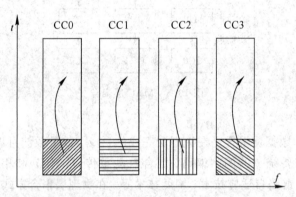

图 10.7　控制信道设计方案 1(独立控制信道设计)

**2. 联合控制信道设计**

联合控制信道横跨聚合后的全部频带，对所有载波的控制信息进行统一的联合编码，联合编码后的信息分布在所有的载波上传输，如图 10.8 所示。

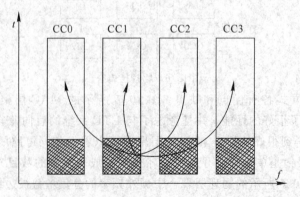

图 10.8　控制信道设计方案 2(联合控制信道设计)

比较以上两种控制信道设计方案，各有优缺点。独立控制信道和相应的数据传输在同一个载波上，每个控制信道上传输该载波上数据业务的控制信息，这种设计方案可以很好地兼容现有的设计方案，能够重复利用 LTE 的控制信道格式，对原有系统设计影响较小。它在充分利用现有资源的同时有良好的后向兼容性，并且控制开销与被控制的载波带宽成比例，可以节省一些不必要的开销。联合控制信道横跨整个聚合后的载波，其优点是系统信令开销小，但用户需要监控整个带宽上的控制信息，需要解析整个系统子带上的控制信息，确定其分配信息，这给用户带来了更大的开销和功率消耗，并且不利于系统的后向兼容。

目前业界倾向于选择独立控制信道设计方案，但最终确定需要综合考虑实现的复杂度、功率消耗、后向兼容性、资源优化等方面。

## 10.1.5　载波聚合方式

在 LTE‐Advanced 系统中，为了把两个或者多个成员载波聚合成一个较大的带宽以便支持较高的传输速率，需要采用载波聚合技术。载波聚合技术就是把两个或者更多的成员载波聚合成更宽的频带，以支持高速数据传输。载波聚合技术的聚合方式可以分为直接宽带聚合和多载波聚合两种方式。

直接宽带聚合是指通过较大的 IFFT 变换把数据调制在聚合的载波上发送出去，只需要一个射频(RF，Radio Frequency)链路。对于不连续的频带资源，在 IFFT 变换中补零构成一个连续的频谱。直接宽带聚合示意图如图 10.9 所示。

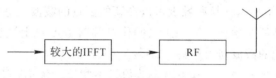

图 10.9　直接宽带聚合示意图

多载波聚合是指每个用于聚合的成员载波分别进行信道编码和调制，在射频端进行聚合后发送出去，需要多个 IFFT 变换和射频链路。多载波聚合示意图如图 10.10 所示。

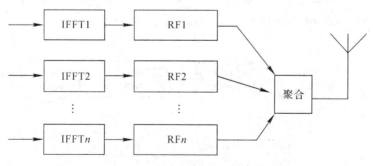

图 10.10　多载波聚合示意图

## 10.1.6　载波聚合中的随机接入过程

在第九章已经介绍了随机接入过程，下面给出支持载波聚合的随机接入过程。

(1) UE 通过小区搜索过程找到一个聚合的下行载波，侦听该载波并将其命名为临时下行载波，如图 10.11 所示。

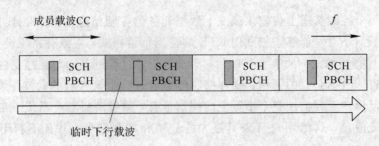

图 10.11　小区搜索过程示意图

（2）用户从临时下行载波上获取物理广播信道（PBCH，Physical Broadcast Channel)参数，进而从 PBCH 中获取系统消息，包括临时下行载波的带宽和发射天线个数等。

（3）基站在下行成员载波上发送物理随机接入信道（PRACH，Physical Random Access Channel)参数，侦听相应的临时下行载波的 UE 会接收到相对应的 PRACH 参数。

（4）UE 会根据接收到的相对应 PRACH 参数，在对应的 PRACH 上发送随机接入前导。

（5）基站在下行载波上发送随机接入响应（RAR，Random Access Reply)，其中包括上行授权。

（6）UE 通过临时上行成员载波发送高层消息 Msg 3，告知基站包括 UE 容量等信息。

（7）基站发送高层 Msg 4，配置新的上行和下行载波对。

（8）UE 将使用的上行和下行载波移至上述载波对上，并发送报告告知基站。

（9）接入过程完成，发送或接收数据可以在新的更宽的载波上进行。

上述过程主要包括两个阶段，第一阶段操作在临时载波对上进行，如过程（1）～（8）；第二阶段操作在新分配的载波对上进行，如过程（9）。

非对称载波聚合是聚合的上行和下行载波数目不相等的情形，这样上行和下行载波的一一对应的关系就不存在了。比如上行 2 载波，下行 4 载波，就会出现一个上行载波对应两个下行载波的情况，虽然这种非对称结构有利于更好地对上行和下行不对称业务的支持，但却给随机接入造成了一定的麻烦，基站将不能准确地确定 UE 所侦听的下行载波是哪一个载波段的，如图 10.12 所示。

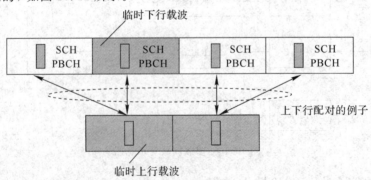

图 10.12　非对称载波聚合下随机接入过程中上行和下行配对

当基站接收到用户上行发送的随机接入前导时，可以判断出 UE 当前所处的临时上行载波，但由于该临时上行载波不止与一个下行载波配对，基站没有足够的信息来判断 UE 当前所侦听的下行载波。这对接入过程将产生严重的影响，这是非对称载波聚合下随机接入过程面临的一大问题。

根据前述随机接入的一般过程，可以采用以下方案有效解决上述问题：

（1）通过小区搜索过程，用户找到一个聚合的下行载波，作为临时下行载波，并且用户从临时下行载波上获取 PBCH 参数，进而通过接收系统广播信息获取系统消息。

（2）基站在不同的下行成员载波上发送不同的物理随机接入信道（PRACH）参数，这里 PRACH 参数分别与相应的下行成员载波对应，是区别不同的下行载波的标志。

（3）用户接收到相对应 PRACH 参数后，根据接收到的相对应 PRACH 参数，在所侦听的临时下行载波上发送随机接入前导。

（4）基站接收用户发送的随机接入前导并检测其 PRACH 参数，通过查询 PRACH 参数与下行载波的对应关系，即可判断出 UE 所侦听的临时下行载波是哪个；然后基站在该下行成员载波上发送随机接入响应（RAR），包括上行授权。

（5）UE 通过临时上行成员载波发送高层消息 Msg 3，告知基站包括用户容量等信息；基站根据 Msg 3 中用户容量等信息，配置新的上行和下行载波对，并向用户发送高层消息 Msg 4，用户收到消息后，将使用的临时上行和下行载波移至新配置的载波对上，并发送报告给基站。

（6）接入过程完成。

基站判断用户侦听下行载波方案的过程如图 10.13 所示。

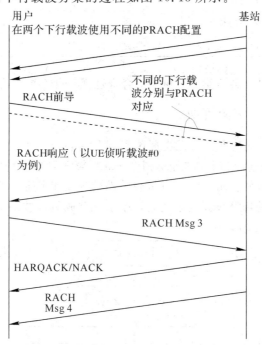

图 10.13　基站判断用户侦听下行载波方案的过程

在上述过程中，下行成员载波分别对应不同的物理随机接入信道（PRACH）参数，使基站可以在接收到随机接入前导时根据 PRACH 参数准确判断 UE 侦听的下行成员载波。从 RAR 之后，基站就只需要在一个下行载波上发送信息，不需要在所有的下行载波重复发送，节省了开销。但该方案有其自身缺点：上行时频资源开销很大，需在临时上行载波上为其对应的各下行成员载波分别开辟 PRACH 信道，尤其在不对称程度高的配置情形下，如上行和下行载波配置为

1∶5时,开销更大。针对这个缺点,可以从以下几个方面提出解决方案。

方案一:为了克服上行资源浪费的缺点,基站不再发送不同的 PRACH 参数,而是使用不同的上行授权。上行授权的差异性可以从两方面体现:频分多址(FDM)和时分多址(TDM)。在每个下行载波上分配不同的 Msg 3 上行授权,当基站接收到 Msg 3 时,就能确定 UE 所侦听的下行载波了。

方案二:通过修改 Msg 3 的格式,增加用于指示 UE 所侦听的临时下行载波的数据位。这样,在上行和下行配对 1∶2 情形下,增加 1 位数据位即可;1∶4 情形要增加 2 位数据位;1∶5 情形下需要增加 3 位数据位。

方案三:使用不同的小区无线网络临时标识(C-RNTI)对应不同的下行成员载波,Msg 3 中扰码是不同的,基站通过正确解码出 Msg 3 来判别 UE 所使用的下行载波。

以上这三种方案又分别有自身的不足,比如,方案一 Msg 3 中上行资源会有所浪费;方案二需要改动 LTE Rel-8 中关于 Msg 3 的协议;方案三有临时 C-RNTI 浪费的情况。表 10.1 详细列出了此三方案的优缺点。

表 10.1　三种方案的优缺点比较

| 优缺点 | 方案一 | 方案二 | 方案三 |
|---|---|---|---|
| Msg 3 中有上行资源浪费? | 是 | 否 | 否 |
| 临时 C-RNTI 的浪费? | 否 | 否 | 是 |
| 需要改动 LTE Rel-8 中的协议? | 否 | 是 | 否 |
| Msg 4 以及以后消息有下行资源浪费? | 否 | 否 | 否 |

在实际应用中,应结合各方案的优缺点,合理选择一种方案作为最终方案。

## 10.1.7　载波聚合中的资源管理

在 LTE-Advanced 载波聚合中无线资源管理主要包括以下几个模块,如图 10.14 所示。其中 L3 的成员载波选择和 L2 的分组调度是无线资源管理中的两个主要模块。当用户完成随机接入过程后,基站会根据每个成员载波的信道质量和业务负载量给用户选择合适的成员载波。成员载波的选择步骤结束之后,在每一个成员载波上会单独执行分组调度和混合自动重传请求(HARQ)进程。

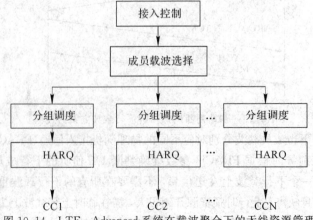

图 10.14　LTE-Advanced 系统在载波聚合下的无线资源管理

LTE－Advanced 载波聚合的无线资源管理中，成员载波的选择是一个必要的过程。这是因为当一个用户长期选择质量差的成员载波时，会造成某一个信道质量较好的载波上的业务拥挤，这样不仅不能对系统带来可观的吞吐量，而且还会造成系统资源浪费。成员载波选择这一步骤可以消除对于某些用户不适合的载波，还可以避免两个相邻小区间的干扰，进而提高系统容量。因此，一个合适的成员载波选择策略可以有效地提高载波聚合的效率。

当 LTE 系统在进行资源调度时需要满足数据吞吐量、系统公平性、QoS 保证、无线链路的易变性、信道利用率和时延等一系列条件。其中，数据吞吐量、系统公平性和时延是资源调度中最为重要的三个条件。在目前移动通信系统中，经典的调度算法有轮询算法（RR，Round Robin）、最大载干比算法（Max C/I，Maximum Carrier to Interference）、比例公平算法（PF，Proportional Fairness）等。从数据吞吐量角度考虑，最优的调度算法是 Max C/I 调度算法，而最差的是 RR 调度算法。但用户间最具有系统公平性的是轮询调度算法，而 Max C/I 算法具有较差的系统公平性。PF 调度算法正是在两种调度算法之间的折中算法，它既考虑用户之间的系统公平性又兼顾了数据吞吐量。因此，比例公平算法是目前最常用的动态调度算法。由于这三种调度算法都没有考虑到时延的问题，因此这些算法只能应用于那些对时延不敏感的非实时业务。

载波聚合技术可以把多个成员载波聚合为一个较大的带宽，而且还可以让用户在多个成员载波上进行分组调度。在移动通信系统中，一个优良的调度算法不仅可以减少系统的传输时延，还可以大大提高系统吞吐量增益。在 LTE－Advanced 系统的载波聚合场景中常用的分组调度结构主要有独立载波调度和联合载波调度两种。

**1. 独立载波调度**

独立载波调度过程包括了一级调度和二级调度。其中，一级调度器把用户的分组数据包分配到各个成员载波中；而每个独立的成员载波上都有一个独立的调度器，即二级调度器。在各个成员载波上的资源分配都是独立进行的。每个调度器根据用户的优先级进行资源的分配。

独立载波调度结构如图 10.15 所示。

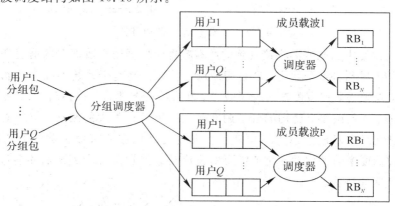

图 10.15　独立载波调度结构

独立载波调度中第一级调度器的主要功能是将不同的传输频带分配给终端到基站的分组数据包。该调度器按照一定的调度算法把接收到的业务数据包分配给二级调度器。而调度的依据是不同载波上用户的数据队列长度。

独立载波调度中第二级调度器主要用来把不同用户需要传输的数据映射到资源块（RB）上。分配资源块的主要原则是将数据根据用户瞬时信道条件和队列长度等情况进行分配。

独立载波调度方式与传统单载波调度方式一致，在每个成员载波上独立进行资源调度，却无法获知其他几个成员载波上的资源调度情况。独立载波调度的资源分配算法为

$$j = \arg \max \left\{ \frac{R_{n,m}(i, k)}{T_{n,m}(i-1)} \right\} \tag{10.1}$$

其中，$j$ 表示通过上述调度准则被选出来的用户；$R_{n,m}(i, k)$ 表示用户 $n$ 在 $i$ 时刻、在第 $m$ 个成员载波的第 $k$ 个 RB 上可得到的瞬时吞吐量增益；$T_{n,m}(i-1)$ 为用户 $n$ 在第 $i$ 调度时刻之前在该成员载波上实现的系统吞吐量均值。每完成一次调度之后，用户的吞吐量均值需要按照以下表达式及时更新：

$$T_{n,m}(i) = \left(1 - \frac{1}{T_c}\right) T_{n,m}(i-1) + \frac{1}{T_c} \begin{cases} \sum_{k \in \phi_m} R_{n,m}(i, k), & n = j \\ 0, & n \neq j \end{cases} \tag{10.2}$$

其中，$\phi_m$ 表示在第 $m$ 个成员载波中的所有资源块（RB）的集合；$T_c$ 是滑动窗的宽度。独立载波调度可以在每个成员载波上保证所有激活用户的公平性。

**2. 联合载波调度**

与上述独立载波调度不同的是，在联合载波调度中的所有子载波中的资源由一个共同的调度器来完成资源块（RB）的分配。这个统一的调度器把进入系统中的所有用户数据直接分配给 $m \times k$ 个不同的子载波。具体示意图如图 10.16 所示。

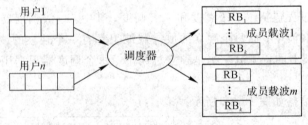

图 10.16  联合调度器结构图

联合载波调度中的调度器将接收到的所有数据包根据用户数据包的信道条件以及用户队列长度等情况映射到资源块上。联合载波调度器以提高整个系统吞吐量性能以及频谱利用率为目标，对独立载波调度器进行了改进。联合载波调度为了保持与 LTE 系统的后向兼容性，对在每个成员载波上使用的分组调度算法并未进行太大的改动。与独立载波调度相比，联合载波调度更多地考虑了用户在过去调度时间内在所有成员载波上获得到的吞吐量。联合载波调度中的平均吞吐量值需要所有成员载波资源分配完成后才能进行更新。平均吞吐量的更新矩阵为

$$\tau_n(i) = \left(1 - \frac{1}{T_c}\right) T_n(i-1) + \frac{1}{T_c} \begin{cases} \sum_{m \in \varphi} \sum_{k \in \phi_m} R_{n,m}(i, k), & n = j \\ 0, & n \neq j \end{cases} \tag{10.3}$$

当进行联合载波调度时需要跨载波分配资源，这可能会给基站带来过重的调度负载

量。由于该调度方式需要每个成员载波的调度器之间进行信息的交换,因此使调度过程变得复杂。当用户选择低质量成员载波进行资源调度时,实际上不仅不能给系统带来可观的增益,而且还会造成频谱资源的浪费。通过消除那些对某个用户不适合的成员载波,可以大大减少调度负载,还可以提高频谱利用率。因此,成员载波的选择是在LTE‐A系统中提高载波聚合效率的一个有效方法。

# 10.2　LTE‐A中的中继技术

为了满足LTE‐A的高容量需求,系统必须工作在很宽的带宽频段内,即系统只能在较高的频段工作,然而穿透损耗和路径损耗在高频段处都非常大,所以实现大范围覆盖的难度也就更大。在这样的背景下,拥有提高系统容量、增加覆盖范围、提升小区边缘用户通信质量、降低成本等诸多优势的中继技术成为了人们广泛关注的焦点。中继技术作为LTE‐A的关键候选技术之一,为解决系统覆盖、提升系统吞吐量等问题提供了很好的解决方案。

中继技术通过在现有基站站点的基础上增加中继站的方案达到增加站点及天线密度的目的,新增加的中继站点和固有基站站点通过无线信道进行连接。中继站与传统的直放站在工作方式及作用方面均不相同。传统的直放站在接收到基站发送的无线信号后,直接对其进行转发,它仅仅起到了放大器的作用。然而这种放大器还必须在一些特定的情况下才能发挥作用,同时该放大器只能在提升系统覆盖方面起到改善的作用,对提高系统容量并没有贡献。另外,在终端和固有基站之间部署直放站,实质上并不能缩短基站和终端之间的距离,也就无法对资源分配及信号的传输格式进行优化,无法使系统的传输效率得到提升。此外,如果使用直放站后,不能对干扰进行很好的控制,那么由于干扰的增加,将无法达到提升系统覆盖的效果;相反,还使整个系统的传输性能恶化。而使用中继技术时,在数据传输的过程中,发送端首先将数据传送至中继站,再由中继站转发至目的节点。通过中继技术来缩短用户和天线间的距离,从而达到改善链路质量的目的,这样便可有效提升系统的数据传输速率和频谱效率。同时,若在小区原有覆盖范围部署中继站,还可以达到提升系统容量的目的。

中继技术虽然在理论上可以提升系统性能,但它带来的潜在问题也是显而易见的。中继技术在为网络插入一个新节点的同时,也带来了新的干扰源,使得系统的干扰结构更加复杂化。为了在中继站和基站之间进行有效的时频资源分配,很可能需要通过资源调度或者帧结构设计才能实现。另外,引入功能全面的中继站后,与其相关的控制信道、公共信道、物理过程等也需要进行重新设计。

## 10.2.1　中继的原理及特点

与LTE系统相比,LTE‐A系统对小区边缘用户性能和平均吞吐量都提出了较高的要求,基于此,中继技术作为一种有效且成本较低的解决方案被引入。中继技术可以和分布式天线技术一同被视为提升系统覆盖的里程碑技术。

在传统蜂窝网络中,基站与用户之间的通信是靠无线信道直接连接的,即采用"单跳"的传输模式,如图10.17(a)所示,信号经发送端发出之后,直接通过无线链路传输至接收端。而中继技术则是通过在基站和移动用户之间增加一个或者多个中继节点来实现信号的传输，即实现了无线信号的"多跳"传输。信号在通过发送端发出之后，需经过中继节点的处理后才会转发至接收端，该处理操作可以是简单的信号放大，也可以是经过解码后的转发，具体视场景及中继的工作方式而定。引入中继后网络链路示意图如图 10.17(b)所示，它为两跳中继系统，原有蜂窝小区引入了两个中继站，用户 1 和用户 2 分别由中继节点 1 和中继节点 2 进行服务。可以看出，通过引入中继(节点)，原有的基站到用户的无线链路被分割成了两跳链路，即基站到中继和中继到用户。这种将一条较差质量的无线链路替换为两条较好质量链路的方式，可以有效地提升小区吞吐量及覆盖半径。

中继的部署必然会引入新的无线链路，基站和中继之间的链路被称为回程链路；基站与直传用户之间的链路称为直传链路；中继与中继所服务用户之间的链路称为接入链路。与此同时，直接由基站服务的用户称为宏小区用户(M-UE, Macro-User Equipment)；由中继进行服务的用户称为中继小区内用户(R-UE, Relay-User Equipment)。

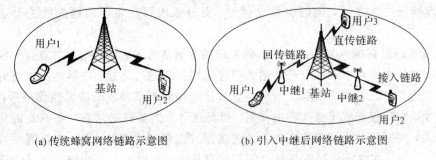

(a) 传统蜂窝网络链路示意图　　(b) 引入中继后网络链路示意图

图 10.17　传统蜂窝网络与引入中继后网络的链路示意图

中继技术的引入，其主要目的是提升系统容量和扩大系统覆盖范围，除此之外，中继技术还具有布网灵活、快速，避免盲点覆盖，实现无缝隙通信，提供临时覆盖等诸多特点及优势。图 10.18 给出了中继技术的各种可能应用场景，它包括城市热点、盲区覆盖、室内热点区域、临时或应急通信以及群移动环境等。

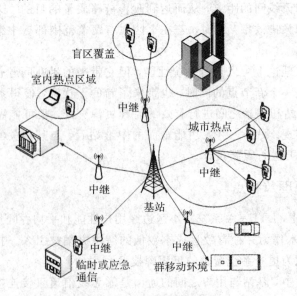

图 10.18　中继的应用场景

## 10.2.2　中继分类

### 1.根据协议栈的分类

目前 LTE－A 系统中考虑的中继技术有三种方案：L0/L1 中继、L2 中继和 L3 中继。L0 中继指中继节点收到信号后直接放大转发，其构造非常简单，甚至可以没有物理层。L1 中继有物理层，它将接收的信号通过物理层转发，此时物理层的主要作用是相当于频域滤波器，滤出有用信息再放大转发。L2 中继的协议栈包括物理层协议、MAC 层协议以及无线链路控制协议，无线链路控制协议位于 MAC 层之上，为用户和控制数据提供分段和重传业务。L2 中继具有任务调度和混合自动重传(HARQ)功能。L3 中继接收和发送 IP 包数据，因此，L3 中继具有基站的所有功能，可以通过 X2 接口直接和基站通信。

### 2.根据是否存在小区 ID 分类

根据是否存在独立小区识别号(ID)，中继可分为第Ⅰ类中继和第Ⅱ类中继。这两种中继方式最显著的特点是，第Ⅰ类中继具有独立的小区识别号，第Ⅱ类中继没有独立的小区识别号。

第Ⅰ类中继属于 L3 或者 L2 中继，是一种非透明中继，用户在基站和中继站之间必然发生切换，类似于普通的基站间的切换操作。第Ⅰ类中继发送自己的同步信道、参考信号以及其他反馈信息，支持小区间的协作，如软切换和多点协作技术。它主要用于扩大小区的覆盖面积，具备全基站功能，建设成本较高。在第Ⅰ类中继方式中，基站与中继节点之间的链路称为回程链路(也就是前面介绍的中继链路)。

第Ⅱ类中继属于 L2 中继，是透明中继，用户在基站和中继站之间不一定发生切换，类似于小区内的切换或者透明切换操作。它可以实现宏分集，基站可以和中继同时发送相同的信号给用户。它的主要作用是扩大小区的覆盖范围，具有部分基站功能，不需要自己生成信令，建站成本较低。

### 3.根据链路的频带不同分类

在 LTE－A 系统中根据基站—中继节点间链路的频带来分，中继可分为带内中继(in－band)和带外中继(out－band)，如图 10.19 所示。

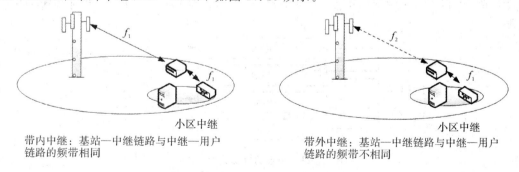

带内中继：基站—中继链路与中继—用户链路的频带相同　　带外中继：基站—中继链路与中继—用户链路的频带不相同

图 10.19　带内中继和带外中继

## 10.2.3　3GPP 中继系统框架

支持中继节点的 LTE－A 网络系统框架如图 10.20 所示。

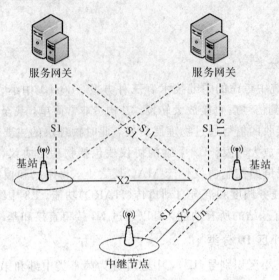

图 10.20　支持中继节点的 LTE－A 网络系统框架

中继节点通过 X2、S1 接口和 U$n$ 空中接口连接到服务于该中继节点的基站，该基站称为宿主基站。它在中继节点和其他网络节点之间提供 S1 和 X2 代理功能，包括为中继节点传递用户终端专用的 S1 和 X2 接口的信令信息，以及 GTP(GPRS Tunnel Protocol，GPRS 隧道协议)数据包等信息。因此，对于中继来说，宿主基站是它的 MME(Mobility Management Entity，移动性管理实体)和 eNodeB(evolved NodeB，演进型节点 B)，也是它的服务网关(S－GW，Serving Gateway)。

**1. 回程链路资源分配**

中继的引入，使得 LTE－Advanced 系统变得更加复杂，如果回程链路和接入链路同时收/发数据，则会导致两个链路之间的干扰。为了避免相互之间的干扰，3GPP 决定采用时分复用(TDM)的模式避免干扰。简单来说，就是中继采用半双工的工作模式，在下行方向，在某一时刻中继要么只能接收来自基站的数据，要么只能给用户终端发送数据；在上行方向，中继要么只能给基站发送数据，要么只能接收来自用户终端的数据。中继的资源分配方法如图 10.21 所示，图中，用户 2 为基站服务下的用户终端，用户 1 为中继服务下的用户终端。

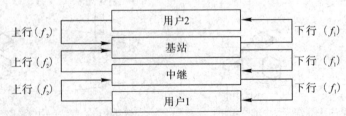

图 10.21　中继的资源分配方法

当基站占用下行频率资源给中继节点发送数据时，属于中继控制下的用户无法获得来自中继的 PDCCH，使得该用户无法正常工作。经过长期研究，3GPP 最终决定利用多播广播单频网(MBSFN，Multimedia Broadcast Single Frequency Network)子帧来做回程传输。

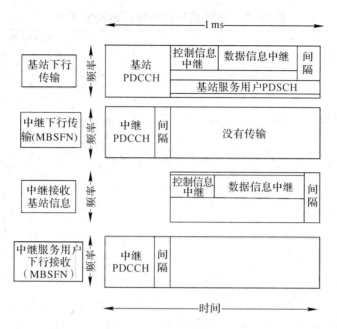

图 10.22　利用 MBSFN 做回程传输的原理示意图

　　MBSFN 子帧用作单频多播广播的子帧时，对于任何 LTE Rel-8 中的用户来说，无论他是否接收多播广播，都可以通过复用在 MBSFN 子帧中的 PDCCH 接收下行控制信号。因此可以将某个子帧配置成 MBSFN 子帧(只是将此帧伪装成 MBSFN 子帧，不发送真实的多播广播)，用户可以利用 MBSFN 子帧的 PDCCH(占用最前面的 2、3 个 OFDM 符号)接收自己的控制信号，中继利用 MBSFN 子帧剩下的部分完成中继到基站的上行回程链路的传输，这样较为合理地满足了基站对用户终端和对中继的通信要求。图 10.22 给出了利用 MBSFN 做回程链路传输的原理示意图。

　　当利用多播广播单频网(MBSFN，Multimedia Broadcast Single Frequency Network)子帧做回程链路传输时，基站服务的用户(Macro-UE)和中继服务的用户(R-UE)被指定为 MBSFN 子帧，因此，Macro-UE 和 R-UE 将会在前 3 个符号处分别接收来自基站和中继的 PDCCH。而基站的下行数据将利用后面剩下的符号传递给中继。这就避免了中继服务的用户收不到中继发来的 PDCCH 的问题，其中的间隔(gap)为中继的收/发转换时间。

**2. 回程链路与接入链路资源的分配**

　　根据上面的讨论可以看出，由于中继节点的回程链路和接入链路的资源是以 TDM 的方式复用的，也就是说，中继节点的资源一部分被用作回程链路，另一部分被用作接入链路。因此对于时分双工(TDD，Time Division Duplex)系统来说，显然会使某些 TDD 子帧资源紧张。在 TDD 的帧结构配置中，由于第 0 号子帧和第 5 号子帧必须用作同步信道和广播信道的传输，而第 1 号和第 6 号子帧需要做寻呼，因此第 0、1、5、6 号子帧是不能被配置为 MBSFN 子帧的。最终，3GPP 决定只有上/下行子帧第 1、2、3、4、6 号可以做回程传输(其他的一些配置比如第 0 号子帧由于下行子帧过少，因此不能找出多余的子帧做基站和中继站的回程传输)。表 10.2 给出了支持基站和中继站传输的子帧，其中，D 表示下行，U 表示上行。

表 10.2　支持基站和中继站传输的子帧

| 回程子帧的配置 | 上/下行子帧 | 上行和下行子帧数量比 | 0 | 1 | 2 | 3 | 4 | 5 | 6 | 7 | 8 | 9 |
|:---:|:---:|:---:|:---:|:---:|:---:|:---:|:---:|:---:|:---:|:---:|:---:|:---:|
| 0 |  | 1:1 |  |  |  |  | D |  |  |  | U |  |
| 1 |  | 1:1 |  |  |  | U |  |  |  |  |  | D |
| 2 | 1 | 2:1 |  |  |  |  | D |  |  |  | U | D |
| 3 |  | 2:1 |  |  |  | U | D |  |  |  |  | D |
| 4 |  | 2:2 |  |  |  | U | D |  |  |  | U | D |
| 5 |  | 1:1 |  |  | U |  |  |  |  |  | D |  |
| 6 | 2 | 1:1 |  |  |  | D |  |  |  | U |  |  |
| 7 |  | 2:1 |  |  | U |  | D |  |  |  | D |  |
| 8 |  | 2:1 |  |  |  | D |  |  |  | U |  | D |
| 9 | 3 | 3:1 |  |  |  | U |  |  |  | D | D | D |
| 10 | 4 | 1:1 |  |  |  | U |  |  |  |  |  | D |
| 11 | 6 | 1:1 |  |  |  |  | U |  |  |  |  | D |

## 10.2.4　中继双工方式

由于中继站(RS)既要与基站(BS)双工通信,又要与用户设备(UE)双工通信,如果简单采用全双工方式将会产生自身干扰,因此在 LTE-A 系统中,可能的中继双工方式有时分双工方式(TDD,Time Division Duplex)、频分双工方式(FDD,Frequency Division Duplex)和载波分双工方式(SDD,Subcarrier Division Duplex)3 种。LTE 系统目前可以支持时分双工和频分双工两种双工方式。当系统的双工方式不同时,如果中继站双工方式也不同,就会有不同的特点,下面分别进行详细说明。

**1. 系统采用时分双工方式**

1) 中继站频分双工方式

如图 10.23 所示,RS→BS 链路与 UE→RS 链路的数据在同一上行时隙进行传输,两条链路频分复用;同样的,BS→RS 链路与 RS→UE 链路的数据在同一个下行时隙进行传输,两条链路也采用频分复用。

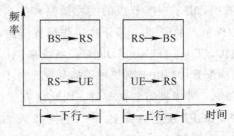

图 10.23　TDD-FDD 双工方式示意图

2) 中继站时分双工方式

如图 10.24 所示,在 TDD-TDD 双工方式下,RS→BS 链路与 UE→RS 链路这两条链路的数据可以在同一个上行时隙进行传输，两条链路时分复用；同样，BS→RS 链路与 RS →UE 链路这两条链路上的数据也可以放在同一个下行时隙进行传输，两条链路之间也是时分复用。

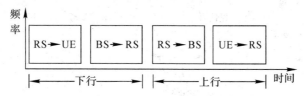

图 10.24　TDD - TDD 双工方式示意图

3）中继站载波分双工方式

如图 10.25 所示，在这种系统采用 TDD、中继站采用载波工双工（SDD）的双工方式下，中继站接收基站和用户的数据或者向基站和用户发送数据的工作可以同时在不同的载波上实现。BS→RS 链路与 RS→BS 链路、UE→RS 与 RS→UE 四条链路采用时分复用的方式，每条链路分别占用不同的时隙。而 RS 的两条链路在同一时隙上的接收和发送数据状态可以相同。

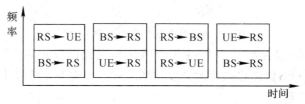

图 10.25　TDD - SDD 双工方式示意图

在系统采用时分双工方式的情况下，中继节点采用 SDD 的双工方式存在以下几个缺点：

（1）TDD - SDD 双工方式下，由于 BS→RS 与 UE→BS 两条链路可在同一频带上传输，BS→RS 链路传输的数据可能被其他小区的基站接收，从而产生共道干扰。

（2）在 TDD - SDD 双工方式下，所属某基站的用户在某些子帧上的服务可能不一定很好，因此某些宏用户可能会受到影响。

（3）在考虑分配接入链路回程链路之间的子载波资源时，需要协调不同小区的两跳链路之间的频率。如果相邻小区的 RS→UE 链路和 RS→BS 链路之间的频率分配不正确，则可能会引起额外的干扰，如图 10.26 所示。

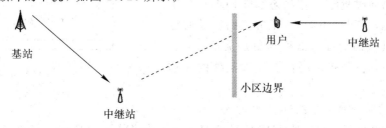

图 10.26　频率分配不当引起的相邻小区间的干扰

（4）在 TDD - SDD 双工方式下，系统可能会有存在远近效应的问题。一方面，当中继节点同时接收基站和用户传输过来的数据时，由于采用了不同的接收功率，因此中继节点的性能会有所下降，如图 10.27 所示；另一方面，假设不同小区的用户相距很近的话，如果用户 A 正在进行上行数据传输，那么可能会对相邻小区中正在进行下行数据传输的用户 B 产生干扰，如图 10.28 所示。

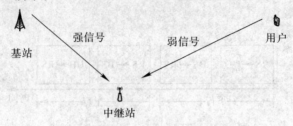

图 10.27　中继站从基站和用户接收的信号强弱不同

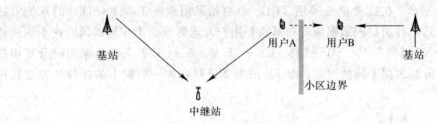

图 10.28　相邻小区用户之间的干扰

（5）由于 UE→BS 链路与 BS→RS 链路采用时分复用的方式共享资源，同样的，BS→UE 链路需要与 RS→BS 链路也采用时分复用的方式共享资源，从而使宏小区上行和下行系统总容量会有所降低。

**2. 系统频分双工方式下**

1）中继站频分双工方式

如图 10.29 所示，在 FDD‐FDD 双工的方式下，各条不同的链路可在频率上进行区分。其中，RS→BS 链路和 UE→RS 链路在上行频带上进行数据传输，这两条链路在上行频带内依靠频率区分；同样，BS→RS 链路和 RS→UE 链路在下行频带上进行数据传输，这两条链路则在下行频带内依靠频率来区分。在这种双工方式下，这 4 条链路在时间上可以同时处于工作状态。与 FDD‐TDD 双工方式相比，FDD‐FDD 双工方式的往返时延会更短并且其资源分配方式变得更加灵活；但它的主要缺点是，在频带之间需要增加额外的保护带间隔。

图 10.29　FDD‐FDD 双工方式示意图

2）中继站时分双工方式

如图 10.30 所示，在这种 FDD‐TDD 双工方式的情况下，BS→RS 链路与 RS→UE 链路在同一个下行频段上进行数据传输，而这两条链路之间采用时分复用的方式；RS→BS 链路与 UE→RS 链路在同一个上行频段上进行数据传输，并且两条链路之间采用时分复用的方式。这种方式不会对传统的 LTE 用户（Rel‐8 用户）产生任何影响，可以很好地保持后向兼容性。

另外，采用 FDD－TDD 的双工方式还有以下两个优点：

（1）由于 RS→BS 链路在 FDD 系统中采用了不同的上行和下行频带，因此系统的频带利用率比较高。

（2）由于基站在下行频带上发送数据而在上行频带上接收数据，因此在基站处没有发/收转换损耗，只有在中继站存在收/发转换损耗。

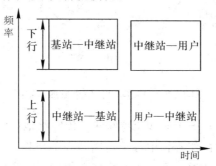

图 10.30　FDD－TDD 双工方式示意图

# 10.3　LTE－A 中的多点协作技术

## 10.3.1　多点协作基本概念

多点协作(CoMP，Coordinated Multiple Point)是 LTE－A 系统扩大网络边缘覆盖、保证边缘用户服务质量的重要技术之一。在进行多点协作时，各传输节点之间共享必要的数据信息及信道状态信息，从而实现多个传输节点共同协作为用户服务。

多点协作技术分为上行和下行两部分。上行多点协作技术主要为多点的协作接收问题，其实质是多基站信号的联合接收问题，对现有的物理层标准改变较小。下行多点协作技术则是协作多点传输问题，突破传统的单点传输，采用多小区协作为一个或多个用户传输数据的方式，通过不同小区间的基站共享必要的信息，使多个基站通过协作联合为用户传输数据信息，将从前小区间的干扰转变为协作后用户的有用信息，或者通过基站间协调调度将小区间干扰减小，提高接收信干噪比，从而可以有效地提高系统的频谱效率。

## 10.3.2　多点协作分类

从不同的角度出发，多点协作的分类有所不同。从对干扰处理的角度出发，多点协作可以分为协作调度/波束成形和联合处理两种方式。

### 1. 协作调度/波束成形

在协作调度/波束成形中，用户的数据信息只从服务基站发送，但是调度策略和波束成形均由多小区协作共同完成。通过基站端进行合理的空域调整，降低小区间的干扰，以保证用户的链路质量，多小区协作调度/波束成形如图 10.31 所示。协作调度/波束成形从降低小区间干扰角度出发来提高用户的服务质量。

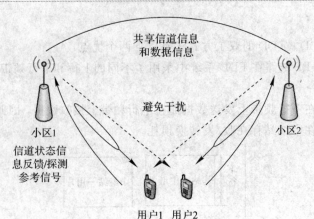

图 10.31　协作调度/波束成形示意图

对于一个特定的用户，在一个时频资源块上，传输给他的用户数据只能来自其协作集合中的一个传输节点。通过协作集合中各个传输节点的协作，对用户资源进行调度或者对用户进行波束成形，尽可能地避免不同小区用户在使用时频资源上的冲突和减小相邻小区间的干扰，以达到改善小区用户性能，提高系统吞吐量的目的。在图 10.31 中，用户 1 和用户 2 的服务小区分别为小区 1 和小区 2，当用户 1 和用户 2 之间的距离比较近时，两个用户接收到的信号就有可能发生强烈的相互间干扰。当应用协作调度/波束成形技术时，两个小区可以协调调度分配给用户 1 和用户 2 可用的时间/频率资源，用户 1 和用户 2 可以使用不同的时频资源，避开干扰；或者在分配相同的时间/频率资源后，对两个用户进行波束成形处理，比如小区 1 在对用户 1 波束成形时，在用户 2 方向产生零陷，降低对用户 2 的干扰。（同理，小区 2 对用户 2 进行波束成形，以减小对用户 1 的干扰）。

在协作调度/波束成形方式下，协作集合中的多个传输节点间需要共享信道信息，以便协作集合能够根据信道信息情况对用户进行协作调度或波束成形。由于用户接收的数据信息仅来自于其服务小区，因此该方式不需要共享用户的数据信息。

**2. 联合处理**

联合处理将原来相邻小区的同频干扰信号转化为用户的有用信号。在进行 CoMP 联合处理操作时，用户数据和信道状态信息在各传输节点之间共享，各传输节点按照某种准则向用户传输数据信息。三小区联合处理示意图如图 10.32 所示。

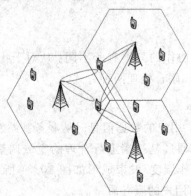

图 10.32　三小区联合处理示意图

根据同一时刻为用户传输数据小区数的不同，联合处理又分为下列两种方式：

（1）联合传输技术。当协作集合中的多个小区在同一时刻为用户传输相同数据信息时，被称为联合传输。也就是说，多个传输点同时发送信息到同一个用户。在联合传输方式下可以将其非服务小区的干扰信号转换为用户的有用信号，从而降低小区间的干扰，最终提高用户服务质量。

（2）动态小区选择。用户终端并不同时接收多个基站传送的物理下行共享信道（PDSCH）信息，而是同一时刻仅接收一个基站发送的 PDSCH 信息，此时被称为动态小区选择。在某个时间段内，是哪一个基站为用户服务可以根据信道质量的好坏动态调整。

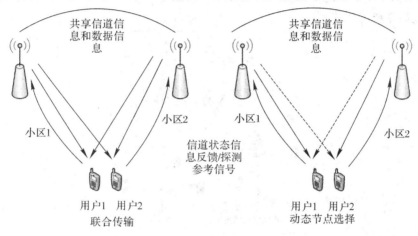

图 10.33　联合处理/动态节点选择示意图

联合处理与协作调度/波束成形的不同之处在于，可能会有多个传输节点同时为用户传输数据。如图 10.33 所示，小区 1 和小区 2 同时向用户 1 发送数据，那么原先来自小区 2 的干扰就变成了有用信号，来自多个协作小区的信号叠加，提高了有用信号的功率，同时原本协作集合中服务小区外的其他小区的干扰转换为有用信号，因而干扰减小了，这样用户接收端收到的信号信干噪比得到提高。此外，不同小区天线间的距离一般都比较大，远大于波长，因此联合处理还可能获得分集增益。

多点协作系统根据协作范围的不同可分为站内（Intra－eNodeB）协作方式和站间（Inter－eNodeB）协作方式。当多点协作发生在一个站点内时，被称为站内协作。此时由于没有回传容量限制，因此可以进行大量的信息交互。对于站内协作方式，参与协作的小区都属于同一个基站（eNodeB），基站拥有全部协作小区的信息，因而实现协作多点传输比较简单。当参与多点协作的小区来自不同的基站时，被称为站间协作。此时对时延和回传容量有更高要求。另外，站间协作多点传输的性能也受当前时延和回传容量的限制。对于站间协作多点传输，要求基站间进行必要的信息交互才能保证协作多点传输的顺利完成。由于不同基站是通过 X2 接口进行信息交互的，站间协作多点传输的引入必然会对 Rel－8 的 X2 接口产生很大的影响。

### 10.3.3　多点协作传输方案

多点协作共有三种传输方案，其中协作调度/波束成形情况下的传输方案为协调预编码方案；联合传输情况下根据参与协作用户数不同分为两种传输方案：单用户多点协作传输方案和多用户多点协作联合传输方案。

### 1. 协调预编码方案

在传统 LTE 系统中,用户不考虑其他小区造成干扰的情况,因而不进行预编码矩阵的协调,在反馈预编码矩阵过程中只反馈最适合自己的最优预编码矩阵,所以可能导致不同小区中使用相同时频资源的用户之间干扰较大。LTE - A 系统以降低用户间的干扰为目的,运用了协调预编码的方案,协调预编码方案如图 10.34 所示。此时,每个用户反馈的预编码矩阵除最适合自己的矩阵之外,还包括另外一组推荐给其他协作小区使用的矩阵。在通信过程中,所有协作小区共同拥有全部用户反馈的预编码矩阵的集合,并且最终通过适当的规则确定每个用户的最佳预编码矩阵,大大减小了协作小区对自己所造成的同频干扰,从而提高系统的性能。

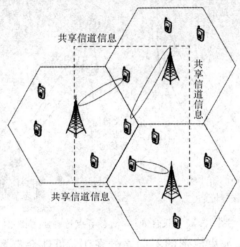

图 10.34　协调预编码方案示意图

### 2. 单用户多点协作传输方案

如果在下行传输过程中采用单用户多点协作传输方案,则参加协作的基站在同一时刻、同一时频资源块只为同一个用户发送相同的数据信息,如图 10.35 所示。在此过程中所传输的数据信息经过了不同的信道,因此可以很好地获得分集增益,从而提高协作用户的接收信干噪比。

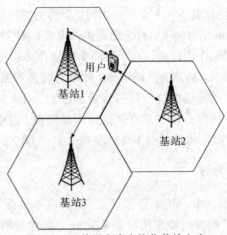

图 10.35　单用户多点协作传输方案

在单用户多点协作方案情况下，系统中多个小区同时服务于单一用户，因此导致了小区平均频谱效率的下降。另外，处于小区边缘的用户受到邻小区干扰较严重，单用户多点协作传输方案对于此类用户的效果较为显著。所以我们可以将小区内的用户划分为两类：小区中心用户和小区边缘用户。我们只对小区边缘用户采用协作传输方式；而对于中心用户，仅由其对应的服务小区为其传输数据信息，从而可以有效地提高系统的资源利用率。另外，协作集合之间无需共享中心用户的信道状态信息和数据信息，从而可以降低信息量的交互。

**3. 多用户多点协作联合传输方案**

如果在下行传输过程中采用多用户多点协作联合传输方案，则参加协作的基站在一个时频资源块上同时为多个用户终端服务。但是由于用户与每个基站间的信道不同，因此协作基站的预编码矩阵也不同，下行多用户多点协作联合传输方案如图 10.36 所示。

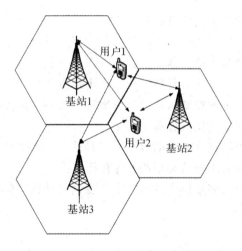

图 10.36　多用户多点协作联合传输方案

在多用户多点协作传输方案中，多个协作用户之间存在干扰，我们可以利用预编码处理方法来抑制多用户间的干扰。经典的多用户 MIMO 预编码方法有迫零预编码（ZF）和块对角化预编码（BD）算法等，以提升系统性能。多用户多点协作通过簇内多用户之间干扰的消除，可以获得比多用户多点协作联合传输方案更好的系统性能提升。虽然通过预编码处理能够降低多用户之间的干扰，但由于参与协作的基站必须精确地获得每个用户到所有协作基站的短时信道信息，这就对用户的反馈机制有很高的要求，而且协作簇内有过大的信息量交互，也使得系统的复杂性有了很大程度的增加。在多用户多点协作中，为了降低系统的复杂度，提高频谱的利用率，同样可以采用与单用户多点协作联合传输类似的方案，将所有小区的用户分为小区中心用户和小区边缘用户两类，只对小区边缘用户采用上述传输方案。

## 本章小结

本章主要介绍了 LTE－A 系统中的增强技术，它主要包括 LTE－A 中的载波聚合技术、LTE－A 中的中继技术以及 LTE－A 中的多点协作技术。针对 LTE－A 中的载波聚合技术，首先分析了载波聚合技术引入的背景；介绍了载波聚合的分类，包括对称和非对称载波聚合、连续和非连续载波聚合，在此基础上给出了载波聚合的实现方式以及聚合方式；最后介绍了载波聚合中的控制信道设计、随机接入过程以及资源管理等内容。针对 LTE - A 中的中继技术，首先介绍了中继的原理、特点以及中继的分类，不同的分类标准产生不同的中继方式；最后给出了中继系统框架，包括中继中回程链路的资源分配方式。针对 LTE - A 中的多点协作技术，首先回顾了多点协作技术的标准化进程；给出了多点协作的概念以及分类；最后详细介绍了多点协作的传输方案，包括协作调度/波束成形情况下的协调预编码方案、联合传输情况下的单用户多点协作和多用户多点协作传输方案。通过本章的内容，读者可以对 LTE - A 系统中的几种增强技术有一个总体的了解。

## 思考题 10

10 - 1  LTE - A 中的增强技术有哪些？

10 - 2  LTE - A 系统中引入载波聚合技术的原因是什么？它带来的好处是什么？

10 - 3  连续载波聚合与非连续载波聚合的特点是什么？

10 - 4  载波聚合的实现方式有哪些？各自有什么特点？

10 - 5  载波聚合系统中的控制信道设计方案有哪几种？其特点是什么？

10 - 6  载波聚合中的随机接入过程是什么？

10 - 7  LTE - A 中中继技术引入的背景需求是什么？该技术有什么优点？

10 - 8  中继系统中的双工方式有哪些？各有什么特点？

10 - 9  LTE - A 中引入多点协作技术的主要目的是什么？有哪些不同的处理方式？

# 第十一章　第五代移动通信新技术

本章首先介绍第五代移动通信发展的基本需求、技术特点及网络架构；然后介绍空中接口及相应的关键技术，包括大规模 MIMO 技术、毫米波通信技术和同时同频全双工技术等，重点阐述了大规模 MIMO 预编码技术、毫米波通信中的混合波束成形以及全双工系统中的自干扰消除技术；最后在知识拓展中介绍了毫米波通信的信道模型。

## 11.1　第五代移动通信概述

第五代(5G)移动通信系统是面向 2020 年以后用户需求的新一代移动通信系统，它具有超高的频谱利用率和超低的功耗，在传输速率、资源利用、无线覆盖性能和用户体验等方面将比现有的移动通信系统有显著的提升。移动互联网和物联网是未来移动通信发展的两大主要驱动力，为第五代移动通信提供了广阔的应用前景。

第五代移动通信技术并不是一种单一的无线接入技术，而是多种新型无线接入技术和现有无线接入技术演进集成后的解决方案的总称。与 LTE 相比，第五代移动通信系统将融合多种无线接入方式，并充分利用不同频段的频谱资源，为移动互联网的快速发展提供无所不在的基础性业务能力，从而支持更加多样化的应用场景。同时它还将满足网络灵活部署和高效运营、维护的需求，大幅提升频谱效率、能源效率和成本效率，实现移动通信网络的可持续发展。

与以往移动通信系统以多址接入技术革新为换代标志不同，第五代移动通信系统由无线传输向网络侧延伸，它将与其他无线移动通信技术密切结合，构成无所不在的移动信息网络。

IMT - 2020(5G)推进组用"标志性能力指标"和"一组关键技术"给出了第五代移动通信的定义。其中，"标志性能力指标"包括超高的频谱利用率和能效；"一组关键技术"则包括无线传输技术、网络架构和频谱资源等三个维度上的新技术。

在"标志性能力指标"方面，第五代移动通信系统要满足未来十年移动互联网流量增加 1000 倍的发展需求，满足广域网覆盖下 100 Mb/s 用户体验速率以及热点地区数十吉比特每秒(Gb/s)峰值速率的要求，实现毫秒级的端到端时延以及百倍以上能效提升。除了业务能力指标要求外，它还需要面对网络运营方面带来的挑战，单位比特成本比 LTE 降低一个或更高的数量级，其无线覆盖性能、传输时延、系统安全和用户体验也将得到显著提高。

提升第五代移动通信业务能力的"一组关键技术"将在以下三个维度上同时进行。一是引入新的无线传输技术，将资源利用率在 LTE 的基础上提高 10 倍以上；二是引入新的体系结构（如超密集小区结构）和更加深度的智能化能力，将整个系统的吞吐率提高 25 倍左右；三是进一步挖掘新的频率资源（如高频段、毫米波与可见光等），使未来无线移动通信的频率资源扩展 4 倍左右。

综合未来移动互联网和物联网的各类场景与业务需求，第五代移动通信系统的主要技术场景可归纳为连续广域覆盖、热点高容量、低功耗大连接和低时延高可靠四个场景。

连续广域覆盖场景是移动通信最基本的覆盖方式，在保证用户移动性和业务连续性的前提下，无论是静止还是高速移动，是覆盖中心还是覆盖边缘，用户都能够随时随地获得 100 Mb/s 以上的体验速率。

热点高容量场景主要面向室内、外局部热点区域，为用户提供极高的数据传输速率，满足网络极高的流量密度需求。其主要技术挑战包括 1 Gb/s 用户体验速率、数十吉比特每秒（Gb/s）峰值速率和数十太比特每秒每平方千米（Tb/s/km²）的流量密度。

低功耗大连接场景主要面向环境监测、智能农业等以传感和数据采集为目标的应用场景。它具有小数据包、低功耗、低成本、海量连接的特点，要求支持百万每平方千米的连接数密度。

低时延高可靠场景主要面向车联网、工业控制等物联网及垂直行业的特殊应用需求，为用户提供毫秒级的端到端时延以及接近 100% 的业务可靠性保证。

由于本书的核心是围绕移动通信无线空中接口技术展开研究的，因此本章在介绍第五代移动通信系统架构的基础上，重点阐述新型无线传输技术，包括大规模多输入多输出（Massive MIMO）技术、毫米波无线通信技术以及灵活全双工技术。

# 11.2 网络体系架构

当前的电信基础设施平台是基于专用硬件实现的，而第五代移动通信系统引入互联网和虚拟化技术，采用基于通用硬件的新型基础设施平台，从而解决了现有基础设施平台成本高、资源配置能力不强和业务上线周期长等问题。

在网络架构方面，第五代移动通信采用基于控制转发分离和控制功能重构的技术，通过简化的核心网结构，提供灵活、高效的控制转发功能，支持高智能运营，开放网络能力，提升全网整体服务水平。接入网采用以用户为中心的多层异构网络，宏站和微站相结合，容纳多种接入技术，提升小区边缘协同处理效率，提高无线和回传资源利用率。此外，接入网支持多接入和多连接、分布式和集中式、自回传和自组织的复杂网络拓扑，并且具备无线资源智能化管控和共享能力，支持基站的即插即用。

图 11.1 给出了第五代移动通信系统逻辑架构。

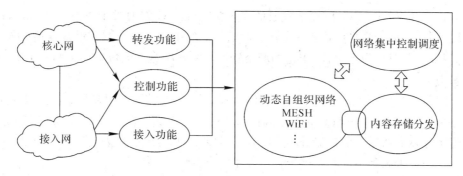

图 11.1　第五代移动通信系统逻辑架构

总之，第五代移动通信系统将朝着高密度、智能化、可编程的方向发展。未来的网络结构将进一步微型化、分布化，并通过小区间的相互协作，将干扰信号转换为有用信号，从而解决小区微型化和分布化所带来的干扰问题，最大程度地提高整个网络的系统容量。在现有自组织网络(SON)技术的基础上，第五代移动通信系统具备更为广泛的感知能力和更为强大的自优化能力。未来的网络的智能化体现在能够通过感知网络环境及用户业务需求，在异构环境下为用户提供最佳的服务体验。未来的网络将具备软件可定义(SDN)能力，数据平面与控制平面将进一步分离，集中控制、分布控制或两者的相互结合，基站与路由交换等基础设施具备可编程与灵活扩展能力，以统一融合的平台适应各种复杂的及不同规模的应用场景。

此外，内容分发网络(CDN)可有效减少网络访问路由的负荷，提高网络资源利用率，因此它也是第五代移动通信系统改善移动互联网用户业务体验的重要潜在手段。伴随着传输流量的增长，人们对流量调度、网络体验、移动终端及应用多样化的要求也越来越高，这将带来极大的网络传输压力，对 CDN 的需求也将变得更加迫切。在第五代移动通信中，内容分发网络将不是现在狭义的 CDN，而是一种广义的 CDN，不仅所分发的内容、应用、业务、服务等形态会大为扩展，而且其组网模式、商业模式、价值链关系等都会与现在大不相同。

# 11.3　空中接口技术

第五代移动通信的空中接口(简称空口)技术具有统一、灵活、可配置的技术特性，针对不同场景的技术需求，通过关键技术和参数的灵活配置形成相应的优化技术方案。综合考虑需求、技术发展趋势以及网络平滑演进等因素，第五代移动通信的空中接口可由 5G 新空口(含低频空口与高频空口)和 4G 演进空口两部分组成。

目前，业界把 LTE - Advanced 看做事实上的统一 4G 标准，已在全球范围内大规模部署。为了持续进一步提升用户体验并支持网络平滑演进，由 4G 空口演进而来的 5G 空口将以 LTE/LTE - Advanced 技术框架为基础，在现有的移动通信频段引入新的增强技术，进一步提升系统的速率、容量、连接数、时延等空口性能指标，在一定程度上满足 5G 技术需求。

受现有 LTE/LTE - Advanced 技术框架的约束，大规模 MIMO、新型多址等先进技术在现有技术框架下很难被采用或有效发挥，4G 演进空口无法完全满足 5G 的性能需求。因此，5G 需要突破后向兼容的限制，设计全新的空口，充分挖掘各种先进技术的潜力，以全面满足 5G 性能和效率指标要求。新空口是 5G 主要的发展方向，4G 演进空口是 5G 新空口的有效补充。

综合考虑国际频谱规划及各频段传播特性，5G 新空口包含工作在 6 GHz 以下频段的低频新空口以及工作在 6 GHz 以上频段的高频新空口。5G 将通过工作在较低频段(6 GHz 以下频段)的新空口来满足大覆盖、高移动性场景下的用户体验和海量设备连接;同时,需要利用高频段(6 GHz 以上频段)丰富的频谱资源,来满足热点区域极高的用户体验速率和系统容量需求。

5G 低频新空口将采用全新的空口设计,引入大规模天线、新型多址、新波形等先进技术,支持更短的帧结构、更精简的信令流程以及更灵活的双工方式,有效满足广覆盖、大连接及高速率等多数场景下的体验速率、时延、连接数以及能效等指标要求,通过灵活配置技术模块及参数来满足不同场景差异化的技术需求。

5G 高频新空口考虑高频信道和射频器件的影响,并针对波形、调制编码、天线技术等进行相应的优化。此外,高频频段跨度大、候选频段多,从标准、成本及运营和维护等角度考虑,也要尽可能采用统一的空口技术方案,通过参数调整来适配不同信道及器件的特性。

5G 空口技术框架如图 11.2 所示。

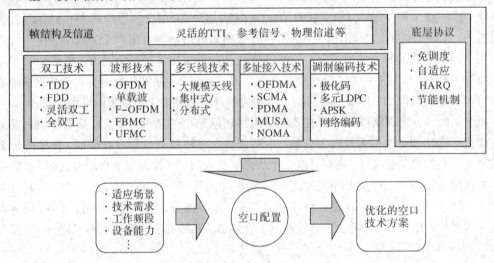

图 11.2  5G 空口技术框架

从图 11.2 来看,5G 空口技术的创新有着丰富的含义,在帧结构、双工、波形、多址、调制编码、天线、协议等方面都有着很大的技术突破。

图 11.2 中各模块和技术描述如下:

(1)帧结构及信道。面对多样化的应用场景,5G 帧结构的参数可灵活配置,以服务不同类型的业务。针对不同频段、场景和信道环境,可以选择不同的参数配置,具体包括带宽、子载波间隔、循环前缀(CP)、传输时间间隔(TTI)和上/下行配比等。参考信号和控制信道可灵活配置以支持大规模天线、新型多址等新技术的应用。

(2)双工技术。5G 将支持传统的 FDD 和 TDD 及其增强技术,并可以支持灵活双工和全双工等新型双工技术。低频段将采用 FDD 和 TDD,高频段更适宜采用 TDD。此外,灵活双工技术可以灵活地分配上/下行时间和频率资源,更好地适应非均匀、动态变化的业务分布。全双工技术支持相同频率、相同时间上的同时收/发,是 5G 潜在的双工技术。

(3)波形技术。除传统的 OFDM 和单载波波形外,5G 很有可能支持基于优化滤波器设计的滤波器组多载波(FBMC)、基于滤波的 OFDM(F - OFDM)和通用滤波多载波(UFMC)等新波形。这类新波形技术具有极低的带外泄露,不仅可提升频谱使用效率,还可以有效利用零散频谱并与其他波形实现共存。由于不同波形的带外泄漏、资源开销和峰均比等参数各不相同，因此可以根据不同的场景需求，选择适合的波形技术，同时有可能存在多种波形共存的情况。

（4）多址接入技术。除支持传统的 OFDMA 技术外，5G 还将支持稀疏码分多址（SCMA）、图样分割多址（PDMA）、多用户共享接入（MUSA）等新型多址技术。这些新型多址技术通过多用户的叠加传输，不仅可以提升用户连接数，还可以有效提高系统频谱效率。此外，通过免调度竞争接入，可大幅度降低时延。

（5）调制编码技术。5G 既有高速率业务需求，也有低速率小包业务和低时延高可靠业务需求。对于高速率业务，多元低密度奇偶校验码（M - aryLDPC）、极化码、新的星座映射以及超奈奎斯特调制（FTN）等比传统的二元 Turbo＋QAM 方式可进一步提升链路的频谱效率；对于低速率小包业务，极化码和低码率的卷积码可以在短码和低信噪比条件下接近香农容量界；对于低时延业务，需要选择编译码处理时延较低的编码方式；对于高可靠业务，需要消除译码算法的地板效应。此外，由于密集网络中存在大量的无线回程链路，因此可以通过网络编码提升系统容量。

（6）多天线技术。5G 基站天线数及端口数将有大幅度增长，可支持配置上百根天线和数十个天线端口的大规模天线，并通过多用户 MIMO 技术，支持更多用户的空间复用传输，数倍提升系统频谱效率。大规模天线还可用于高频段，通过自适应波束成形补偿高的路径损耗。5G 需要在参考信号设计、信道估计、信道信息反馈、多用户调度机制以及基带处理算法等方面进行改进和优化，以支持大规模天线技术的应用。

（7）底层协议。5G 的空口协议需要支持各种先进的调度、链路自适应和多连接等方案，并可灵活配置，以满足不同场景的业务需求。5G 空口协议还将支持 5G 新空口、4G 演进空口及 WLAN 等多种接入方式。为减少海量小包业务造成的资源和信令开销，可考虑采用免调度的竞争接入机制，以减少基站和用户之间的信令交互，降低接入时延。5G 的自适应 HARQ（混合自动重传）协议将能够满足不同时延和可靠性的业务需求。此外，5G 将支持更高效的节能机制，以满足低功耗物联网业务需求。

上述各模块之间可相互衔接、协同工作，最大可能地整合共性技术内容，从而达到"灵活但不复杂"的目的。

总之，5G 空口技术框架可针对具体场景、性能需求、可用频段、设备能力和成本等情况，按需选取最优技术组合并优化参数配置，形成相应的空口技术方案，实现对场景及业务的"量体裁衣"，并能够有效应对未来可能出现的新场景和新业务需求，从而实现"前向兼容"。第五代（5G）移动通信系统涉及网络、空口等多个层面的关键技术，由于本书的侧重点以及篇幅的限制，本章仅重点描述其中大规模 MIMO 技术、毫米波无线通信技术以及同时同频全双工技术。

# 11.4　大规模 MIMO 技术

## 11.4.1　大规模 MIMO 概述

大规模 MIMO（Large Scale MIMO，也称 Massive MIMO）的概念是贝尔实验室的 Marzetta

在 2010 年提出的。他们经过研究发现，对于采用 TDD 模式的多小区系统，在各基站配置无限数目天线的极端情况下，多用户 MIMO 具有了与单小区、有限数量天线时的不同特征。

在实际大规模 MIMO 中，基站只能配置有限数量天线，但天线数量非常大，通常几十到几百根，是现有系统天线数量的 1～2 个数量级以上，在同一个时频资源上同时服务于若干个用户。在天线的配置方式上，可以将天线集中配置在一个基站上，形成集中式的大规模 MIMO；也可以将天线分布式地配置在多个节点上，形成分布式的大规模 MIMO。

大规模 MIMO 的无线通信环境如图 11.3 所示。

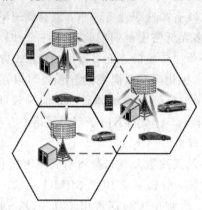

图 11.3　大规模 MIMO 无线通信环境

大规模 MIMO 技术利用基站大规模天线配置所提供的空间自由度，提升多用户间的频谱资源复用能力、各个用户链路的频谱效率以及抵抗小区间干扰的能力，由此大幅提升频谱资源的整体利用率。与此同时，利用基站大规模天线配置所提供的分集增益和阵列增益，每个用户与基站之间通信的功率效率也可以得到进一步显著提升。因此，面对 5G 系统在传输速率和系统容量等方面的性能挑战，大规模 MIMO 技术成为 5G 系统区别于现有移动通信系统的核心技术之一。

大规模天线为无线接入网络提供了更精细的空间粒度以及更多的空间自由度，因此基于大规模天线的多用户调度技术、业务负载均衡技术以及资源管理技术将获得可观的性能增益。天线规模的扩展对于业务信道的覆盖将带来巨大的增益，但是对于需要有效覆盖全小区内所有终端的广播信道而言，则会带来诸多不利影响。在这种情况下，类似内、外双环波束扫描的接入技术能够解决窄波束的广覆盖问题。除此之外，大规模天线还需要考虑在高速移动的场景下，如何实现信号的可靠和高速率传输问题。对信道状态信息获取依赖度较低的波束跟踪和波束拓宽技术，可以有效利用大规模天线的阵列增益提升数据传输可靠性和传输速率。

大规模天线技术为系统频谱效率、用户体验、传输可靠性的提升提供了重要保证，同时也为异构化、密集化的网络部署环境提供了灵活的干扰控制与协调手段。随着一系列关键技术的突破以及器件、天线的进一步发展，大规模天线技术必将在 5G 系统中发挥重大作用。

## 11.4.2　大规模 MIMO 关键技术

为充分挖掘大规模 MIMO 潜在的技术优势，需要探明符合典型实际应用场景的信道模型，并在实际信道模型、适度的导频开销及实现复杂性等约束条件下，分析其可达的频谱效率和功率效率，进而探寻信道的信息获取及最优传输技术。此外，大规模 MIMO 的核心问题还包括传输与检测技术、多用户调度和资源管理技术、覆盖增强技术以及高速移动解决方案等。

大规模天线技术的潜在应用场景主要包括宏覆盖、高层覆盖、微覆盖、异构网络、室内/外热点覆盖以及无线回程链路等。此外，以分布式天线的形式构建大规模天线系统也可能成为该技术的应用场景之一。在需要宏覆盖的场景，大规模天线技术可以利用现有频段；在室内/外热点覆盖或无线回程链路等场景，则可以考虑使用更高频段。针对上述典型应用场景，要根据大规模天线信道的实测结果，对一系列信道参数的分布特征及其相关性进行建模，从而反映出信号在三维空间中的传播特性。大规模 MIMO 技术的应用场景如图 11.4 所示。

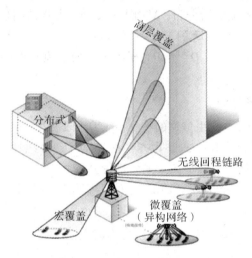

图 11.4　大规模天线应用场景

信道状态信息测量、反馈及参考信号设计等对于 MIMO 技术的应用具有重要意义。为了更好地平衡信道状态信息测量的开销与精度，除了传统的基于码本的隐式反馈和基于信道互易性的反馈机制之外，诸如分级 CSI（信道状态信息）测量与反馈、基于 Kronecker 运算的 CSI 测量与反馈、压缩感知以及预体验式等新型反馈机制也值得考虑。

大规模天线的性能增益主要是通过大量天线阵元形成的多用户信道间的准正交特性保证的。然而，在实际的信道条件中，由于设备与传播环境中存在诸多非理想因素，为了获得稳定的多用户传输增益，仍然需要依赖下行发送与上行接收算法的设计来有效地抑制用户间乃至小区间的同道干扰，而传输与检测算法的计算复杂度则直接与天线阵列规模和用户数相关。此外，基于大规模天线的预编码/波束成形算法与阵列结构设计、设备成本、功率效率和系统性能都有直接的联系。基于 Kronecker 运算的水平垂直分离算法、数模混合波束成形技术或者分级波束成形技术等可以较为有效地降低大规模天线系统计算的复杂度。

当天线数目很大时，大规模 MIMO 采用线性预编码即可达到接近最优预编码的容量，且具有相对低的复杂度。因此，我们下面重点阐述大规模 MIMO 常用线性预编码，并对其进行了简单的对比分析。

## 11.4.3　大规模 MIMO 的预编码技术

大规模 MIMO 系统性能与预编码/波束成形算法有直接的联系。从理论上说，当基站天线数目接近无穷，且天线间相关性较小时，天线阵列形成的多个波束间将不存在干扰，系统容量较传统 MIMO 系统大大提升。此时，最简单的线性多用户预编码，如特征值波束成形（EBF，Eigenvalues Beamforming）、匹配滤波（MF，Matching Filter）、正则化迫零（RZF，Regularization Zero Forcing）等几乎能够获得最优的性能，且基站和用户的发射功率也可以任意小。

我们分析由配置 $M$ 根天线的基站和 $K$ 个单天线用户构成的大规模 MIMO 系统。若 $M$ 根天线到同一用户的大尺度衰落相同，且基站端天线相关矩阵为单位阵，则基站到用户的信道为 $K \times M$ 维矩阵 $\boldsymbol{H} = \boldsymbol{DV} = [\boldsymbol{h}_1, \boldsymbol{h}_2, \cdots, \boldsymbol{h}_K]^T$。其中，$\boldsymbol{D} = \mathrm{diag}(d_1, d_2, \cdots, d_K)$ 表示信道的大尺度衰落信息；$K \times M$ 维矩阵 $\boldsymbol{V}$ 表示信道的快衰落信息，其各元素独立同分布且服从均值为 0、方差为 1 的复高斯分布；$M$ 维行向量 $\boldsymbol{h}_K$ 为基站到用户 $k(k=1, 2, \cdots, K)$ 的信道；$[\cdot]^T$ 表示矩阵或向量的转置。在大规模 MIMO 系统中，若 $M \gg K$，则有 $(\boldsymbol{H}\boldsymbol{H}^H)/M = \boldsymbol{D}^{1/2} [(\boldsymbol{V}\boldsymbol{V}^H)/M] \boldsymbol{D}^{1/2} \approx \boldsymbol{D}$，即各用户的信道是渐近正交的。其中，$[\cdot]^H$ 表示矩阵或向量的共轭转置。

**1. 特征值波束成形算法**

特征值波束成形（EBF）利用信道的特征值信息根据一定的准则进行波束成形。该准则可以是最大信干噪比（MSINR）、最小均方误差（MMSE）或线性约束最小方差（LCMV）等，下面以 MSINR 准则为例对特征值波束成形进行分析。

设用户接收端噪声功率为 $\sigma^2$，EBF 权值矩阵为 $\boldsymbol{W}_{\mathrm{EBF}}$，则用户 $k$ 的接收端信干噪比（SINR）为

$$\gamma_k = \frac{[\boldsymbol{W}_{\mathrm{EBF}}]_k \boldsymbol{h}_k^H \boldsymbol{h}_k \mathrm{vec} [\boldsymbol{W}_{\mathrm{EBF}}]_k^H}{\sum_{l=1, l \neq k}^{K} [\boldsymbol{W}_{\mathrm{EBF}}]_k \boldsymbol{h}_l^H \boldsymbol{h}_l \mathrm{vec} [\boldsymbol{W}_{\mathrm{EBF}}]_k^H + \sigma^2} \tag{11.1}$$

其中，$[\cdot]_k$ 表示矩阵的第 $k$ 列。

EBF 权值矩阵 $\boldsymbol{W}_{\mathrm{EBF}}$ 应使得 $\gamma_k$ 最大。对 $\gamma_k$ 求导并使其导数为 0，可知最优的 $[\boldsymbol{W}_{\mathrm{EBF}}]_k^H$ 对应于 $\boldsymbol{h}_k^H \boldsymbol{h}_k$ 的最大特征值 $\lambda_{\max}$，进一步地可得最优特征值波束成形权值矩阵 $\boldsymbol{W}_{\mathrm{EBF}}$。若 $M \gg K$，则此时用户 $k$ 接收端的 SINR 为

$$\gamma_k = \frac{d_k^2}{\sum_{l=1, l \neq k}^{K} d_l^2 + \sigma^2} \tag{11.2}$$

**2. 匹配滤波**

基站对 $K$ 个用户的匹配滤波（MF）多用户预编码矩阵为

$$\boldsymbol{W}_{\mathrm{MF}} = \boldsymbol{H}^H \tag{11.3}$$

若基站发送信号向量为 $\boldsymbol{s} = (s_1, s_2, \cdots, s_K)^T$，$K$ 个用户的接收噪声向量为 $\boldsymbol{n} = (n_1, n_2, \cdots, n_K)^T$，$\boldsymbol{s}$、$\boldsymbol{n}$ 各元素独立同分布且服从均值为 0、方差分别为 1 和 $\sigma^2$ 的复高斯分布。当 $M \gg K$ 时，$K$ 个用户的接收信号向量为

$$\boldsymbol{r} = \boldsymbol{H}\boldsymbol{W}_{\mathrm{MF}}\boldsymbol{s} + \boldsymbol{n} \approx M\boldsymbol{D}\boldsymbol{s} + \boldsymbol{n} \tag{11.4}$$

用户 $k$ 的接收端 SINR 的计算公式与公式（11.2）相同。

**3. 正则化迫零**

正则化迫零（RZF）多用户预编码在莱斯信道下具有良好的性能，其预编码矩阵为

$$W_{\text{RZF}} = (H^{\text{H}}H + M\alpha I_K)^{-1}H^{\text{H}} \tag{11.5}$$

其中，$\alpha$ 是正规化系数。当 $\alpha$ 趋近于 0 时就是 ZF 预编码；当 $\alpha$ 趋近于无穷大时就是 MF 预编码。

当 $M \gg K$ 时，$K$ 个用户的接收信号向量为

$$r = HW_{\text{RZF}}s + n = M\alpha Ds + n \tag{11.6}$$

同样，利用正则化迫零预编码时，用户 $k$ 的接收端 SINR 的计算公式与式(11.2)相同。

由上述分析可知，在基站天线数趋于无穷大且发送端天线相关矩阵为单位阵时，EBF、MF 与 RZF 性能相近且接近最优。然而，脱离了这一理想条件时，情况则不同。当基站天线相关矩阵为单位阵但天线数目有限时，可以利用大规模随机矩阵理论(RMT)推导得到几种线性多用户预编码算法下的近似系统容量。通过理论分析和仿真表明，在基站天线数有限的情况下，与 MF 和 EBF 算法相比，RZF 算法可以利用更少的天线获得更大的系统容量。

# 11.5　毫米波无线通信技术

## 11.5.1　毫米波通信概述

5G 移动通信系统引入了 6 GHz 以上的高频空口，支持毫米波段的无线传输。与 6 GHz 以下的较低频段相比，毫米波(mmW)具有丰富的空闲频谱资源，能够满足热点高容量场景的极高传输速率要求。但是，毫米波在实际应用中还有很多极具挑战力的问题：毫米波传播中的路径损耗大，因此覆盖范围要比 6 GHz 以下频段小。此外，在毫米波通信中可能出现长达几秒的深衰落，严重影响着毫米波通信的性能。

毫米波通信系统的应用场景可以分为两大类：基于毫米波的小基站和基于毫米波的无线回程(Backhaul)链路。毫米波小基站的主要作用是为微小区提供吉比特每秒(Gb/s)的数据速率，采用基于毫米波的无线回程的目的是提高网络部署的灵活性。在 5G 系统中，微/小基站的数目非常庞大，部署有线方式的回程链路会非常复杂，因此可以通过使用毫米波无线回程随时随地根据数据流量增长需求部署新的小基站，并可以在空闲时段或轻流量时段灵活、实时关闭某些小基站，从而收到节能降耗之效。

毫米波通信系统覆盖能力弱，难以实现全网覆盖，常常需要与 6 GHz 以下频段联合组网。6 GHz 以下频段与毫米波融合组网可采用控制面与用户面分离的模式，6 GHz 以下频段承担控制面功能，毫米波主要用于用户面的高速数据传输。两种频段的用户面可实现双模连接，并支持动态负载均衡。

毫米波组网示意图如图 11.5 所示。

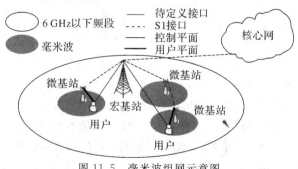

图 11.5　毫米波组网示意图

在图 11.5 中，工作在 6 GHz 以下的宏基站提供广域覆盖，并提供毫米波频段吉比特每秒(Gb/s)传输的微小区间的无缝移动。用户设备采用双模连接，能够与毫米波小基站和宏基站建立连接，与毫米波小基站间建立高速数据链路，同时还通过传统的无线接入技术与宏基站保持连接，提供控制面信息(如移动性管理、同步和毫米波微小区的发现和切换等)。这些双模连接需要支持高速切换，以提高毫米波链路的可靠性。微基站和宏基站间的回程链路可以采用光纤、微波或毫米波链路。

由于毫米波传播路径损耗大，因此通常要采用大规模天线阵列，利用高方向性波束补偿高路损的影响；同时还利用空间复用支持更多用户，并开发多用户波束搜索算法，以增加系统容量。在帧结构方面，为满足超大带宽需求，与 LTE 相比，子载波间隔可增大 10 倍以上，帧长也将大幅缩短。在波形方面，上行和下行可采用相同的波形设计，OFDM 仍是重要的候选波形，但考虑到器件的影响以及高频信道的传播特性，单载波也是潜在的候选方式。在双工通信方面，TDD 模式可更好地支持高频段通信和大规模天线的应用。在编码技术方面，考虑到高速率大容量的传输特点，应选择支持快速译码、对存储需求量小的信道编码，以适应高速数据通信的需求。下面我们重点介绍大规模天线阵列技术中的混合波束成形。

## 11.5.2 单用户混合波束成形

由于毫米波的波长短，因此可以在很小的尺寸设计一个高增益天线。但是由于大规模天线阵列数量较大，实现全数字波束成形需要使用与天线数量相同的射频(RF)链路，因此将带来通信的高功耗以及高成本。混合波束成形(HBF, Hybrid Beamforming)结合数字域波束成形及模拟域波束成形，有效减少了射频链路数量，降低了系统实现复杂度，因此非常适合用于毫米波通信系统中。此外，射频模拟波束成形可以避免数字波束成形中每个天线都使用大功耗宽带数模转换器。

图 11.6 给出了仅考虑单用户 MIMO(SU - MIMO)系统中的毫米波混合波束成形系统。

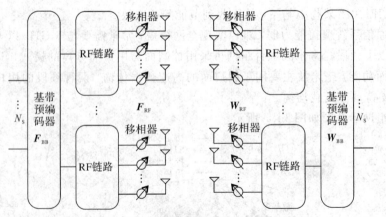

图 11.6 单用户毫米波混合波束成形系统

假设发射机使用 $N_{RF}^t$ 个射频(RF)链路、$N_t$ 根天线来发送数据流 $N_s$ ($N_s \leqslant N_{RF}^t \leqslant N_t$)，其基带预编码器为 $N_{RF} \times N_s$ 矩阵 $\boldsymbol{F}_{BB}$，RF 预编码器为 $N_t \times N_{RF}^t$ 矩阵 $\boldsymbol{F}_{RF}$。

假设接收机具有 $N_r$ 根天线，信道为 $N_r \times N_t$ 窄带块衰落，信道矩阵表示为 $\boldsymbol{H}$，满足

$E[\parallel \boldsymbol{H} \parallel_F^2] = N_t N_r$。基站端发送的数据流通过基带预编码器和 RF 预编码器，经信道传输后，在用户端的接收信号为

$$\boldsymbol{y} = \sqrt{\rho} \boldsymbol{H} \boldsymbol{F}_{RF} \boldsymbol{F}_{BB} \boldsymbol{s} + \boldsymbol{n} \tag{11.7}$$

其中，$\boldsymbol{s}$ 为 $N_s \times 1$ 符号矢量，为发送数据流，且满足功率约束 $E[\boldsymbol{s}\boldsymbol{s}^*] = \dfrac{1}{N_s} \boldsymbol{I}_{N_s}$（$\boldsymbol{I}_{N_s}$ 为单位阵）；$\boldsymbol{y}$ 为 $N_r \times 1$ 接收矢量；$\rho$ 表示平均发射功率，$\boldsymbol{n}$ 表示独立同分布的均值为 0、方差为 $\sigma_n^2$ 的高斯白噪声。RF 预编码器使用模拟移相器来实现，每个元素只有相位是不同的，模值相等；基带预编码器 $\boldsymbol{F}_{BB}$ 每个元素的幅度和相位均可不同，但总的功率受 $\parallel \boldsymbol{F}_{RF} \boldsymbol{F}_{BB} \parallel_F^2 = N_s$ 限制。

接收端使用 $N_{RF}^r \geqslant N_s$ RF 链路来接收发送端发来的数据流，处理后的信号为

$$\bar{\boldsymbol{y}} = \sqrt{\rho} \boldsymbol{W}_{BB}^* \boldsymbol{W}_{RF}^* \boldsymbol{H} \boldsymbol{F}_{RF} \boldsymbol{F}_{BB} \boldsymbol{s} + \boldsymbol{W}_{BB}^* \boldsymbol{W}_{RF}^* \boldsymbol{n} \tag{11.8}$$

其中，$\boldsymbol{W}_{RF}$ 为 $N_r \times N_{RF}^r$ RF 合并矩阵，其元素具有单位范数；$\boldsymbol{W}_{BB}$ 为 $N_{RF}^r \times N_s$ 基带合并矩阵。则可获得的数据速率为

$$R = \log_2 \left( \left| \boldsymbol{I}_{N_s} + \frac{\rho}{N_s} \boldsymbol{R}_n^{-1} \boldsymbol{W}_{BB}^* \boldsymbol{W}_{RF}^* \boldsymbol{H} \boldsymbol{F}_{RF} \boldsymbol{F}_{BB} \boldsymbol{F}_{BB}^* \boldsymbol{F}_{RF}^* \boldsymbol{H}^* \boldsymbol{W}_{RF} \boldsymbol{W}_{BB} \right| \right) \tag{11.9}$$

其中，$\boldsymbol{R}_n = \sigma^2 \boldsymbol{W}_{BB}^* \boldsymbol{W}_{RF}^* \boldsymbol{W}_{RF} \boldsymbol{W}_{BB}$ 为合并后的噪声协方差矩阵。

于是，可以通过设计分层预编码器 $\boldsymbol{F}_{RF} \boldsymbol{F}_{BB}$ 来最大化可获得的数据速率，即求解下式的优化问题

$$(\boldsymbol{F}_{RF}^{opt}, \boldsymbol{F}_{BB}^{opt}) = \underset{\boldsymbol{F}_{RF}, \boldsymbol{F}_{BB}}{\arg \max} \log_2 \left( \left| \boldsymbol{I}_{N_s} + \frac{\rho}{N_s \sigma_n^2} \boldsymbol{H} \boldsymbol{F}_{RF} \boldsymbol{F}_{BB} \boldsymbol{F}_{BB}^* \boldsymbol{F}_{RF}^* \boldsymbol{H}^* \right| \right)$$
$$\text{s.t.} \quad \boldsymbol{F}_{RF} \in W, \parallel \boldsymbol{F}_{RF} \boldsymbol{F}_{BB} \parallel_F^2 = N_s \tag{11.10}$$

在实际中，由于模拟移相器是由一组具有等增益元素构成的矩阵，式(11.10)中的优化问题没有通解，因此在实际中常常采用简化的方法得到原问题的近似解。

## 11.5.3　多用户混合波束成形

本节考虑下行多用户 MIMO(MU - MIMO)系统中的混合波束成形方法，如图 11.7 所示。多用户混合波束成形与单用户混合波束成形的区别在于，系统中有 $N_u > 1$ 个用户，设计预编码器要考虑如何消除用户间的干扰，以最大化系统容量。

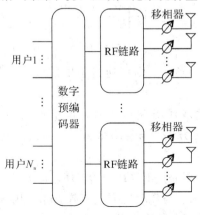

图 11.7　多用户混合波束成形系统

为了简化，我们假定所有 $N_u$ 个用户具有相同的数据流数 $N_s$。这里仅考虑水平维的波束成形（该方法也可以拓展到垂直维波束成形），则基站的 RF 预编码器可以表示为

$$\boldsymbol{W} = \begin{bmatrix} w(\theta_1) & 0 & \cdots & 0 \\ 0 & w(\theta_2) & \cdots & 0 \\ \vdots & \vdots & \ddots & \vdots \\ 0 & 0 & \cdots & w(\theta_{N_{BS}}) \end{bmatrix} \tag{11.11}$$

其中，$w(\theta_i)$ 表示方位角为 $\theta_i$ 的相位控制矢量。用 $\boldsymbol{P}$ 表示 $N_{BS} \times N_s N_u$ 数字预编码器，其中每一列与每个用户和数据流的数字控制矢量相对应。最终在 $N_{BS}^{RF} N_{BS}$ 个基站天线上来自 $N_s N_u$ 个数据流上的总的发送信号 $\boldsymbol{f}$ 可以表示为

$$\boldsymbol{f} = \boldsymbol{WPs} \tag{11.12}$$

其中，$s$ 为包含不同用户数据流的 $N_s N_u \times 1$ 矢量。在用户端，使用相同的混合波束成形结构。接收天线数是 $N_{MS}$，每一个阵列具有 $N_{MS}^{RF}$ 个天线阵元，每一个天线阵元有对应的移相器。采用与基站相同的方式，用户的第 $k$ 个 RF 阵列的控制矢量可以写成 $N_{MS}^{RF} \times 1$ 矢量 $v(\delta_k)$，其中 $\delta_k$ 为方位角控制方向。则用户第 $i$ 个基带接收信号矢量为

$$\boldsymbol{y}_i = \boldsymbol{U}_i^H \boldsymbol{V}_i^H \boldsymbol{H}_i \boldsymbol{f} + \boldsymbol{U}_i^H \boldsymbol{V}_i^H \boldsymbol{n} \tag{11.13}$$

其中，用户的所有 RF 预编码器可以表示为

$$\boldsymbol{V}_i = \begin{bmatrix} v(\delta_1) & 0 & \cdots & 0 \\ 0 & v(\delta_2) & \cdots & 0 \\ \vdots & \vdots & \ddots & \vdots \\ 0 & 0 & \cdots & v(\delta_{N_{MS}}) \end{bmatrix} \tag{11.14}$$

$\boldsymbol{U}_i$ 为用户数字合并器（本文假定采用最大比合并）；$\boldsymbol{H}_i$ 为用户 $i$ 的 $N_{MS}^{RF} N_{MS} \times N_{BS}^{RF} N_{BS}$ 信道矩阵；$n$ 为附加复高斯白噪声矢量。定义总的 $N_u$ 个用户的信道矩阵为

$$\boldsymbol{H} = \begin{bmatrix} \boldsymbol{H}_1^T & \cdots & \boldsymbol{H}_{N_u}^T \end{bmatrix}^T \tag{11.15}$$

对于数字 MU - MIMO 预编码，各用户的基带等效信道（在 RF 波束成形后）由下式给出

$$\boldsymbol{H}_{\text{eff(multi-user)}} = \begin{bmatrix} V_1 & 0 & \cdots & 0 \\ 0 & V_2 & \cdots & 0 \\ \vdots & \vdots & \ddots & \vdots \\ 0 & 0 & \cdots & V_{N_u} \end{bmatrix} \boldsymbol{HW} \tag{11.16}$$

当基站端已知基带等效信道后，则可通过不同的方法计算 MU - MIMO 数字预编码器 $\boldsymbol{P}$。

为了比较后续所给出的各种方案的性能，这里给出了混合波束成形系统的 MU - MIMO 信道容量理论值的计算方法。当忽略多用户干扰时，基站到第 $i$ 个用户链路的容量等式可以写成

$$C_{i,\text{no}} = \log_2(\det(\boldsymbol{I}_{N_s} + \boldsymbol{Q}_i^{-1} \boldsymbol{H}_{\text{MIMO},i} \boldsymbol{H}_{\text{MIMO},i}^H)) \tag{11.17}$$

其中，$\boldsymbol{Q}_i = \boldsymbol{U}_i^H \boldsymbol{V}_i^H \boldsymbol{R}_{n,i} \boldsymbol{V}_i \boldsymbol{U}_i$，$\boldsymbol{R}_{n,i}$ 为噪声协方差矩阵，$\boldsymbol{V}_i$ 为用户端的 RF 预编码，$\boldsymbol{U}_i$ 为数字合并器；$\boldsymbol{H}_{\text{MIMO},i}$ 为系统的 MIMO 等效信道，表示为

$$\boldsymbol{H}_{\text{MIMO},i} = \boldsymbol{U}_i^H \boldsymbol{V}_i^H \boldsymbol{H}_i \boldsymbol{W} \boldsymbol{P}_i \tag{11.18}$$

其中，$P_i$ 为数字预编码矩阵 $P$ 分配给用户 $i$ 的列。为了考虑其他用户对用户 $i$ 的干扰，用户 $i$ 的容量等式重写为

$$C_{i,\text{int}} = \log_2(\det(I_{N_s} + Q^{-1}{}_{i,\text{int}} H_{\text{MIMO},i} H_{\text{MIMO},i}^{\text{H}}))\qquad(11.19)$$

其中，$Q^{-1}{}_{i,\text{int}}$ 定义为

$$Q_{i,\text{int}}^{-1} = U_i^{\text{H}} V_i^{\text{H}}\left(R_{n,i} + \sum_{i \neq j}^{N_u} H_i W P_j P_j^{\text{H}} W^{\text{H}} H_i^{\text{H}}\right) V_i U_i\qquad(11.20)$$

于是，$N_u$ 个无干扰用户和有干扰用户的总容量分别为

$$C_{\text{total\_no}} = \sum_{i=1}^{N_u} C_{i,\text{no}}\qquad(11.21)$$

$$C_{\text{total\_int}} = \sum_{i=1}^{N_u} C_{i,\text{int}}\qquad(11.22)$$

我们以式(11.21)和式(11.22)的容量为依据，给出不同 RF 波束分配策略下的 MU-MIMO 混合波束成形算法。

多用户混合波束成形分为两步：首先得到基站端和相关的用户最佳 RF 波束成形矩阵；然后从得到的 RF 波束成形矩阵获得的 $H_{\text{eff(multi-user)}}$，计算 MU-MIMO 数字预编码器 $P$。这两个步骤的详细描述如下：

（1）最佳 RF 波束选择。对于具有渐进式相移值的控制矢量，则基站端的 RF 链路和用户端的 RF 链路为 $\theta$ 和 $\delta$ 的控制矢量分别为

$$w(\theta) = [1, \exp(\text{j}\pi\sin\theta), \cdots, \exp(\text{j}(N_{\text{BS}}^{\text{RF}}-1)\pi\sin\theta)]^{\text{T}}\qquad(11.23)$$

$$v(\delta) = [1, \exp(\text{j}\pi\sin\delta), \cdots, \exp(\text{j}(N_{\text{BS}}^{\text{RF}}-1)\pi\sin\delta)]^{\text{T}}\qquad(11.24)$$

为了便于实际操作，我们从 RF 码本集中选择用于基站端和用户端每条 RF 链路的控制矢量。对于基站和用户，将 RF 码本集的控制矢量的数目设为每条链路移相器数，根据 RF 选择方案从中分别选出用于基站 RF 链路的 $N_{\text{BS}}^{\text{RF}}$ 个波束和用户端 RF 链路的 $N_{\text{MS}}^{\text{RF}}$ 个波束。

通过采用 RF 波束码本方法，每个 RF 链路具有固定波束集，与信道响应的有限集相对应，TDD 模式下的信道响应可以通过上行信道探测来测量。通过假定上行（用户端到基站）和下行链路（基站到用户端）信道是互易的，对每一个用户，用于每一个发送机和接收机波束合并的信道响应都在上行信道探测时测量，并在接收端进行校准，基站利用信道信息选择出最优波束以用于后续下行链路数据传输。

基站可以采用不同的策略为同时调度的用户选择最佳 RF 波束。由于多用户调度方案在第四章中已做介绍，因此这里假定已经选定了同时调度的用户集。我们在这一假定的基础上，给出多用户 RF 波束选择以及数字预编码方案。

不同的 RF 波束选择方案，如图 11.8 所示，图(a)~(d)分别表示方案(a)~(d)。

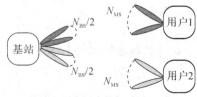

(a)基站和两个用户均都采用SU-MIMO

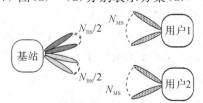

(c)基站采用SU-MIMO波束/用户采用MU-MIMO波束

(b) 基站采用MU-MIMO波束/
用户采用SU-MIMO波束

(d) 基站和两个用户均采用MU-MIMO

图 11.8  不同的 RF 波束选择方案

在图 11.8 中，方案(d)可以得到最佳多用户容量。对于方案(d)，基站和用户的 RF 波束都以最优的方式从码本中选择出，基站和用户首先计算每一种可能的波束组合对应的 MU – MIMO 容量，然后选择出最优的 RF 波束，并根据相应的等效信道信息计算 MU – MIMO 数字预编码矩阵。然而，这种方案的缺点是随着同时调度用户数增加，需要评估的 RF 波束组合数目会指数性增长。因此，在实际中可以考虑方案(a)、(b)和(c)等低复杂度方案。对于方案(a)，基站为每个用户分配 RF 链路，并选择 RF 波束来优化单用户 MIMO (SU – MIMO)容量。这种方法不考虑用户间的干扰，其性能不是很好，但是要评估的 RF 波束组合数最少。对于方案(b)，首先用户采用与方案(a)相同的 RF 波束方式，然后基站进行 RF 波束选择来优化多用户 MIMO(MU – MIMO)容量。与方案(a)相比，方案(b)的优点是改进 MU – MIMO 性能，与方案(d)相比，方案(b)具有较低的复杂度低。方案(c)与方案(b)类似，不同的是，方案(c)基站端采用 SU – MIMO 模式选择 RF 波束，用户采用 MU – MIMO 模式选择波束来优化性能。

(2) 计算数字预编码器。在 RF 波束选择之后，根据等效信道矩阵，可以通过 MMSE 算法和 BD 算法来得到数字预编码矩阵。MMSE 算法使用等效信道矩阵来计算数字预编码矩阵，具体如下：

$$P_{\text{MMSE}} = H_{\text{eff(multi-user)}}^{\text{H}} \left( H_{\text{eff(multi-user)}} H_{\text{eff(multi-user)}}^{\text{H}} + cI \right)^{-1}$$
$$= \left[ P_{\text{MMSE},1}, P_{\text{MMSE},2}, L, P_{\text{MMSE},N_u} \right] \tag{11.25}$$

其中，常数 $c$ 可根据等效信道矩阵 $H_{\text{eff(multi-user)}}$ 的范数和噪声协方差来计算得到；$P_{\text{MMSE},i}$ 为用户 $i$ 的 $N_{\text{BS}} \times N_{\text{MS}}$ 数字预编码矩阵。由于矩阵 $P_{\text{MMSE}}$ 的维数为 $N_{\text{BS}} \times N_{\text{MS}} N_u$，最终所需的预编码矩阵 $P$ 的维数为 $N_{\text{BS}} \times N_s N_u$。当数据流数与用户端的 RF 链路数相同时，$P_{\text{MMSE}}$ 为最终预编码矩阵 $P$。但是，当数据流数低于用户端的 RF 链路数($N_s \leqslant N_{\text{MS}}$)时，需要从 $P_{\text{MMSE}}$ 提取列矢量以得到最终预编码矩阵 $P$，此时可以采用 MMSE(SVD)算法。

MMSE(SVD)算法是利用基带信道 SVD 分解，在由 $P_{\text{MMSE},i}$ 生成的子空间中找出每个用户 $i$ 的最优预编码器。为了实现上述目标，我们首先将基带信道映射到由 $P_{\text{MMSE},i}$ 生成的子空间中，并且对相应的信道进行 SVD 分解：

$$\text{SVD}(H_{\text{eff},i} P_{\text{MMSE},i}) = \widetilde{X}_i \widetilde{\Sigma}_i \left[ \widetilde{Z}_i^{(N_s)} \quad \widetilde{Z}_i^{(N_{\text{MS}}-N_s)} \right]^{\text{H}} \tag{11.26}$$

则 MMSE(SVD)预编码矩阵为

$$P_i^{\text{final}} = P_{\text{MMSE},i} \widetilde{Z}_i^{(N_s)} \tag{11.27}$$

对于 BD 算法，用户 $i$ 的数字预编码矩阵需要分步计算。首先是形成除用户 $i$ 以外所有用户的等效信道矩阵：

$$\bar{H}_{\text{eff(multi-user，删除用户}i)} = \begin{bmatrix} H_{\text{eff}, 1} \\ \vdots \\ H_{\text{eff}, i-1} \\ H_{\text{eff}, i+1} \\ \vdots \\ H_{\text{eff}, N_u} \end{bmatrix} \tag{11.28}$$

对该等效信道矩阵进行 SVD 分解：

$$\text{SVD}(\bar{H}_{\text{eff(multi-user，删除用户}i)}) = \bar{X}_i \bar{\Sigma}_i \bar{Z}_i^{\text{H}} = \bar{X}_i \bar{\Sigma}_i \begin{bmatrix} \bar{Z}_i^{(N_{\text{BS}} - N_0)} & \bar{Z}_i^{(N_0)} \end{bmatrix}^{\text{H}} \tag{11.29}$$

其中，$\bar{X}_i$ 和 $\bar{Z}_i^{\text{H}}$ 分别为左和右奇异矢量的正交矩阵；$\bar{\Sigma}_i$ 是以降序排列的奇异值为对角元素的对角矩阵；$\bar{Z}_i^{(N_0)}$ 表示从 $\bar{Z}_i$ 提取的 $N_0$ 列，形成 $\bar{H}_{\text{eff(multi-user，删除用户}i)}$ 的零空间。假定 $N_0 \geqslant N_s$，SVD 实现了用户 $i$ 有效信道在该零空间矢量的投影：

$$\text{SVD}(H_{\text{eff}, i} \bar{Z}_i^{(N_0)}) = X_i \Sigma_i \begin{bmatrix} Z_i^{(N_s)} & Z_i^{(N_0 - N_s)} \end{bmatrix}^{\text{H}} \tag{11.30}$$

最后用户 $i$ 的数字预编码矩阵计算如下：

$$P_{\text{BD}, i} = \bar{Z}_i^{(N_0)} Z_i^{(N_s)} \tag{11.31}$$

所有用户的数字预编码矩阵均可通过上述方法得到，形成最终的矩阵 $P$。为了其优化性能，可以使用注水算法来进行功率分配。但是为了降低实现复杂度，这里暂时没有使用注水算法。

使用 BD 算法最具挑战的是如何选择零空间矢量 $\bar{Z}_i^{(N_0)}$（注意，在式（11.29）中已经假定存在）。对于 BD 算法生成一个零空间 $\bar{Z}_i^{(N_0)}$ 的必要条件是，等效信道矩阵 $\bar{H}_{\text{eff(multi-user，删除用户}i)}$ 的列的数目要大于行的数目。为了达到这个条件，必须满足 $N_{\text{BS}} > N_{u-1} N_{\text{MS}}$，然而这样还不能保证能生成一个零空间。为了解决这一问题，这里给出了改进的 BD 算法，即增强型 BD 算法。该算法的主要思想是通过迭代过程搜索 $\bar{Z}_i$ 的列，找出对应小的奇异值的列以构成最优的零空间 $\bar{Z}_i^{(N_0)}$，从而可以使容量最大化。迭代过程既可以在单用户上实现，也可以在所有用户上同时进行。下面给出所有用户同时迭代的增强型 BD 算法的具体描述。

在增强型 BD 算法中，首先对用户干扰进行 SVD 分解，即对于每个用户 $i$，将来自其他用户的等效信道矩阵进行 SVD 分解：

$$\text{SVD}(\bar{H}_{\text{eff(multi-user，删除用户}i)}) = \bar{X}_i \bar{\Sigma}_i \bar{Z}_i^{\text{H}} = \bar{X}_i \bar{\Sigma}_i \begin{bmatrix} \bar{Z}_i^{(N_{\text{BS}} - r)} & \bar{Z}_i^{(r)} \end{bmatrix}^{\text{H}} \tag{11.32}$$

利用 $C_{\text{total\_int}}^*$ 表示容量最大值，初始值为 0，对 $\bar{Z}_i$ 的列迭代搜索，寻找最大容量下的最优预编码矩阵。对于任意的 $r_1, r_2, \cdots, r_{N_u} \in \{N_s, \cdots, N_{\text{BS}}\}$，对所有用户依次进行 SVD 分解并计算对应的预编码矩阵如下：

$$\text{SVD}(H_{\text{eff}, i} \bar{Z}_i^{(r_i)}) = X_i \Sigma_i Z_i^{\text{H}} = X_i \Sigma_i \begin{bmatrix} Z_i^{(N_s)} & Z_i^{(r_i - N_s)} \end{bmatrix}^{\text{H}} \tag{11.33}$$

$$P_{\text{BD}, i} = \bar{Z}_i^{(r_i)} Z_i^{(N_s)} \tag{11.34}$$

根据预编码矩阵，可以利用式（11.22）计算当前所有用户的系统容量 $C_{\text{total\_int}}$，当其值大于 $C_{\text{total\_int}}^*$ 时，更新容量最大值，继续迭代搜索。迭代终止后，最大容量值所对应的预编码矩阵即为增强型 BD 算法下的最优预编码矩阵。

# 11.6 同时同频全双工技术

## 11.6.1 灵活双工概述

随着在线视频业务的增加以及社交网络的推广，未来移动流量呈现出多变特性：上/下行业务需求随时间、地点而变化。现有通信系统采用相对固定的频谱资源分配方式，无法满足其不同业务的需求。灵活双工能够根据上/下行业务变化情况动态分配上/下行资源，有效提高系统资源利用率。

灵活双工可以通过时域和频域方案实现。在 FDD 时域方案中，每个小区可根据业务量需求将上/下频带配置成不同的上/下行时隙配比，如图 11.9(a)所示；在 FDD 频域方案中，可以将上行频带配置为灵活频带以适应上行和下行非对称的业务需求，如图 11.9(b)所示。同样，在 TDD 系统中，每个小区可以根据上/下行业务量需求来决定用于上/下行传输的时隙数目，其实现方式与 FDD 中上行频段采用的时域方案类似。

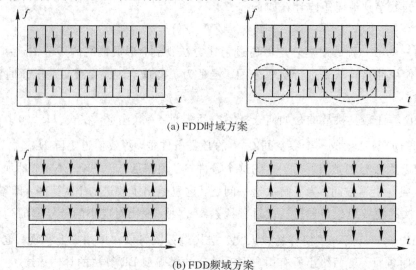

(a) FDD时域方案

(b) FDD频域方案

图 11.9　时域及频域的灵活双工资源分配

灵活双工的设计还可以应用于全双工系统。全双工通信是指同时同频进行双向通信的技术。由于 TDD 和 FDD 方式不能进行同时同频双向通信，理论上浪费了一半的无线资源（频率和时间）。全双工技术在理论上可将频谱利用率提高一倍，实现更加灵活的频谱使用。近年来，器件和信号处理技术的发展使同频同时的全双工技术成为可能，并使其成为 5G 系统充分挖掘无线频谱资源的一个重要方向。

目前，业界普遍关注的全双工系统主要采用全双工基站与半双工用户混合组网的架构设计，其时隙图如图 11.10 所示。在时隙 1 上，基站发送给用户 1 信号，接收用户 2 的信号；在时隙 2 上，基站发送给用户 2 信号，接收用户 1 信号，总共用 2 个时隙完成了用户 1 和用户 2 各一次双工通信。而传统 TDD 系统则需要至少 4 个时隙完成，因此其频谱利用率提高一倍。

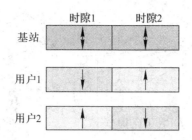

图 11.10 全双工基站与用户通信的时隙图

灵活双工和全双工的主要技术难点在于，不同通信设备上行和下行信号间的相互干扰。围绕这一问题，本节接下来重点介绍全双工系统干扰分析以及常见的自干扰消除技术。

## 11.6.2 全双工系统干扰分析

在同时同频全双工无线系统中，所有发送节点对于非目标接收节点来说都是干扰源。发送机的发送信号会对本地接收机产生很强自干扰。应用于蜂窝网络时还会存在较为复杂的系统内部干扰，包括单个小区内的干扰和多小区间的干扰等。

### 1. 全双工系统单小区干扰分析

采用全双工基站与半双工终端混合组网的全双工系统如图 11.11 所示。在图 11.11 中，基站端配置一根发射天线和一根接收天线，两者同时同频工作。由于手机体积和成本等因素的限制，这里考虑手机只配备一根天线并以半双工的方式工作，即每一时刻只能进行接收或者发送操作。由于基站工作在全双工方式，因此能够同时同频地服务一个上行用户和一个下行用户。除了基站全双工引起的自干扰外，由于上行用户和下行用户是同时同频工作的，因此也会造成用户间的相互干扰。

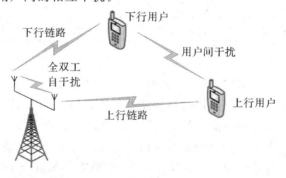

图 11.11 全双工蜂窝系统单小区干扰分析

用户间干扰可以采用信号处理方法进行抑制，如干扰抑制合并技术，或者通过资源调度，选择距离较远的上行和下行用户减少同时同频传输带来的用户间干扰。因此，这里重点阐述全双工系统的自干扰消除技术。

### 2. 全双工系统多小区干扰分析

在多小区组网的环境下，全双工蜂窝系统中同样存在传统半双工蜂窝系统内的小区间干扰，包括基站对相邻小区下行用户的干扰以及上行用户对相邻小区基站的干扰。此外，由于全双工蜂窝系统每个基站都是同时同频地进行收/发操作，因此还面临用户间干扰以及基站收/发天线之间的全双工自干扰。图 11.12 所示为两个相邻小区间干扰的示意图。

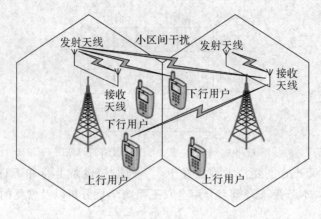

图 11.12　全双工蜂窝系统两个相邻小区干扰示意图

针对小区间干扰有传统的解决办法，如联合多点传输技术和软频率复用等。与单小区干扰分析一样，这里的学习重点也是全双工系统的自干扰消除技术。

### 11.6.3　全双工系统中的自干扰消除技术

全双工的核心问题是如何在本地接收机中有效抑制自己发送的同时同频信号（即自干扰）。为了分析全双工系统的自干扰，在图 11.13 中给出了同频同时全双工节点的结构。

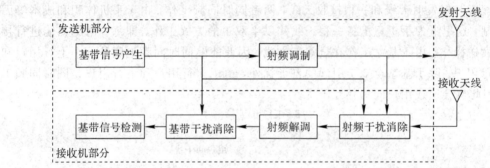

图 11.13　同频同时全双工节点结构图

在图 11.13 中，基带信号经射频调制从发射天线发出；同时，接收天线正在接收来自期望信源的信号。由于节点发送信号和接收信号处在同一频率和同一时隙上，进入接收天线的信号为节点发送信号和来自期望信源的信号之和；而节点发送信号对于期望的接收信号来说是极强的干扰，这种干扰被称为双工干扰（自干扰）。双工干扰的消除对系统频谱效率有极大的影响。如果双工干扰被完全消除，则系统容量能够提升一倍。可见，有效消除双工干扰是实现同频同时全双工的关键。

常见的自干扰抑制技术包括空域、射频域、数字域的自干扰抑制技术。空域自干扰抑制主要依靠天线位置优化、空间零陷波束、高隔离度收/发天线等技术手段实现空间自干扰的辐射隔离；射频域自干扰抑制的核心思想是构建与接收自干扰信号幅相相反的对消信号，在射频模拟域完成抵消，达到抑制效果；数字域自干扰抑制针对残余的线性和非线性自干扰进一步进行重建消除。

**1. 空域自干扰抑制方法**

空域自干扰抑制方法是将发射天线与接收天线在空中接口处分离，从而降低发送机信号对接收机信号的干扰。常用的天线抑制方法如下：

（1）加大发射天线和接收天线之间的距离。采用分布式天线，增加电磁波传播的路径损耗，以降低双工干扰在接收机天线处的功率。

（2）直接屏蔽双工干扰。在发射天线和接收天线之间设置一微波屏蔽板，减少双工干扰直达波在接收天线处泄漏。

（3）采用鞭式极化天线。令发射天线极化方向垂直于接收天线，有效降低直达波双工干扰的接收功率。

（4）利用多天线技术来进行自干扰抑制。可以进一步分为配置多根发射天线和配置多根接收天线两种方案。图 11.14(a) 给出了用于自干扰抑制的两发一收天线，其中两发射天线到接收天线的距离差为载波波长($\lambda$)的一半，而两发射天线的信号在接收天线处幅度相同、相位相反，使接收天线处于发送信号空间零点，以降低双工干扰。图 11.14(b) 给出了用于自干扰抑制的一发两收天线。与两发射天线情况类似，两接收天线分别与发射天线的距离为载波波长的一半，这样两个接收天线接收的双工之和为零，有效降低了双工干扰。

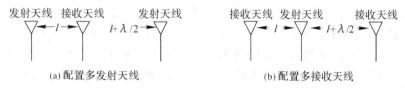

(a) 配置多发射天线　　　　　　　　　　(b) 配置多接收天线

图 11.14　利用多天线配置进行自干扰抑制

此外，还有更多采用天线波束成形抑制双工干扰的方法。上述空域自干扰抑制的方法，一般可将双工干扰降低 20～40 dB。

**2. 射频干扰消除方法**

射频干扰消除技术既可以消除直达双工干扰，也可以消除多径到达双工干扰。

图 11.15 描述了一个典型的射频干扰消除器，发送机的射频信号通过分路器分成 2 路，一路经过天线辐射给目标节点；另一路作为参考信号经过幅度调节和相位调节，使接收天线从空中接口收到的双工干扰幅度相等、相位相反，并在合路器中实现双工干扰的消除。

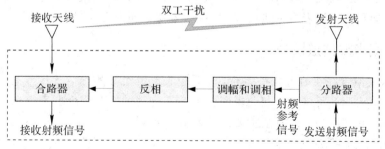

图 11.15　射频干扰消除的典型结构

为了进行幅度调节和相位调节，就要准确地估计出自干扰信号的参数，因此目前射频干扰消除的研究主要集中在如何根据射频参考信号来进行调幅和调相。常用的方法是以正交、同相参考支路构成的自干扰估计结构为基础，通过分析接收信号强度与两支路权矢量之间的关系，实现射频域的自适应干扰抵消算法。

射频干扰消除方法还可用于多载波系统的双工干扰消除，其主要思路是将干扰分解成多个子载波，先估计每个子载波上的幅值和相位，对有发送机基带信号的每个子载波进行调制，使得它们与接收信号幅度相等、相位相反；再经混频器重构与双工干扰相位相反的射频信号；最后在合路器中消除来自空中接口的双工干扰。

### 3. 数字干扰消除方法

在一个同频同时全双工通信系统中，通过空中接口泄露到接收机天线的双工是直达波和多径到达波之和。射频干扰消除技术主要消除直达波，数字干扰消除技术则主要消除多径到达波。

数字干扰消除器包括一个数字信道估计器和一个有限阶(FIR)数字滤波器。其中，数字信道估计器用于双工干扰的信道参数估计；有限阶数字滤波器用于双工干扰的重构。由于该滤波器多阶时延与多经信道时延具有相同的结构，将信道参数用于设置滤波器的权值；再将发送机的基带信号通过上述滤波器，即可在数字域重构经过空中接口的双工干扰，并实现对于该干扰的消除。

此外，由于双工干扰是可知的，因此也可以通过一个自适应滤波器完成干扰的消除。

同频同时全双工是一项极具潜力的新兴无线通信技术，已显示出广阔的应用前景。全双工技术实用化的关键问题在于如何消除干扰信号，尽可能减小残余干扰的影响。此外，单天线的同频同时全双工终端、组网和 MIMO 等相关领域的研究也在逐渐展开。我们相信，随着研究和开发工作的不断深入，这项新技术将会作为提高频谱效率的方法而被广泛应用。

## 本章小结

第五代移动通信系统的基本发展目标是满足未来移动互联网业务飞速增长的需求，并为用户带来新的业务体验。5G 移动通信系统容量的提升将通过频谱效率的进一步提高、网络结构的变革和新型频谱资源的开发与利用等途径来实现。本章结合 5G 移动通信的最新发展趋势，阐述了 5G 移动通信系统的关键技术，重点阐述了大规模 MIMO 预编码技术，毫米波通信中的混合波束成形以及全双工系统中的自干扰消除技术。随着研究的不断深入，5G 关键支撑技术将逐步得以明确，并在未来几年内进入实质性的标准化研究与制定阶段，本章的内容可作为读者进一步展开对 5G 技术深入研究和探讨的基础。

### 知识拓展　毫米波信道模型

由于毫米波频段存在的高路径损耗，使得空间选择性很有限，天线阵列间距小，导致天线相关性高，因此采用空间非相关瑞利信道是不合理的。下面给出了毫米波信道模型中常用的基于 Saleh Valenzuela 模型扩展的参数化信道模型。

为了简化开发，每一种发送机和接收机周围的散射体可以假定为只对单个传播路径起作用。该假定在仿真中也可以放宽，允许一簇具有相关性参数的射线。离散时间窄带信道可以由下式给出：

$$\boldsymbol{H}=\sqrt{\frac{N_t N_r}{L}}\sum_{l=1}^{L}\alpha_l \Lambda^r(\phi_l^r,\theta_l)\Lambda^t(\phi_l^t,\theta_l)\boldsymbol{\alpha}_r(\phi_l^r,\theta_l)\boldsymbol{\alpha}_t(\phi_l^t,\theta_l)^* \tag{11.35}$$

其中，$L$ 为射线数；$\alpha_l$ 为第 $l$ 射线的复增益（复增益 $\alpha_l$ 在仿真中可以假设为均值为 0、方差为 $\sigma_\alpha^2$ 的复高斯分布。）；$\phi_l^r(\theta_l)$ 和 $\phi_l^t(\theta_l)$ 分别为到达和离开的方位（俯仰）角；$\Lambda^r(\phi_l^r,\theta_l)$ 和

$\Lambda^r(\phi_l^r, \theta_l^r)$分别表示发射和接收天线元素离开和到达相应角度的方向性天线增益。例如，如果考虑理想扇区天线元素，有

$$\Lambda(\phi_l, \theta_l) = \begin{cases} c, & \forall \phi_l \in [\phi_{min}, \phi_{max}], \ \forall \theta_l \in [\theta_{min}, \theta_{max}] \\ 0, & \text{其他} \end{cases} \tag{11.36}$$

其中，$c$为一个扇区上的常数增益（$c$由$\phi_l \in [\phi_{min}, \phi_{max}]$和$\theta_l \in [\theta_{min}, \theta_{max}]$来定义）；矢量$\boldsymbol{\alpha}_r(\phi_l^r, \theta_l^r)$和$\boldsymbol{\alpha}_t(\phi_l^t, \theta_l^t)$分别表示在方位(俯仰)角$\phi_{n,l}^r(\theta_{n,l}^r)$和$\phi_l^t(\theta_l^t)$的归一化接收和发射阵列响应矢量。

对于$y$轴的$N$元单位线性阵列(ULA)，阵列的响应矢量为

$$\boldsymbol{a}^{\text{ULAy}}(\phi) = \frac{1}{\sqrt{N}}[1, \exp(jkd\sin(\phi)), \cdots, \exp(j(N-1)d\sin(\phi))]^T \tag{11.37}$$

其中，$k = 2\pi/\lambda$，$d$为阵子间隔。由于线性阵列的俯仰角为常量，因此对$\boldsymbol{a}^{\text{ULAy}}(\phi)$的讨论不包括$\theta$。此外，还考虑了单位面阵(UPA, Uniform Planar Array)产生小的天线维度，允许垂直方向的波束成形。对于在$yz$中的$y$和$z$轴分别具有$W$和$H$元素平面的单位面阵，该阵相应矢量为

$$\boldsymbol{a}^{\text{UPA}}(\phi, \theta) = \frac{1}{\sqrt{N}}\begin{bmatrix} 1, \cdots, \exp(jkd(m\sin(\phi)\sin(\theta)+n\cos(\theta))), \cdots, \\ \exp(jkd(W-1)\sin(\phi)\sin(\theta)+(H-1)\cos(\theta)) \end{bmatrix}^T \tag{11.38}$$

其中，$0 < m < W-1$和$0 < n < H-1$分别为天线阵元在$y$和$z$上的索引，且$N = WH$。

## 思考题 11

11-1　5G有哪些标志性能力指标？

11-2　给出5G网络的逻辑架构。

11-3　5G包括哪几种空中接口技术？

11-4　大规模MIMO有哪些常用的线性预编码技术？

11-5　试述毫米波通信中采用混合预编码技术的原因。

11-6　同时同频全双工有哪些干扰消除技术？

# 附表　缩略词表

| 缩写 | 英文全称 | 中文全称 |
| --- | --- | --- |
| 1G | The First – Generation（Mobile Communication Systems） | 第一代（移动通信系统） |
| 1xEV – DO | Evolution Data Optimized | 演进数据优化 |
| 1xEV – DV | Evolution Data and Voice | 演进数据和语音 |
| 2G | The Second – Generation（Mobile Communication Systems） | 第二代（移动通信系统） |
| 3G | The Third – Generation（Mobile Communication Systems） | 第三代（移动通信系统） |
| 3GPP | The 3rd Generation Partnership Project | 第三代伙伴计划 |
| 4G | The Fourth Generation（Mobile Communication Systems） | 第四代（移动通信系统） |
| 5G | The Fifth Generation（Mobile Communication Systems） | 第五代（移动通信系统） |
| ACG | Amplitude – Craving Greedy | 子载波分配算法 |
| AMC | Adaptive Modulation Coding | 自适应调制和编码 |
| AMPS | Advanced Mobile Phone System | 美国的高级移动电话系统 |
| BABS | Bandwidth Assignment Based on SNR | 基于信噪比的带宽分配算法 |
| BCCH | Broadcast Control CHannel | 广播控制信道 |
| BCH | Broadcast CHannel | 广播信道 |
| BER | Bit Error Rate | 误比特率 |
| CAZAC | Constant Amplitude Zero Auto – Corelation | 恒包络零自相关序列 |
| CB | Coordinated Beamforming | 波束成形 |
| CC | Component Carrier | 成员载波数 |
| CCCH | Common Control CHannel | 公共控制信道 |
| CCE | Control Channel Element | 控制信道元素 |
| CCIR | Consultative Committee of International Radio | 国际无线电咨询委员会 |
| CDD | Cyclic Delay Diversity | 循环时延分集 |
| CDMA | Code Division Multiple Access | 码分多址 |

| 缩写 | 英文全称 | 中文全称 |
|---|---|---|
| CDN | Content Delivery Network | 内容分发网络 |
| CFI | Control Format Indicator | 控制格式指示 |
| CoMP | Coordinated Multi – Point Transmission | 多点协作传输 |
| CoMP | Coordinated Multiple Point | 协同多点 |
| CQI | Channel Quality Indication | 信道质量指示 |
| CRC | Cyclic Redundancy Check | 循环冗余校验 |
| C – RNTI | Cell – Radio Network Temporary Identifier | 小区无线网络临时标识 |
| CS | Coordinated Scheduling | 协作调度 |
| CS/CB | Coordinated Scheduling/Coordinated Beamforming | 协作调度/波束成形 |
| CSI | Channel State Information | 信道状态信息 |
| CSIR | Channel State Information of Receive | 接收端信道状态信息 |
| CSIT | Channel State Information of Transmit | 发送端信道状态信息 |
| D – AMPS | Digital Advanced Mobile Phone System | 数字高级移动电话系统 |
| D – BLAST | DiagonalBell Labs Layered Space – Time | 对角 – 贝尔实验室分层空时 |
| DCI | Downlink Control Information | 下行控制信息 |
| DCS | Dynamic Cell Selection | 动态小区选择 |
| DFE | Decision Feedback Encode | 判决反馈解码 |
| DFT | Discrete Fourier Transformation | 离散傅立叶变换 |
| DL – SCH | Down – Link Shared Channel | 下行共享信道 |
| DMRS | Demodulation Reference Signal | 解调参考信号 |
| DPC | Dirty Paper Coding | 脏纸编码 |
| DRS | Dedicated Reference Signal | 专用参考信号 |
| DS – CDMA | Direct Sequence – Code Division Multiple Access | 直接序列码分多址 |
| DSTBC | Differential Space – Time Block Codes | 差分空时编码 |
| DTCH | Dedicated Traffic CHannel | 专用业务信道 |
| DwPTS | Downlink link Pilot Time Slot | 下行链路导频时隙 |
| EBF | Eigenvalues Beam Forming | 特征波束成形 |
| EDGE | Enhanced Data rate for GSM Evolution | GSM 增强型数据传输技术 |

| 缩写 | 英文全称 | 中文全称 |
|---|---|---|
| eNodeB | evolved Node Base station | 演进型基站 |
| EPC | Evolved Packet Core | 分组核心网 |
| EPS | Evolved Packet System | 演进分组系统 |
| EUTRAN | Evolved Universal Terrestrial Radio Access Network | 演进的陆地无线接入网 演进型通用陆地无线接入网 |
| FDD | Frequency Division Duplexing | 频分双工 |
| FDD | Frequency Division Duplex | 频分双工方式 |
| FFO | Frame – Frequency – Offset | 小数倍频偏 |
| FFT | Fast Fourier Transform algorithm | 快速傅氏变换算法 |
| FOMA | Freedom Of Mobile multimedia Access | 自由移动多媒体接入 |
| FSTD | Frequency Switched Transmit Diversity | 频率切换传输分集 |
| GMC | Generalized Multi – Carrier | 广义多载波 |
| GP | Guard Period | 保护间隔 |
| GPRS | General Packet Radio Service | 通用分组无线业务 |
| GSM | Global System forMobile communications | 全球移动通信系统 |
| GT | Guard Time | 保护时间 |
| GTP | GPRS Tunnel Protocol | GPRS 隧道协议 |
| HARQ | Hybrid Automatic RepeatreQuest | 混合自动重传 |
| HSDPA | High Speed Downlink Packet Access | 高速下行链路分组接入 |
| HSPA | High Speed Packet Access | 高速分组接入 |
| HSUPA | High Speed Uplink Packet Access | 高速上行链路分组接入 |
| ICI | Inter Carrier Interference | 载波间干扰 |
| ICIC | Inter Cell Interference Coordination | 小区间干扰协调 |
| IDFT | Inverse Discrete Fourier Transform | 离散傅立叶反变换 |
| IETF | Internet Engineering Task Force | Internet 工程任务委员会 |
| IFFT | Inverse Fast Fourier Transform | 快速傅立叶变换 |
| IFO | Integer – Frequency – Offset | 整数倍频偏 |
| IMS | IP Multimedia Subsystem | IP 多媒体子系统 |

| 缩写 | 英文全称 | 中文全称 |
|------|----------|----------|
| IR | Incremental Redundancy | 增量冗余 |
| ISI | Inter Symbol Interference | 符号间串扰 |
| ITU | International TelecommunicationUnion | 国际电信联盟 |
| JP | Joint Processing | 联合处理 |
| JT | Joint Transmission | 联合传输技术 |
| LCMV | Linearly Constrained Minimum Variance | 线性约束最小方差 |
| LSS | Least Squares Smoothing | 最小二乘滤波法 |
| LTE | Long Term Evolution | 长期演进 |
| LTE - A | LTE - Advanced | 先进的长期演进技术 |
| MAC | Media Access Control | 媒体接入控制 |
| Max C/I | Maximum Carrier to Interference | 最大载干比算法 |
| MBMS | Multimedia Broadcast Multicast Service | 多媒体广播多播业务 |
| MBSFN | Multicast Broadcast Single Frequency Network | 多播广播单频网 |
| MC - CDMA | Multi - Carrier Code Division Multiple Aecess | 多载波码分多址接入 |
| MCCH | Multicast Control CHannel | 多播控制信道 |
| MCH | Multicast CHannel | 多播信道 |
| MCM | Multi - Carrier Modulation | 多载波调制 |
| MF | Matching Filter | 匹配滤波 |
| MIB | Master Information Block | 主信息块 |
| MIMO | Multiple Input Multiple Output | 多输入多输出 |
| MISO | Multiple Input Single Output | 多输入单输出 |
| ML | Maximum Likelihood | 最大似然 |
| MLD | Maximum Likelihood Decoding | 最大似然解码 |
| M - LWDF | Modified Largest Weighted Delay First | 修正最大加权时延优先 |
| MME | Mobility Management Entity | 移动性管理实体 |
| MMSE | Minimum Mean Square Error | 最小均方差 |
| MSINR | Maximum Signal to Interference plus Noise Ratio | 最大信干噪比 |
| MTCH | Multicast Traffic CHannel | 多播业务信道 |

| 缩写 | 英文全称 | 中文全称 |
|---|---|---|
| M－UE | Macro－User Equipment | 直接由基站服务的用户 |
| MU－MIMO | Multiple－User－MIMO | 多用户 MIMO |
| MUSA | Multi－User Shared Access | 多用户共享接入 |
| NMT | Nordic Mobile Telephone | 北欧移动电话系统 |
| OFDM | Orthogonal Frequency Division Multiplexing | 正交频分复用 |
| OFDM－TDMA | OFDM Time Division Multiple Access | OFDM 时分多址接入 |
| OS | Opportunity Scheduling | 机会主义调度 |
| PAPR | Peak－to－Average Power Ratio | 峰均功率比 |
| PBCH | Physical Broadcast CHannel | 物理广播信道 |
| PCC | Primary Component Carrier | 主载波 |
| PCCH | Paging Control CHannel | 呼叫控制信道 |
| Pcell | Primary cell | 主小区 |
| PCFICH | Physical Control Format Indicator Channel | 物理控制格式指示信道 |
| PCH | Paging CHannel | 寻呼信道 |
| PDC | Personal Digital Cellular | 个人数字蜂窝网 |
| PDCCH | Physical Downlink Control CHannel | 物理下行控制信道 |
| PDCP | Packet Data Convergence Protocol | 分组数据汇聚协议 |
| PDMA | Pattern Division Multiple Access | 图样分割多址 |
| PDSCH | Physical Downlink Shared CHannel | 物理下行共享信道 |
| PER | Packet Error Rate | 误包率 |
| PF | Proportional Fairness | 比例公平算法 |
| PHICH | Physical HARQ Indicator CHannel | 物理 HARQ 指示信道 |
| PHY | PHysical Layer | 物理层 |
| PLMN | Public Land Mobile Network | 公用陆地移动通信网络 |
| PMCH | Physical Multicast CHannel | 物理多播信道 |
| PMI | Precoding Matrix Indicator | 预编码矩阵指示 |
| PRACH | Physical Random Access CHannel | 物理随机接入信道 |
| PRB | Physical Resource Block | 物理资源块 |

| 缩写 | 英文全称 | 中文全称 |
|---|---|---|
| PS | Packet Scheduling | 分组调度算法 |
| PSCH | Primary Synchronization CHannel | 主同步信道 |
| PSS | Primary Synchronization Signal | 主同步信号 |
| PSTN | Public Switched Telephone Network | 公共交换电话网 |
| PUCCH | Physical Uplink Control CHannel | 物理层上行控制信道 |
| PUSCH | Physical Uplink Shared CHannel | 物理上行共享信道 |
| PVS | Precoding Vector Switch | 预编码向量切换 |
| QAM | Quadrature Amplitude Modulation | 正交幅度调制 |
| QoS | Quality of Service | 服务质量 |
| QPP | Quadratic Permutation Polynomial | 二次置换多项式 |
| RACH | Radom Access CHannel | 随机接入信道 |
| RAR | Random Access Reply | 随机接入响应 |
| RA - RNTI | Random Access - RNTI | 随机接入 RNTI |
| RB | Resource Block | 资源块 |
| RE | Resource Element | 资源粒子 |
| RF | Radio Frequency | 射频 |
| RI | Radio Indicator | 秩指示 |
| RR | Round Robin | 轮询算法 |
| RRC | Radio Resource Control | 无线资源控制层 |
| RRH | Remote Radio Head | 射频拉远头 |
| RRM | Radio Resource Management | 无线资源管理 |
| RSRP | Reference Signal Received Power | 参考信号接收功率 |
| RSRQ | Reference Signal Received Quality | 参考信号接收质量 |
| RU | Resource Unit | 资源单元 |
| R - UE | Relay - User Equipment | 中继进行服务的用户 |
| RZF | Regularization Zero Forcing | 正则化迫零 |
| SAE | System Architecture Evolution | 系统架构演进 |
| SCC | Secondary Component Carrier | 辅载波 |
| Scell | Secondary cell | 辅小区 |
| SC - FDMA | Single Carrier - FDMA | 单载波频分多址技术 |

| 缩写 | 英文全称 | 中文全称 |
|---|---|---|
| SCH | Synchronizing CHannel | 同步信道 |
| SCMA | Sparse Code Multiple Access | 稀疏码分多址 |
| SDD | Subcarrier Division Duplex | 载波分双工 |
| SDN | Software Defined Network | 软件定义网络 |
| SFC | Space – Frequency Coding | 空频编码 |
| SFN | System Frame Number | 系统帧号 |
| S – GW | Serving GateWay | 服务网关 |
| SIB | System Information Block | 系统信息块 |
| SIMO | Single Input Multiple Output | 单输入多输出 |
| SINR | Signal to Interference plus Noise Ration | 信号干扰噪声比（信干噪比） |
| SIP | Session Initiation Protocol | 会话发起协议 |
| SISO | Single Input Single Output | 单输入单输出 |
| SNR | Signal to Noise Ratio | 信号噪声功率比 |
| SON | Self – Organizing Network | 自组织网络 |
| SRS | Sounding Reference Symbol | 探测参考符号 |
| SSCH | Secondary Synchronization Channel | 辅同步信道 |
| SSS | Secondary Synchronization Signal | 辅同步信号 |
| STBC | Space – Time Block Codes | 分组空时码 |
| ST – BICM | Space – Time Bit – Interleaved Coded Modulation | 级联空时码 |
| STC | Space Time Coding | 空时编码 |
| STTC | Space – Time Trellis Codes | 网格空时码 |
| STTD | Space – Time Transmit Diversity | 空时发送分集 |
| SU – MIMO | Single – User – MIMO | 单用户 MIMO |
| SUS | Semi – orthogonal User Selection | 半正交调度 |
| SVD | Singular Value Decomposition | 奇异值分解 |
| TA | Timing Advance | 时间提前量 |
| T – BLAST | ThreadedBell Labs Layered Space – Time | 螺旋分层空时编码 |
| TCM | Trellis Coded Modulation | 编码调制 |

续表七

| 缩写 | 英文全称 | 中文全称 |
|---|---|---|
| TDD | Time Division Duplexing | 时分双工 |
| TDM | Time Division Multiplexing | 时分复用 |
| TDMA | Time Division Multiple Access | 时分多址接入系统 |
| TD – SCDMA | Time Division – Synchronous Code Division Multiple Access | 时分同步码分多址 |
| TSTD | Time Switched Transmit Diversity | 时间切换分集 |
| TTI | Transmission Time Interval | 传输时间间隔 |
| UCI | Uplink Control Information | 上行控制信息 |
| UDN | Ultra Dense Network | 超密集网络 |
| UE | User Equipment | 用户设备 |
| ULA | Uniform Linear Array | 单位线性阵列 |
| UL – SCH | Up – Link Shared CHannel | 上行共享信道 |
| UMTS | Universal Mobile Telecommunications System | 通用移动电信系统 |
| UPA | Uniform Planar Array | 单位面阵 |
| UpPTS | Uplink Pilot Time Slot | 上行链路导频时隙 |
| UpPTS | Uplink Pilot Time Slot | 上行导频时隙 |
| USTC | Unitary Space – Time Codes | 酉空时编码 |
| UTRA | Universal Terrestrial Radio Access | 通用陆地无线接入 |
| V – BLAST | Vertical Bell Labs Layered Space – Time | 垂直贝尔实验室分层空时 |
| VoIP | Voice over Internet Protocol | 互联网协议电话 |
| VRB | Virtual Resource Block | 虚拟资源块 |
| WCDMA | Wideband Code Division Multiple Access | 宽带码分多址移动通信系统 |
| ZC | Zadoff – Chu | 一种正交序列 |
| ZF | Zero – Forcing detection | 迫零检测 |

# 参 考 文 献

[1] 皮埃尔，蒂埃里. 演进分组系统(EPS)：3G UMTS 的长期演进和系统结构演进. 李晓辉，崔伟，译. 北京：机械工业出版社，2009.

[2] 沈嘉，索士强，全海洋，等. 3GPP 长期演进(LTE)技术原理与系统设计. 北京：人民邮电出版社，2008.

[3] 王文博，郑侃. 宽带无线通信 OFDM 技术. 2 版. 北京：人民邮电出版社，2007.

[4] 尤肖虎，潘志文，高西奇，等. 5G 移动通信发展趋势与若干关键技术. 中国科学：信息科学，2014，44(5)：551 - 563.

[5] IMT - 2020(5G)推进组，5G 愿景与需求白皮书. http://www. imt - 2020. org. cn/zh/ documents /. 2014.

[6] 焦秉立，李建业. 一种适用于同频同时隙双工的干扰消除方法. 2010.

[7] Vucetic B, Yuan J. Space - Time Coding. John Wiley，2003.

[8] Jones AE, Wilkinson T A, Barton SK. Block coding scheme for reduction of peak to mean envelope power ratio of multicarrier transmission schemes. Electronics letters，1994，30(25)：2098 - 2099.

[9] Wong CY, Cheng RS, Letaief K B, et al. Multiuser OFDM with adaptive subcarrier bit and power allocation. Communication Tech. IEEE J. Select. Areas Commun，1999，17(10)：1747 - 1757.

[10] Kivanc D, Li G, Liu H. Computationally efficient bandwidth allocation and power control for OFDMA. IEEE Trans. Wireless Commun，2003，2(6)：1150 - 1158.

[11] Coleri S, Ergen M, Puri A, et al Bahai. A. Channel estimation techniques based on pilot arrangement in OFDM systems. IEEE Transactions on Communication Tech，2002，48(3)：223 - 229.

[12] Muquet B, De Courville M, Duhamel P. Subspace - based blind and semi - blind channel estimation for OFDM systems. IEEE Transactions on Signal Processing，2002，50(7)：1699 - 1712.

[13] Kung T L, Parhi K K. Optimized joint timing synchronization and channel estimation for OFDM systems. Wireless Communications Letters, IEEE，2012，1(3)：149 - 152.

[14] Chang J C, Ueng F B, Wang H F, et al. Performances of OFDM - CDMA receivers with MIMO communications. International Journal of Communication Systems，2014，27(5)：732 - 749.

[15] Golden G D, Foschini G J, Valenzuela R A, et al. PW. Detection algorithm and initial laboratory results using V - BLAST space - time communication architecture, Electronics Letters，1999，35(1)：6 - 7.

[16] Naguib A F, Tarokh V, Seshadri N, et al. AR. A space - time coding modem for high - data - rate wireless communications, IEEE J. Select. Areas Commun. 1998，16(2)：1462 - 1478.

[17] Hochwald B M, Marzetta T L. Unitary space - time modulation for multiple - antenna communication in Rayleigh flat - fading. IEEE Trans. Inform. Theory，2000，46(2)：543 - 564.

[18] Agrawal D, Richardson T J, Urbanke R. Multiple - antenna signal constellationsfor fading channels. IEEE Trans. Inform. Theory，2001，47(6)：2618 - 2626.

[19] Ogawa Y, Nishio K, Nishimura T, et al. A MIMO - OFDM system for high - speed transmission. 2003 IEEE 58th Vehicular Technology Conference, VTC2003 - Fall，2004，58(1)：493 - 497.

[20] Oggier F, Hassibi B. Algebraic Cayley differential space - time codes. IEEE Trans. Inform. Theory，2007，53(5)：1911 - 1919.

[21] Gulati V, Narayanan K R. Concatenated codes for fading channels based on recursive space - time

trellis codes. IEEE Trans. Wireless Commun, 2003, 2(1): 118 – 128.

[22] Tang Jia, Zhang Xi. Cross – layer design of dynamic resource allocation with diverse QoS guarantees for MIMO – OFDM wireless networks. World of WirelessMobile and Multimedia Networks. Sixth IEEE International Symposium, 2005: 205 – 212.

[23] Wong Kai – Kit. Adaptive Space – Division Multiplexing for Multiuser MIMO Antenna Systems in Downlink. 2005 Asia – Pacific Conference on Communications, 2005: 334 – 338.

[24] Zhang R, Liang Y C, Cui S. Dynamic resource allocation in cognitive radio networks: A convex optimization perspective. IEEE Signal Process. Mag, 2010, 27(3): 102 – 114.

[25] Prabhu R S, Daneshrad B. An energy – efficient water – filling algorithm for OFDM systems, in Proc. IEEE ICC 2010, 2010: 1 – 5.

[26] Goldsmith. Adaptive modulation and coding for fading channels. Information Theory and Communications Workshop, 1999: 24 – 26.

[27] Häring L, Kisters C. Performance comparison of adaptive modulation and coding in OFDM systems using signalling and automatic modulation classification. OFDM 2012, 17th International OFDM Workshop 2012 (InOWo'12), Proceedings of VDE, 2012: 1 – 8.

[28] Kim Minseok, Sungbong Kim, Yonghoon Lim. An implementation of downlink asynchronous HARQ for LTE TDD system, 2012 IEEE Radio and Wireless Symposium (RWS), 2012: 271 – 274.

[29] Qiu Zhihui, Lei Tao, Fang Rongyu. A New Scheme for Initial Cell Search in Time Division Long Term Evolution Systems, 2013 Ninth International Conference on Natural Computation (ICNC).

[30] Ratasuk Rapeepat, Tolli Dominic, Ghosh Amitava. Carrier Aggregation in LTE – Advanced. IEEE Communications Magazine, 2010, 10(1).

[31] Lang E, Redana S, Raaf B. Business Impact of Relay Deployment for Coverage Extension in 3GPP LTE – Advanced, LTE Evolution Workshop in ICC 2009, 2009: 14 – 18.

[32] METIS. Mobile and wireless communications enablers for the 2020 information society. In: EU 7th Framework Programme Project. https://www.metis2020.com.

[33] Hoydis J, ten Brink S, Debbah M. Massive MIMO in the UL/DL of cellular networks: How many antennas do we need? IEEE J Sel Area Commun, 2013, 31: 160 – 171.

[34] Larsson E G, Tufvesson F, Edfors O, et al. Massive MIMO for next generation wireless systems. IEEE Commun Mag, 2014, 52: 186 – 195.

[35] Wunder G, Kasparick M, ten Brink S. 5G NOW: Challenging the LTE design paradigms of orthogonality and synchronicity. In: Proceedings of IEEE Vehicular Technology Conference (VTC Spring), 2013: 1 – 5.

[36] Cheng W C, Zhang X, Zhang H L. Optimal dynamic power control for full – duplex bidirectional – channel based wireless networks. In: Proceedings of IEEE International Conference on Computer Communications (INFOCOM), 2013: 3120 – 3128.

[37] 3GPP TR 25.913. Requirements for evolved UTR (E – UTRA) and evolved.

[38] 3GPP TR 25.814. Physical layer aspect for Evolved Universal Terrestrial Radio Access (E – UTRA).

[39] 3GPP TS 36.101. Evolved Universal Terrestrial Radio Access (E – UTRA): User Equipement (UE) radio transmission and reception.

[40] 3GPP TS 36.104. Evolved Universal Terrestrial Radio Access (E – UTRA): Base Station (BS) radio transmission and reception.

[41] 3GPP TS 36.201. Evolved Universal Terrestrial Radio Access (E-UTRA): LTE Physical Layer - General Description.

[42] 3GPP TS 36.211. Evolved Universal Terrestrial Radio Access (E-UTRA): Physical channels and modulation.

[43] 3GPP TS 36.212. Evolved Universal Terrestrial Radio Access (E-UTRA): Multiplexing and channel coding.

[44] 3GPP TS 36.213. Evolved Universal Terrestrial Radio Access (E-UTRA): Physical layer procedures.

[45] 3GPP TS 36.214. Evolved Universal Terrestrial Radio Access (E-UTRA): Physical layer measurements.

[46] 3GPP TS 36.300. Evolved Universal Terrestrial Radio Access (E-UTRA) and Evolved Universal Terrestrial Radio Access Network (E-UTRAN), Overall Description: Stage 2.

[47] 3GPP TR 36.808. Technical Specification Group Radio Access Network. Evolved Universal Terrestrial Radio Access (E-UTRA); Carrier Aggregation; Base Station (BS) radio transmission and reception.

[48] 3GPP TR 36.819. CoordinatedMulti-Point Operation for LTE Physical Layer Aspects.